高校入試 合格

GOUKAKU

BON!

MATHEMATICS

数学

Gakken

合格に近づくための

高校入試の勉強法

STUDY TIPS

まず何から始めればいいの?

スケジュールを立てよう!

入試本番までにやることは,

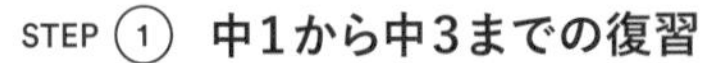

STEP ① **中1から中3までの復習**
STEP ② まだ中3の内容で習っていないことがあれば，その予習
STEP ③ 受験する学校の過去問対策

です。①から順に進めていきましょう。まず，この３つを，入試本番の日にちから逆算して，「10月までに中１・中２の復習を終わらせる」，「12月中に３年分の過去問を解く」などの**大まかなスケジュール**を立ててから，１日のスケジュールを立てます。

どういうふうに1日のスケジュールを作ればいいの?

学校がある日と休日で分けて，学校がある日は１日５時間，休日は１日10時間(休憩は除く)というように**勉強する時間を決めます**。曜日ごとに朝からのスケジュールを立てて，それを表にして部屋に貼り，その通りに行動できるようにがんばってみましょう！　部活を引退したり，入試が近づいてきたりして，状況が変わったときや，勉強時間を増やしたいときには**スケジュールを見直しましょう。**

例　1日のスケジュール　（部活引退後の場合）

	6:00	7:00	8:00	9:00	10:00	11:00	12:00	13:00	14:00	15:00	16:00	17:00	18:00	19:00	20:00	21:00	22:00	23:00
平日	起床朝食	勉強					学校					勉強		夕食休憩	塾		自由時間	睡眠
休日	睡眠	起床朝食			勉強			昼食休憩			勉強			夕食休憩	勉強		自由時間	睡眠

自分に合った勉強法がわからない…どうやればいいの?

勉強ができる人のマネをしよう!

成績が良い友達や先輩，きょうだいの勉強法を聞いて，マネしてみましょう。勉強法はたくさんあるので，一人だけではなくて，何人かに聞いてみるとよいですね。その中で，自分に一番合いそうな勉強法を続けてみましょう。例えば,

・間違えた問題のまとめノートを作る
・公式など暗記したいものを書いた紙をトイレに貼る
・毎朝10分，計算テストをする

などがあります。

◎鎌倉仏教
浄土宗　→法然
浄土真宗　→親鸞

例　まとめノート

すぐ集中力が切れちゃう…

まずは15分間やってみよう!

集中力が無いまま，だらだら続けても意味がありません。**タイマーを用意しましょう**。まずは，15分でタイマーをセットして，その間は問題を解く。15分たったら5分間休憩。終わったらまた15分間…というように，短い時間から始めましょう。タイマーが鳴っても続けられそうだったら，少しずつ時間をのばして…と，どんどん集中する時間をのばしていきましょう。60分間持続してできることを目標にがんばりましょう！

家だと集中できない…!!

勉強する環境を変えてみましょう。例えば，机の周りを片づけたり，図書館に行くなど場所を変えてみたり。睡眠時間が短い場合も集中できなくなるので，早く寝て，早く起きて勉強するのがオススメです。

勉強のモチベーションを上げるにはどうすればいいの?

1教科をとことんやってみよう!

例えば，どれか１教科の勉強に週の勉強時間の半分を使って，とことんやってみましょう。その教科のテストの点数が上がって自信になれば，ほかの教科もがんばろうという気持ちになれます。

入試までの長い期間，モチベーションがたもてるか不安…

自分にごほうびをあげるのはどうでしょう？「次のテストで80点取れたら，好きなお菓子を買う」というように，目標達成のごほうびを決めると，やる気もわくはずです。また，合格した高校の制服を着た自分や，部活で活躍する自分をイメージすると，**受験に向けてのモチベーションアップ**につながります。

数学の攻略法

MATHEMATICS

POINT

1 できるようになるまで，何度もくり返し解く!

数学は計算の方法や公式が身体に染み込むまで解きましょう。たくさんの問題を解く必要はありません。**間違えた問題を，できるようになるまで解けばよい**です。例えば，問題を一通り解いて，間違えた問題を次の日にもう一度解いてみる。また間違えた問題はその次の日にもう一度…と，解けるようになるまでくり返し解くようにしましょう。また，そのときに大切なことは，**解き直しでは答えをただ写して終わりにしない**ということです。例えば，ノートの右半分は空けておいて，そこに間違えた問題をもう一度解き直したり，忘れていた公式をメモしたりすると，見やすくてよいでしょう。その解き直しをするためにも，**途中式をしっかり残しておくこと**が大切です。証明問題が解けなかったら，解答を丸々写して，自分の書いたものとは何が違うのか比較しながら書き方を覚えるようにしましょう。

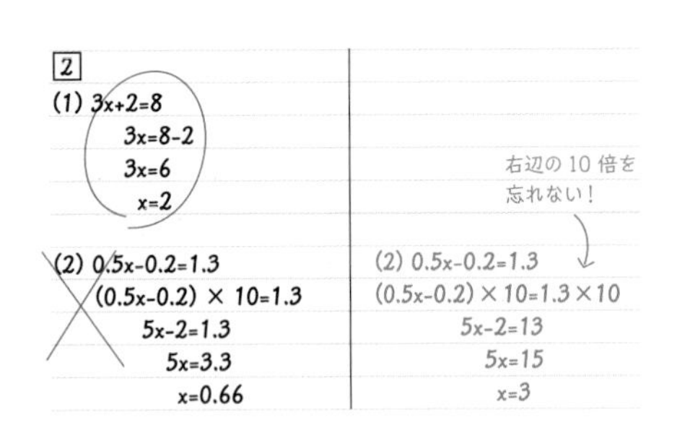

例 ノートの使い方

POINT

2 計算問題は満点を取る!

入試問題では計算問題（主に，数と式や方程式の問題）が３割程度，多いところでは点数の半分を占めます。なので，計算問題は満点を取れるようにしましょう。中１の正負の数から中３の２次方程式まで，**３年分の計算問題がまんべんなく出題**されます。**毎日５分，計算の練習**をするのがオススメです。

POINT

3 図形やグラフの問題は手を動かす!

平面図形や立体図形，関数のグラフの問題が苦手な人も多いと思います。図形やグラフの問題は，ただその図をながめているだけでなく，**手を動かしましょう**。例えば平面図形の問題であれば，問題に書かれている情報（∠ABC は 60° など）を図に書き込んだり，相似がわかりにくければ図形の向きをそろえて対応する辺や角をわかりやすくしたりすることで，解きやすくなります。また，証明問題が苦手だからといって空欄にするのはもったいないです。部分点がもらえる場合もあるので，全部書けなくても，わかっているところまででも書くようにしましょう。

図に情報を書き込む

(2) 右の図は，AD//BC の台形 ABCD である。△AOD ∽ △COB であることを，証明しなさい。

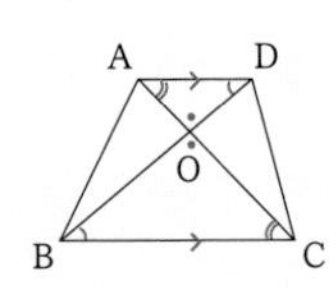

例

POINT

4 過去問で間違えたら，この本に戻ろう！

入試の過去問で間違えた問題は，似た問題をこの本で探して解いてみましょう。入試でまったく同じ問題が出ることはありませんが，似た問題が出ることはよくあります。弱点をなくすために，似た問題を解くとよいです。

出題傾向

過去の公立高校入試の問題は，難易度および問題量ともにさほど変化はなく，安定しています。まずはじめに，数と式の計算を中心に，比較的簡単な小問が出題され，続いて，方程式の文章題や文字式に関する問題などが出題されます。そして，関数や平面図形，空間図形の問題が大問として出題されることが多いです。公立では都道府県ごと，私立では学校ごとに問題の形式が違う（選択肢のみ，記述問題など）ので，必ず過去問で確認しましょう。

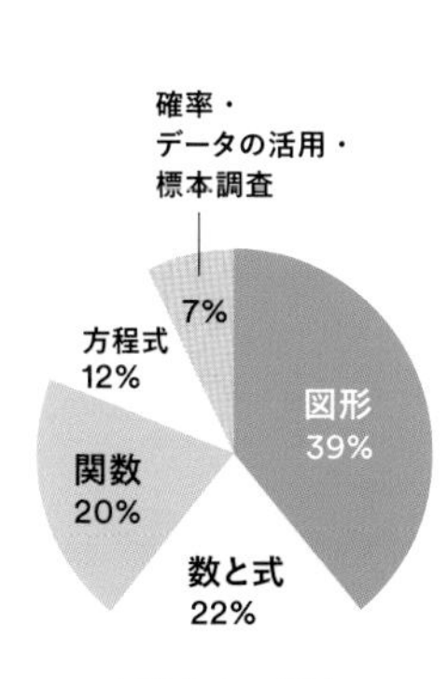

出題内容の割合
（配点の割合）

対策

1. **計算力をつける**　数多くの計算問題をこなし，速く正確に解けるようにしよう。
2. **基礎力をつける**　教科書レベルの問題は確実に解けるように，解き直しを丁寧にして，解けるようになるまでくり返し問題を解こう。
3. **解答力をつける**　記述問題では，解き直しで自分の解答と模範解答を比べて，模範解答のように書けるようになるまで練習をしよう。
4. **入試問題に慣れる**　本番と同じ条件で，入試の過去問を解いてみよう。

［高校入試 合格BON！ 数学］を使った勉強のやり方

夏から始める	【1周目】**必ず出る！要点整理**を読んで，**基礎力チェック問題**を解く。 【2周目】**高校入試実戦力アップテスト**を解く。 【3周目】2周目で間違えた**高校入試実戦力アップテスト**の問題をもう一度解く。
秋から始める	【1周目】**必ず出る！要点整理**を読んで，**高校入試実戦力アップテスト**を解く。 【2周目】1周目で間違えた，**高校入試実戦力アップテスト**の問題を解く。
直前から始める	数学が得意な人は**苦手な単元**，苦手な人は**計算の単元**を中心に**高校入試実戦力アップテスト**を解く。

CONTENTS

もくじ

高校入試問題の掲載について

●問題の出題意図を損なわない範囲で，解答形式を変更したり，問題の一部を変更・省略したりしたところがあります。
●問題指示文，表記，記号などは全体の統一のため，変更したところがあります。
●解答・解説は，各都道府県発表の解答例をもとに，編集部が作成したものです。

HOW TO USE

使い方

合格まで、完全サポート！

合格に近づくための 高校入試の勉強法

まず読んで，勉強の心構えを身につけましょう。

必ず出る！要点整理

入試に出る要点がわかりやすくまとまっており，3年分の内容が総復習できます。 重要！ は必ずおさえましょう。

セットで使おう！

基礎力チェック問題

要点の理解度を確かめる問題です。

高校入試実戦力アップテスト

主に過去の入試問題から，実力のつく良問を集めています。

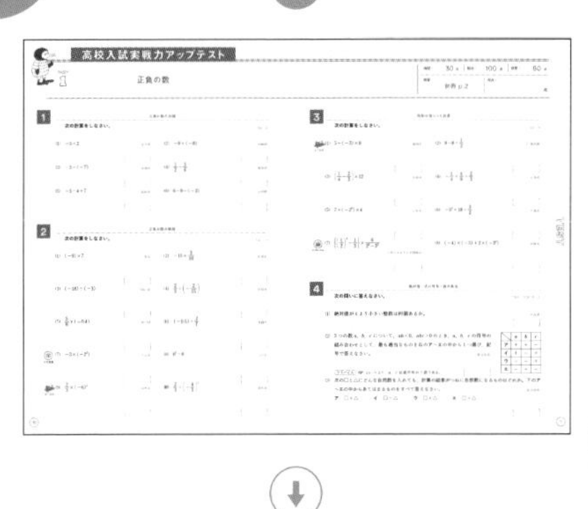

よく出る！ 入試に頻出の問題

ミス注意 間違えやすい問題

ハイレベル 特に難しい問題

別冊

解答と解説

巻末から取り外して使います。くわしい解説やミス対策が書いてあります。間違えた問題は解説をよく読んで，確実に解けるようにしましょう。

総合問題

各分野の総合問題や複数の分野をまたいだ問題です。

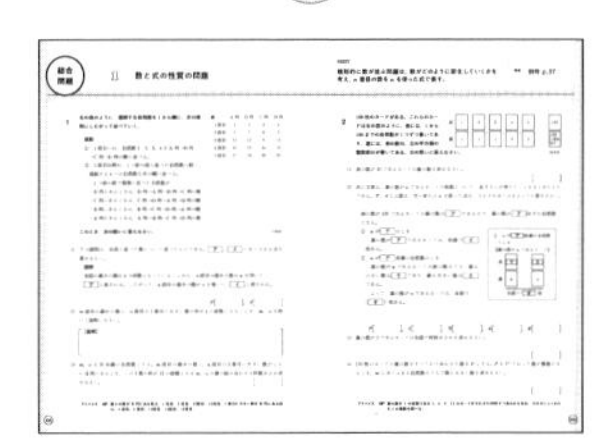

模擬学力検査問題

実際の入試の形式に近い問題です。入試準備の総仕上げのつもりで挑戦しましょう。

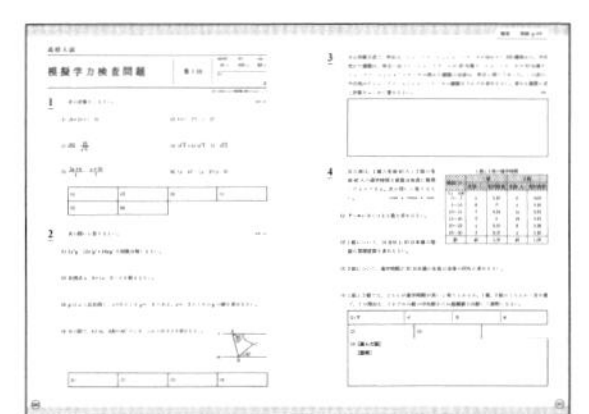

直前チェック！ミニブック

巻頭から，切り取って使えます。数学の重要公式・定理がまとまっていて，試験直前の確認にも役立ちます。

PART 

正負の数

必ず出る！ 要点整理

正負の数の加法・減法

❶ 正負の数の加法

(1) **同符号の2数の和**
➡ 絶対値の和に共通の符号をつける。

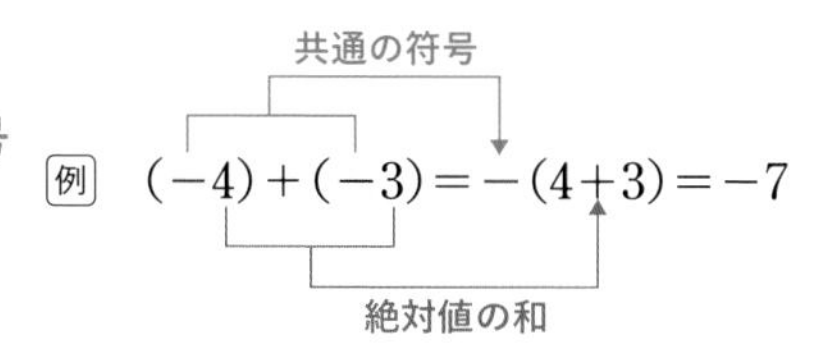

(2) **異符号の2数の和**
➡ 絶対値の差に絶対値の大きいほうの符号をつける。

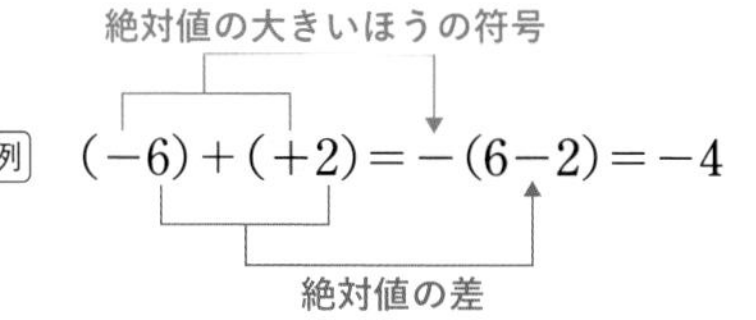

❷ 正負の数の減法

ひく数の符号を変えて，減法を加法に直して計算する。

ひく数の符号を変える
例　$(+5)-(-3)=(+5)+(+3)=+(5+3)=+8$
減法を加法に直す

❸ 3つ以上の数の加減

重要！

(1) かっこのない式に直す。
(2) 正の数どうし，負の数どうしの和を求める。

例　$-8-(-14)+2+(-5)$
$=-8+14+2-5$
$=14+2-8-5$
$=16-13$
$=3$

正負の数の乗法・除法

❶ 正負の数の乗除

(1) **同符号の2数の積・商**
➡ 絶対値の積・商に正の符号をつける。

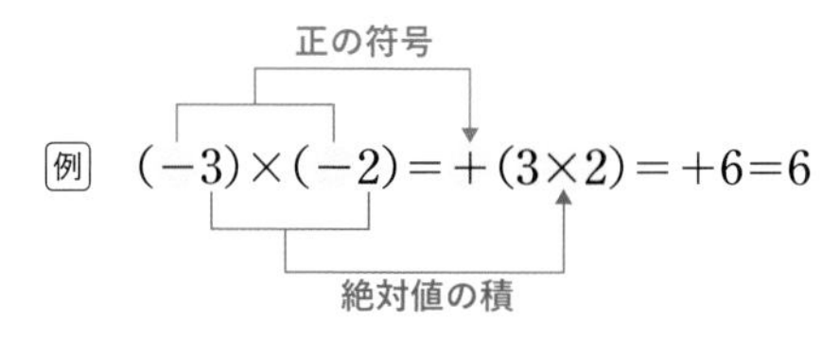

用語

絶対値

数直線上で，ある数に対応する点と原点との距離をその数の絶対値という。
絶対値は，正負の数から符号を取りさったものとみることができる。

正負の数の大小

① (負の数)<0<(正の数)
②正の数は，絶対値が大きいほど大きい。
③負の数は，絶対値が大きいほど小さい。

＋の符号は省略できる

正の数は，＋の符号を省いて表せる。
答えの＋の符号を省いて，＋8を8としてよい。

加法の計算法則

- 加法の交換法則
  $a+b=b+a$
- 加法の結合法則
  $(a+b)+c=a+(b+c)$

注意

累乗の計算

次の2つの計算のちがいに注意すること。
- $-a^2=-(a\times a)$
- $(-a)^2=(-a)\times(-a)$

例 $-3^2=-(3\times3)=-9$
$(-3)^2=(-3)\times(-3)=9$

POINT

四則の混じった計算では，計算の順序に注意！
かっこの中・累乗→乗除→加減の順に計算する。

範囲 中１

学習日

(2) **異符号の２数の積・商**
➡ 絶対値の積・商に
負の符号をつける。

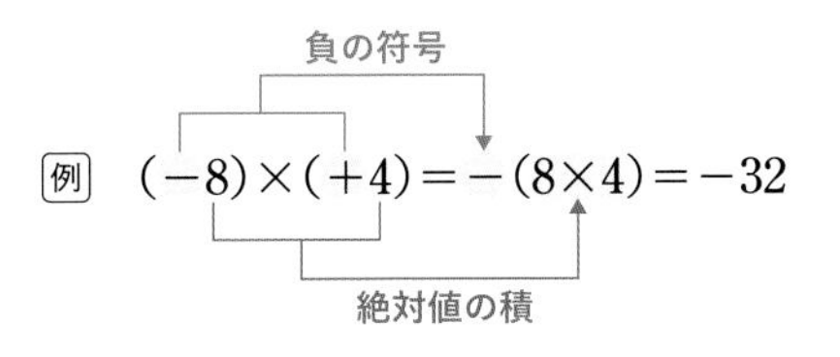

❷ 3つ以上の数の乗除

(1) 負の数が偶数個 ➡ 積・商の符号は＋

2 個→偶数個

例 $(-2)\times(+3)\times(-5)=+(2\times3\times5)=+30=30$

(2) 負の数が奇数個 ➡ 積・商の符号は－

3 個→奇数個

例 $(-6)\times(-2)\div(-4)=-(6\times2\div4)=-3$

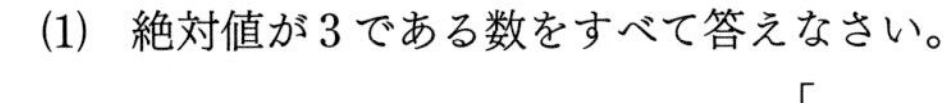

四則の混じった計算

重要！

四則の混じった式の計算は，
次の順序で計算する。
①かっこの中・累乗
②乗法・除法
③加法・減法

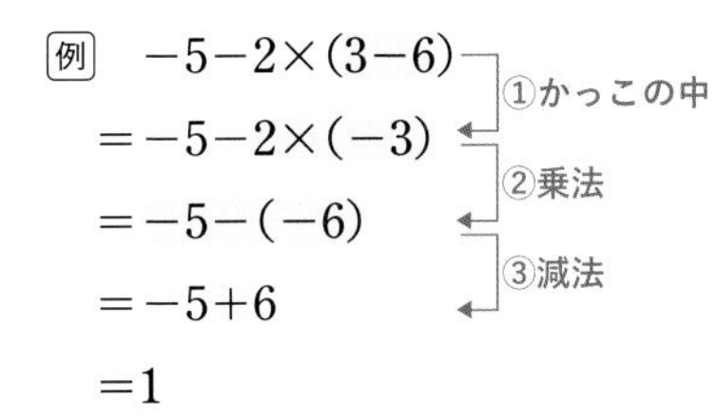

除法と逆数

除法は，わる数を逆数にして，乗法に直して計算する。

例 $\frac{3}{5}\times\left(-\frac{2}{3}\right)\div\frac{4}{5}$

逆数にしてかける

$=\frac{3}{5}\times\left(-\frac{2}{3}\right)\times\frac{5}{4}$

1つの分数の形にして約分

$=-\frac{\overset{1}{\cancel{3}}\times\overset{1}{\cancel{2}}\times\overset{1}{\cancel{5}}}{\underset{1}{\cancel{5}}\times\underset{1}{\cancel{3}}\times\underset{2}{\cancel{4}}}$

$=-\frac{1}{2}$

参考

数の範囲と四則計算

	加法	減法	乗法	除法
自然数	○	×	○	×
整数	○	○	○	×
数	○	○	○	○

○…計算がその数の範囲で常にできる。
×…計算がその数の範囲で常にできるとは限らない。

基礎力チェック問題

解答はページ下

(1) 絶対値が 3 である数をすべて答えなさい。 [　　　]

(2) 次の数の大小を，不等号を使って表しなさい。
$-5,\ +7,\ -9$ [　　　]

(3) $(-2)+(-5)$ [　　　]

(4) $(+4)-(+7)$ [　　　]

(5) $(+1)+(-3)-(+6)-(-7)$ [　　　]

(6) $(-5)\times(-4)$ [　　　]

(7) $(-12)\div(+3)$ [　　　]

(8) $(-3)\times(+5)\times(-4)$ [　　　]

(9) $(-1)^3\times(-3)^2$ [　　　]

(10) $9+6\times(-2)$ [　　　]

A。(1)3，−3 (2)−9<−5<+7 (3)−7 (4)−3 (5)−1 (6)20 (7)−4 (8)60 (9)−9 (10)−3

高校入試実戦力アップテスト

PART 1

正負の数

1 正負の数の加減

次の計算をしなさい。 (3点×6)

(1) $-5+2$ [岩手県]

[　　　]

(2) $-9+(-8)$ [宮崎県]

[　　　]

(3) $-5-(-7)$ [青森県]

[　　　]

(4) $\frac{1}{2}-\frac{5}{6}$ [福島県]

[　　　]

(5) $-5-4+7$ [高知県]

[　　　]

(6) $6-9-(-2)$ [山形県]

[　　　]

2 正負の数の乗除

次の計算をしなさい。 (3点×10)

(1) $(-9)\times7$ [三重県]

[　　　]

(2) $-15\times\frac{3}{10}$ [佐賀県]

[　　　]

(3) $(-18)\div(-3)$ [岡山県]

[　　　]

(4) $\frac{2}{3}\div\left(-\frac{2}{15}\right)$ [鳥取県]

[　　　]

(5) $\frac{5}{6}\times(-0.4)$ [秋田県]

[　　　]

(6) $(-0.5)\div\frac{2}{7}$ [青森県]

[　　　]

ミス注意 (7) $-3\times(-2^2)$ [大分県]

[　　　]

(8) $6^2\div8$ [山口県]

[　　　]

よく出る! (9) $\frac{2}{3}\times(-6)^2$ [長野県]

[　　　]

(10) $\frac{2}{3}\div\left(-\frac{4}{3}\right)^2$ [愛知県]

[　　　]

時間： 30 分	配点： 100 点	目標： 80 点
解答： 別冊 p.2	得点： 点	

3 四則の混じった計算

次の計算をしなさい。 (4点×8)

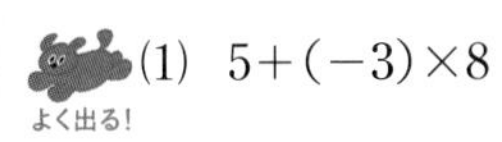
(1) $5+(-3)\times8$ ［静岡県］

［　　　］

(2) $9-8\div\frac{1}{2}$ ［20 東京都］

［　　　］

(3) $\left(\frac{1}{4}-\frac{2}{3}\right)\times12$ ［青森県］

［　　　］

(4) $-\frac{1}{4}+\frac{4}{9}\div\frac{2}{3}$ ［山形県］

［　　　］

(5) $7+(-2^3)\times4$ ［石川県］

［　　　］

(6) $-5^2+18\div\frac{3}{2}$ ［千葉県］

［　　　］

ハイレベル (7) $\left\{\left(\frac{1}{2}\right)^3-\frac{1}{3}\right\}\times\frac{6}{2^2-3^2}$ ［お茶の水女子大学附属高］

［　　　］

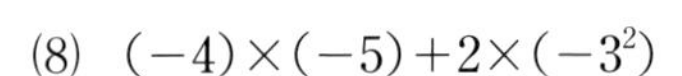
(8) $(-4)\times(-5)+2\times(-3^2)$ ［茨城県］

［　　　］

4 絶対値・式の符号・数の集合

次の問いに答えなさい。 ((1)6点，(2)(3)7点×2)

(1) 絶対値が4より小さい整数は何個あるか。 ［奈良県］

［　　　］

(2) 3つの数 a, b, c について，$ab<0$, $abc>0$ のとき，a, b, c の符号の組み合わせとして，最も適当なものを右の**ア**～**エ**の中から1つ選び，記号で答えなさい。 ［鹿児島県］

	a	b	c
ア	＋	＋	－
イ	＋	－	＋
ウ	－	－	＋
エ	－	＋	－

アドバイス ☞ **$ab<0$ より，a, b は異符号の 2 数である。**

［　　　］

(3) 次の□と△にどんな自然数を入れても，計算の結果がつねに自然数になるものはどれか。下の**ア**～**エ**の中からあてはまるものをすべて答えなさい。 ［鹿児島県］

ア　□＋△　　**イ**　□－△　　**ウ**　□×△　　**エ**　□÷△

［　　　］

TEST

2 平方根

必ず出る！ 要点整理

平方根

❶ 平方根の意味

2乗すると a になる数を，a の平方根という。

(1) 正の数 a の平方根は，正の数と負の数の2つあり，その絶対値は等しくなる。　例　7の平方根は，$\sqrt{7}$ と $-\sqrt{7}$

(2) 0の平方根は0だけである。

❷ 平方根の性質

a を正の数とするとき，次の式が成り立つ。

$(\sqrt{a})^2=a$　　$(-\sqrt{a})^2=a$　　$\sqrt{a^2}=a$　　$\sqrt{(-a)^2}=a$

❸ 平方根の大小

a，b が正の数のとき，$a<b$ ならば，$\begin{cases}\sqrt{a}<\sqrt{b}\\ -\sqrt{a}>-\sqrt{b}\end{cases}$

↑不等号の向きが変わる

例　$2<3$ ならば，$\sqrt{2}<\sqrt{3}$

❹ 有理数と無理数

数を分類すると，次のようになる。

- 数
  - 有理数
    - 整数
      - 正の整数（自然数）
      - 0
      - 負の整数
    - 分数（有限小数・循環小数）　例　$\dfrac{3}{4}$，$\dfrac{1}{3}$
  - 無理数（循環しない無限小数）　例　$\sqrt{2}$，π

根号をふくむ式の計算　($a>0$，$b>0$)

❶ 乗法・除法

(1) **乗法** ➡ $\sqrt{a}\times\sqrt{b}=\sqrt{a\times b}$　　例　$\sqrt{2}\times\sqrt{3}=\sqrt{2\times3}=\sqrt{6}$

(2) **除法** ➡ $\dfrac{\sqrt{a}}{\sqrt{b}}=\sqrt{\dfrac{a}{b}}$　　例　$\dfrac{\sqrt{35}}{\sqrt{5}}=\sqrt{\dfrac{35}{5}}=\sqrt{7}$

注意

負の数の平方根

正の数も負の数も2乗すると正の数になるので，負の数の平方根はない。

平方根の表し方

正の数 a の平方根は，$+\sqrt{a}$ と $-\sqrt{a}$ の2つあり，これをまとめて $\pm\sqrt{a}$ と表せる。

例　$\sqrt{7}$ と $-\sqrt{7}$ → $\pm\sqrt{7}$

根号のついた数とつかない数の大小

$\sqrt{}$ のつかない数を $\sqrt{}$ のついた数で表して比べる。

例　$\sqrt{17}$ と4の大小
　4を $\sqrt{}$ を使って表すと，
　$4=\sqrt{4^2}=\sqrt{16}$
　$17>16$ だから，
　$\sqrt{17}>\sqrt{16}$，$\sqrt{17}>4$

用語

有理数…a を整数，b を0でない整数としたとき $\dfrac{a}{b}$ の形で表すことができる数。

例　$\dfrac{3}{4}=0.75$，$\dfrac{1}{3}=0.333\cdots$

無理数…有理数のように，分数で表すことができない数。

例　$\sqrt{2}=1.414\cdots$，$\pi=3.14\cdots$

3つ以上の根号のついた数の計算

3つ以上の根号のついた数の積や商も，根号の中に1つにまとめて計算できる。

例　$\sqrt{2}\times\sqrt{6}\div\sqrt{3}$
　$=\sqrt{\dfrac{2\times6}{3}}=\sqrt{4}=2$

POINT

根号のついた数の計算は，根号の中の数をできるだけ小さくしてから計算。

範囲 中3

学習日 /

❷ 根号のついた数の変形

(1) $\sqrt{\ }$ の外の数を $\sqrt{\ }$ の中へ ➡ $a\sqrt{b}=\sqrt{a^2b}$

例 $3\sqrt{2}=\sqrt{3^2\times2}=\sqrt{18}$

(2) $\sqrt{\ }$ の中の数を $\sqrt{\ }$ の外へ ➡ $\sqrt{a^2b}=a\sqrt{b}$

例 $\sqrt{32}=\sqrt{4^2\times2}=4\sqrt{2}$

❸ 分母の有理化

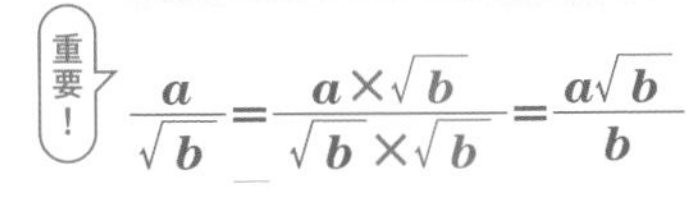

$$\frac{a}{\sqrt{b}}=\frac{a\times\sqrt{b}}{\sqrt{b}\times\sqrt{b}}=\frac{a\sqrt{b}}{b}$$

例 $\dfrac{2}{\sqrt{3}}=\dfrac{2\times\sqrt{3}}{\sqrt{3}\times\sqrt{3}}=\dfrac{2\sqrt{3}}{3}$

❹ 加法・減法

(1) **加法** ➡ $m\sqrt{a}+n\sqrt{a}=(m+n)\sqrt{a}$

(2) **減法** ➡ $m\sqrt{a}-n\sqrt{a}=(m-n)\sqrt{a}$

例 $8\sqrt{3}-2\sqrt{3}$
$=(8-2)\sqrt{3}$
$=6\sqrt{3}$

近似値と有効数字

有効数字を使った表し方 ➡ (整数部分が1けたの数)×(10の累乗)

例 距離の測定値3600 mは，有効数字が3，6，0のとき，
3.60×10^3 mと表す。
└ この0も有効数字

くわしく！

$\sqrt{\ }$ の中の数を簡単にしてから計算

例 $\sqrt{32}\times\sqrt{27}$
$=\sqrt{4^2\times2}\times\sqrt{3^2\times3}$
$=4\sqrt{2}\times3\sqrt{3}$
$=4\times3\times\sqrt{2}\times\sqrt{3}$
$=12\sqrt{6}$

参考

$\sqrt{\ }$ の中の数がちがう式の加減

$\sqrt{\ }$ の中の数がちがうときでも，変形することによって，加減の計算ができる場合がある。

例 $\sqrt{8}+\sqrt{2}=2\sqrt{2}+\sqrt{2}$
$=(2+1)\sqrt{2}$
$=3\sqrt{2}$

用語

近似値

長さや重さなどの測定値は，どんなに精密にはかっても真の値を読みとっているとは限らない。
このように真の値ではないが真の値に近い値を近似値という。また，近似値と真の値の差を誤差という。

Q. 基礎力チェック問題

解答はページ下

(1) 4の平方根を答えなさい。
[　　　]

(2) $2\sqrt{3}$ と $\sqrt{13}$ の大小を不等号を使って表しなさい。
[　　　]

(3) $\sqrt{121}$ を根号を使わずに表しなさい。
[　　　]

(4) $\sqrt{3}\times\sqrt{6}$
[　　　]

(5) $\sqrt{28}\div\sqrt{7}$
[　　　]

(6) $\dfrac{10}{\sqrt{5}}$ の分母を有理化しなさい。
[　　　]

(7) $\sqrt{3}+3\sqrt{3}$
[　　　]

(8) $2\sqrt{2}-5\sqrt{2}$
[　　　]

(9) ある数 a の小数第1位を四捨五入した近似値が7であるとき，a の値の範囲を求めなさい。
[　　　]

A。 (1) ±2 (2) $2\sqrt{3}<\sqrt{13}$ (3) 11 (4) $3\sqrt{2}$ (5) 2 (6) $2\sqrt{5}$ (7) $4\sqrt{3}$ (8) $-3\sqrt{2}$ (9) $6.5\leqq a<7.5$

高校入試実戦力アップテスト

PART 2

平方根

1

平方根の大小

次の問いに答えなさい。 (6点×2)

(1) 3つの数 $5\sqrt{3}$，8，$\sqrt{79}$ の大小を不等号を使って表しなさい。 [神奈川県]

[　　　　　]

(2) 3つの数 -5，$-2\sqrt{6}$，$-3\sqrt{3}$ の大小を不等号を使って表しなさい。

[　　　　　]

2

平方根の性質

次の問いに答えなさい。 (6点×3)

(1) $\sqrt{10-n}$ の値が自然数となるような自然数 n を，すべて求めなさい。 [和歌山県]

[　　　　　]

(2) $\sqrt{180a}$ が自然数となるような自然数 a のうち，最も小さい数を求めなさい。 [香川県]

[　　　　　]

ハイレベル (3) $\sqrt{120+a^2}$ が整数となる自然数 a は全部で何個あるか，求めなさい。 [秋田県]

アドバイス ☞ $A=\sqrt{120+a^2}$とおくと，$A^2=120+a^2$，$A^2-a^2=120$

[　　　　　]

3

平方根と不等式

次の問いに答えなさい。 (7点×2)

よく出る！ (1) $5<\sqrt{n}<6$ をみたす自然数 n の個数を求めなさい。 [京都府]

[　　　　　]

(2) n は自然数で，$8.2<\sqrt{n+1}<8.4$ である。このような n をすべて求めなさい。 [愛知県]

アドバイス ☞ 不等式の各数を2乗しても，3数の大小関係は変わらない。

[　　　　　]

時間： 30 分	配点： 100 点	目標： 80 点
解答： 別冊 p.3	得点： 点	

4 根号をふくむ式の計算

次の計算をしなさい。 (4点×6)

(1) $\sqrt{12}\times\sqrt{2}\div\sqrt{6}$ ［宮崎県］ ［　　　］

(2) $\sqrt{8}+\sqrt{18}$ ［兵庫県］ ［　　　］

(3) $\sqrt{45}+\sqrt{5}-\sqrt{20}$ ［富山県］ ［　　　］

(4) $\sqrt{75}-\dfrac{9}{\sqrt{3}}$ ［高知県］ ［　　　］

(5) $\sqrt{50}+6\sqrt{2}-\dfrac{14}{\sqrt{2}}$ ［千葉県］ ［　　　］

(6) $2\sqrt{7}-\sqrt{20}+\sqrt{5}-\dfrac{7}{\sqrt{7}}$ ［鹿児島県］ ［　　　］

5 根号をふくむ四則の混じった計算

次の計算をしなさい。 (4点×5)

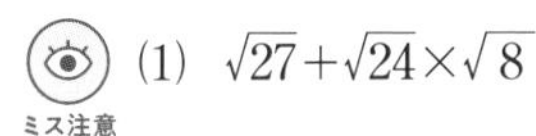

(1) $\sqrt{27}+\sqrt{24}\times\sqrt{8}$ ［京都府］ ［　　　］

(2) $\sqrt{12}-3\sqrt{2}\div\sqrt{6}$ ［石川県］ ［　　　］

(3) $\dfrac{6}{\sqrt{3}}+\sqrt{15}\times\sqrt{5}$ ［大分県］ ［　　　］

(4) $\sqrt{6}(\sqrt{6}-7)-\sqrt{24}$ ［静岡県］ ［　　　］

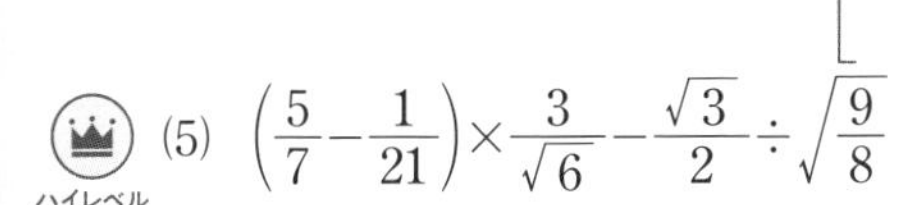

(5) $\left(\dfrac{5}{7}-\dfrac{1}{21}\right)\times\dfrac{3}{\sqrt{6}}-\dfrac{\sqrt{3}}{2}\div\sqrt{\dfrac{9}{8}}$ ［東京都立新宿高］ ［　　　］

6 近似値と有効数字の表し方

理科の授業で月について調べたところ，月の直径は，3470km であることがわかった。この直径は，一の位を四捨五入して得られた近似値である。月の直径の真の値を a km として，a の範囲を不等号を使って表しなさい。また，月の直径を，四捨五入して有効数字を 2 けたとして，整数部分が 1 けたの小数と10の累乗の積の形で表しなさい。 ［静岡県］(6点×2)

a の範囲［　　　　　］，月の直径［　　　　　］

TEST

PART 3 式の計算

必ず出る！要点整理

多項式の計算

❶ 多項式の加法・減法

重要！

(1) **加法** ➡ そのままかっこをはずして，同類項をまとめる。

(2) **減法** ➡ ひくほうの式の各項の符号を変えてかっこをはずす。

例　$(2x+3y)+(4x-5y)=2x+3y+4x-5y=6x-2y$

例　$(a-4b)-(3a-7b)=a-4b-3a+7b=-2a+3b$

❷ 数と多項式の乗法・除法

(1) **乗法** ➡ 分配法則を使って，多項式の各項に数をかける。

例　$2(3a-4b)=2\times3a+2\times(-4b)=6a-8b$

(2) **除法** ➡ 多項式の各項を数でわる。

例　$(12x-9y)\div3=\dfrac{12x}{3}-\dfrac{9y}{3}=4x-3y$

または，逆数を使って乗法の式に直す。

❸ いろいろな計算

(1) **(数)×(多項式)の加減** ➡ かっこをはずし，同類項をまとめる。

例　$2(5x+3y)-3(x-2y)=10x+6y-3x+6y=7x+12y$

(2) **分数の形の式の加減** ➡ 通分して分子を計算し，同類項をまとめる。

例　$\dfrac{a-3b}{2}+\dfrac{3a+b}{3}=\dfrac{3(a-3b)}{6}+\dfrac{2(3a+b)}{6}$ ←2と3の最小公倍数6を分母として通分する

$=\dfrac{3a-9b+6a+2b}{6}$ ←分子のかっこをはずす

$=\dfrac{9a-7b}{6}$ ←同類項をまとめる

単項式の乗法・除法

❶ 単項式の乗法・除法

重要！

(1) **乗法** ➡ 係数の積に，文字の積をかける。

(2) **除法** ➡ 分数の形にするか，逆数を使って乗法に直す。

用語

単項式と多項式

数や文字のかけ算だけでできている式を単項式という。また，単項式の和の形で表された式を多項式という。

注意

－(　)のはずし方

かっこの前が－のときは，かっこの中の各項の符号がすべて変わる。
後ろの項の符号の変え忘れには十分注意すること。

分配法則

● $a(b+c)=ab+ac$

● $a(b-c)=ab-ac$

例　$(12x-9y)\div3$

$=(12x-9y)\times\dfrac{1}{3}$

$=12x\times\dfrac{1}{3}-9y\times\dfrac{1}{3}$

$=4x-3y$

注意

式の計算では，分母をはらうことはできない。
左の例の計算で，式全体に6をかけて，次のように計算してはいけない。

$\left(\dfrac{a-3b}{2}+\dfrac{3a+b}{3}\right)\times6$

$=\dfrac{a-3b}{2}\times6+\dfrac{3a+b}{3}\times6$

$=3(a-3b)+2(3a+b)$

$=3a-9b+6a+2b$

$=9a-7b$ (×)

POINT ÷■は，■を逆数にして，$\times\frac{1}{■}$として計算！

範囲 中2，中3

学習日 /

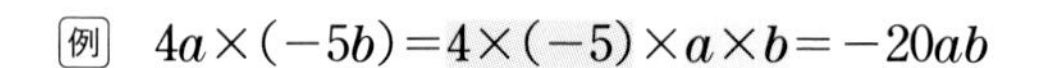

例 $4a\times(-5b)=4\times(-5)\times a\times b=-20ab$

例 $12x^2y\div\frac{3}{4}xy^2=12x^2y\times\frac{4}{3xy^2}=\frac{12x^2y\times4}{3xy^2}=\frac{16x}{y}$

❷ 乗除の混じった式の計算

乗法だけの式に直して，1つの分数の形にまとめ，数どうし，文字どうしを約分する。

例 $6x^3\div\frac{4}{5}x^2\times\frac{2}{3}x=6x^3\times\frac{5}{4x^2}\times\frac{2x}{3}$

$=\frac{6x^3\times5\times2x}{4x^2\times3}$

$=5x^2$

注意

逆数のつくり方

$\frac{3}{4}xy^2$ の逆数を，$\frac{4}{3}xy^2$ とするミスに注意！

$\frac{3}{4}xy^2=\frac{3xy^2}{4}$ と，一度全体を分数の形にしてから逆数を考えるとよい。

1つの分数の形にまとめたら，数どうし，文字どうしを約分する。

$$\frac{\overset{1}{\cancel{6}}\times\overset{1}{\cancel{x}}\times\overset{1}{\cancel{x}}\times x\times5\times\overset{1}{\cancel{2}}\times x}{\underset{1}{\cancel{4}}\times\underset{1}{\cancel{x}}\times\underset{1}{\cancel{x}}\times\underset{1}{\cancel{3}}}$$

単項式と多項式の乗法・除法

(1) 単項式と多項式の乗法

例 $3x(4x-7y+2)=3x\times4x+3x\times(-7y)+3x\times2$

$=12x^2-21xy+6x$

(2) 多項式を単項式でわる除法

例 $(a^3-2ab)\div\frac{1}{3}a^2=(a^3-2ab)\times\frac{3}{a^2}$ ←わる式を逆数にしてかける

$=a^3\times\frac{3}{a^2}-2ab\times\frac{3}{a^2}$

$=3a-\frac{6b}{a}$

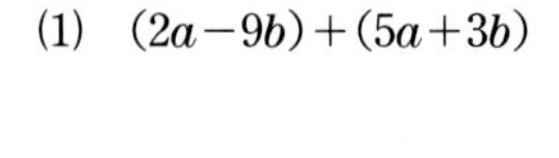

解答はページ下

(1) $(2a-9b)+(5a+3b)$ [　　　]

(2) $(4x-y)-(x-6y)$ [　　　]

(3) $(9x^2+12x-15)\div\frac{3}{2}$ [　　　]

(4) $4(a+3b)-3(2a+5b)$ [　　　]

(5) $\frac{3x-y}{5}-\frac{x-2y}{3}$ [　　　]

(6) $(-2a)\times(-7ab)$ [　　　]

(7) $5m\times(-3m)^2$ [　　　]

(8) $18x^2y\div(-6xy)$ [　　　]

(9) $10a^2\times\frac{2}{5}b^2\div\frac{4}{3}ab$ [　　　]

(10) $-4a(5a-2b-3)$ [　　　]

A。 (1) $7a-6b$ (2) $3x+5y$ (3) $6x^2+8x-10$ (4) $-2a-3b$ (5) $\frac{4x+7y}{15}$ (6) $14a^2b$ (7) $45m^3$ (8) $-3x$ (9) $3ab$ (10) $-20a^2+8ab+12a$

高校入試実戦力アップテスト

PART 3

式の計算

1

単項式や多項式の加減

次の計算をしなさい。 (3点×8)

(1) $\frac{4}{5}x-\frac{3}{4}x$ [三重県]

[　　　　]

(2) $\frac{1}{4}a-\frac{5}{6}a+a$ [滋賀県]

[　　　　]

(3) $-2a+7-(1-5a)$ [山口県]

[　　　　]

(4) $(3x-2y)-(x-5y)$ [兵庫県]

[　　　　]

(5) $2(a+4b)+3(a-2b)$ [和歌山県]

[　　　　]

(6) $4(2x-3y)+3(-x+4y)$ [茨城県]

[　　　　]

よく出る!

(7) $2(3a-2b)-3(a-2b)$ [徳島県]

[　　　　]

(8) $\frac{2}{3}(2x-3)-\frac{1}{5}(3x-10)$ [愛知県]

[　　　　]

2

分数の形の式の加減

次の計算をしなさい。 (4点×6)

ミス注意

(1) $\frac{2a+b}{3}+\frac{a-b}{2}$ [大分県]

[　　　　]

(2) $\frac{9x+5y}{8}-\frac{x-y}{2}$ [熊本県]

[　　　　]

よく出る!

(3) $\frac{3x-y}{3}-\frac{x-2y}{4}$ [神奈川県]

[　　　　]

(4) $\frac{1}{2}(3x-y)-\frac{4x-y}{3}$ [20埼玉県]

[　　　　]

ハイレベル

(5) $\frac{3x+2y}{6}+\frac{4x-5y}{3}-\frac{9x-7y}{2}$ [法政大学高]

[　　　　]

(6) $\frac{a+b}{4}-\left(\frac{3a}{2}-\frac{4a-2b}{3}\right)$ [ラ・サール高]

[　　　　]

時間：30分	配点：100点	目標：80点
解答：別冊 p.4	得点：　点	

3 単項式の乗除

次の計算をしなさい。 (4点×8)

(1) $6ab\times\left(-\frac{3}{2}a\right)$ ［岡山県］　　［　　］

(2) $4x^2\times2x$ ［大阪府］　　［　　］

(3) $(-6xy^2)\div(-3xy)$ ［兵庫県］　　［　　］

(4) $(-3ab)^2\div\frac{6}{5}a^2b$ ［石川県］　　［　　］

(5) $4x^2y\times3y\div6x^2$ ［愛媛県］　　［　　］

(6) $24a^2b^2\div(-6b^3)\div2ab$ ［高知県］　　［　　］

(7) $(-3a)^2\div6ab\times(-16ab^2)$ ［山形県］　　［　　］

(8) $\frac{3}{8}a^2b\div\frac{9}{4}ab^2\times(-3b)^2$ ［大阪府］　　［　　］

TEST

4 単項式と多項式の乗除

次の計算をしなさい。 (4点×4)

(1) $(9a-b)\times(-4a)$ ［山口県］　　［　　］

(2) $\frac{3x-2}{5}\times10$ ［栃木県］　　［　　］

(3) $(45a^2-18ab)\div9a$ ［静岡県］　　［　　］

(4) $(8a^3b^2+4a^2b^2)\div(2ab)^2$ ［熊本県］　　［　　］

5 単項式の乗除計算の利用

次の□にあてはまる式を求めなさい。 ［中央大学附属高］(4点)

$$\square\times\left(\frac{x}{4}\right)^3y\div\left\{-\frac{(x^2y)^2}{16}\right\}=-\frac{1}{2}$$

(アドバイス) ☞ まず左辺を計算して，□×(x，y の式)の簡単な式に整理する。　　［　　］

PART 4 式の展開

必ず出る！要点整理

式の展開

❶ 多項式と多項式の乗法

展開の基本 $(a+b)(c+d)=\underset{①}{ac}+\underset{②}{ad}+\underset{③}{bc}+\underset{④}{bd}$

例 $(a+3)(b+6)=\underset{①}{a\times b}+\underset{②}{a\times 6}+\underset{③}{3\times b}+\underset{④}{3\times 6}$

$=ab+6a+3b+18$

例 $(x+4)(2x-1)=\underset{①}{x\times 2x}+\underset{②}{x\times(-1)}+\underset{③}{4\times 2x}+\underset{④}{4\times(-1)}$

$=2x^2-x+8x-4$

$=2x^2+7x-4$

展開した式に同類項があるときは，まとめる

❷ 乗法公式

(1) **$x+a$ と $x+b$ の積**

$(x+a)(x+b)=x^2+(\underset{和}{a+b})x+\underset{積}{ab}$

例 $(x+2)(x+3)=x^2+(\underset{和}{2+3})x+\underset{積}{2\times 3}=x^2+5x+6$

(2) **和の平方**

$(x+a)^2=x^2+\underset{2倍}{2a}x+\underset{2乗}{a^2}$

例 $(x+3)^2=x^2+\underset{2倍}{2\times 3}\times x+\underset{2乗}{3^2}=x^2+6x+9$

(3) **差の平方**

$(x-a)^2=x^2-\underset{2倍}{2a}x+\underset{2乗}{a^2}$

例 $(x-5)^2=x^2-\underset{2倍}{2\times 5}\times x+\underset{2乗}{5^2}=x^2-10x+25$

(4) **和と差の積**

$(x+a)(x-a)=x^2-\underset{2乗}{a^2}$

例 $(x+4)(x-4)=x^2-\underset{2乗}{4^2}=x^2-16$

用語

展開

単項式と多項式，または多項式どうしの積の形の式を，単項式の和の形に表すことを，もとの式を展開するという。

乗法公式を忘れたら

乗法公式を忘れてしまったときは，**(多項式)×(多項式)の展開**に立ちもどって展開する。

例 $(x+2)(x+3)$
$=x\times x+x\times 3+2\times x+2\times 3$
$=x^2+3x+2x+6$
$=x^2+5x+6$

例 $(x+3)^2$
$=(x+3)(x+3)$
$=x\times x+x\times 3+3\times x+3\times 3$
$=x^2+3x+3x+9$
$=x^2+6x+9$

参考

くふうして公式を利用

一見，乗法公式が使えないように見える式でも，くふうすることによって，公式が使える場合がある。

例 $(x+7)(7-x)$
↓ x と 7 を入れかえる。
$=(7+x)(7-x)$
$=7^2-x^2$
$=49-x^2$

POINT

乗法公式はただ暗記するだけでなく，式の形を見て，どの公式を使えばよいか判断できるようにしておく。

範囲 中3

学習日 ／

いろいろな式の展開

1 乗法公式を使った式の計算

(1) **各項を1つの文字とみて，乗法公式にあてはめる。**

例 $(x+2y)(x-4y)$

$=x^2+\{2y+(-4y)\}x+2y\times(-4y)$ ← $2y$ を a，$-4y$ を b とみて，$(x+a)(x+b)=x^2+(a+b)x+ab$ にあてはめる

$=x^2-2xy-8y^2$

(2) **乗法部分を展開して，同類項をまとめる。**

例 $(x-6)^2-(x+8)(x-8)$

$=x^2-12x+36-(x^2-64)$ ← 乗法部分を展開する

$=x^2-12x+36-x^2+64$

$=-12x+100$ ← 同類項をまとめる

2 根号をふくむ式の乗法

根号がついた数を1つの文字とみて，乗法公式にあてはめる。

例 $(\sqrt{5}+4)(\sqrt{5}-1)$

$=(\sqrt{5})^2+(4-1)\times\sqrt{5}+4\times(-1)$ ← $\sqrt{5}$ を1つの文字とみて，乗法公式にあてはめる

$=5+3\sqrt{5}-4$

$=1+3\sqrt{5}$

注意

符号のミスに注意

$-$(多項式の乗法)の形の計算では，**展開した式をかっこでくくっておくこと。**

符号のミスが最も起こりやすいところなので，十分注意しよう。

参考

式の一部分を文字におきかえる計算

式の中の共通部分を1つの文字におきかえて，乗法公式を利用する。

例 $(x+y+5)(x+y-2)$

↓ $x+y$ を A とおく

$=(A+5)(A-2)$

$=A^2+3A-10$

↓ A を $x+y$ にもどす

$=(x+y)^2+3(x+y)-10$

↓ さらに展開する

$=x^2+2xy+y^2+3x+3y-10$

基礎力チェック問題

(1) $(a+b)(x-y)$ [　　　　]

(2) $(x-1)(3x-2)$ [　　　　]

(3) $(a+b)(a-b-3)$ [　　　　]

(4) $(x-3)(x-4)$ [　　　　]

(5) $(x+8)^2$ [　　　　]

(6) $(a-3)^2$ [　　　　]

(7) $(x+7)(x-7)$ [　　　　]

(8) $(a+5b)^2$ [　　　　]

(9) $(x-1)(x-9)-(x-3)^2$ [　　　　]

(10) $(\sqrt{6}+3)(\sqrt{6}-3)$ [　　　　]

A. (1) $ax-ay+bx-by$ (2) $3x^2-5x+2$ (3) a^2-3a-b^2-3b (4) $x^2-7x+12$ (5) $x^2+16x+64$ (6) a^2-6a+9 (7) x^2-49 (8) $a^2+10ab+25b^2$ (9) $-4x$ (10) -3

高校入試実戦力アップテスト

PART 4

式の展開

1
多項式と多項式の乗法・乗法公式

次の式を展開しなさい。 (3点×6)

(1) $(3x-1)(4x+3)$ ［鳥取県］

[　　　　　　]

(2) $(x+4)^2$ ［栃木県］

[　　　　　　]

(3) $(x-6)(x+3)$ ［沖縄県］

[　　　　　　]

(4) $(x+9)(x-9)$

[　　　　　　]

(5) $(2a-3)^2$ ［鳥取県］

[　　　　　　]

(6) $\left(4x+\frac{1}{2}y\right)\left(4x-\frac{1}{2}y\right)$

[　　　　　　]

2
乗法公式を使った式の計算

次の計算をしなさい。 (4点×6)

(1) $(x+2)^2-x(x-3)$ ［大阪府］

[　　　　　　]

(2) $(3x+7)(3x-7)-9x(x-1)$ ［熊本県］

[　　　　　　]

ミス注意 (3) $(x+4)(x-4)-(x+2)(x-8)$ ［熊本県］

[　　　　　　]

(4) $(x+4)^2+(x+5)(x-5)$ ［愛媛県］

[　　　　　　]

よく出る! (5) $(2x+1)(3x-1)-(2x-1)(3x+1)$ ［愛知県］

[　　　　　　]

(6) $(x-2)^2-(x-1)(x+4)$ ［青森県］

[　　　　　　]

3
式の一部分をおきかえる計算

次の計算をしなさい。 (5点×2)

(1) $(x+y+1)(x+y-4)$

[　　　　　　]

(2) $(-2x-4y+3)(2x-4y+3)$ ［明治大学付属中野高］

[　　　　　　]

アドバイス ☞ $-4y+3$をひとまとまりとみる。

時間： 30 分 | 配点： 100 点 | 目標： 80 点

解答： 別冊 p.5 | 得点： 点

4 根号をふくむ式の計算

次の計算をしなさい。 （(1)〜(6)3点×6, (7)〜(12)4点×6）

(1) $(\sqrt{2}+\sqrt{7})^2$ ［広島県］

［　　　］

(2) $(\sqrt{3}+1)(\sqrt{3}-3)$ ［佐賀県］

［　　　］

(3) $(\sqrt{7}-1)(\sqrt{7}+1)$ ［岩手県］

［　　　］

(4) $(1-\sqrt{5})^2$ ［岡山県］

［　　　］

(5) $(\sqrt{2}+\sqrt{3})(3\sqrt{2}-2\sqrt{3})$ ［専修大学附属高］

［　　　］

(6) $(\sqrt{5}+1)^2-\sqrt{45}$ ［熊本県］

［　　　］

よく出る！ (7) $(\sqrt{3}+1)(\sqrt{3}+5)-\sqrt{48}$ ［山形県］

［　　　］

(8) $(2\sqrt{5}+1)(2\sqrt{5}-1)+\dfrac{\sqrt{12}}{\sqrt{3}}$ ［愛媛県］

［　　　］

(9) $(\sqrt{10}+\sqrt{5})(\sqrt{6}-\sqrt{3})$ ［愛知県］

［　　　］

(10) $(\sqrt{7}-2)(\sqrt{7}+2)(\sqrt{3}+1)(\sqrt{3}-1)$ ［桐蔭学園高］

［　　　］

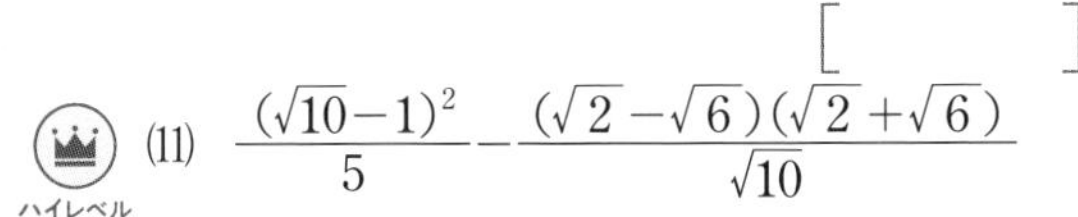

ハイレベル (11) $\dfrac{(\sqrt{10}-1)^2}{5}-\dfrac{(\sqrt{2}-\sqrt{6})(\sqrt{2}+\sqrt{6})}{\sqrt{10}}$ ［東京都立西高］

［　　　］

(12) $(1+\sqrt{2}-\sqrt{3})(\sqrt{2}+\sqrt{4}+\sqrt{6})$ ［洛南高］

［　　　］

アドバイス ☞ $(\sqrt{2}+\sqrt{4}+\sqrt{6})$で，$\sqrt{2}$をくくり出す。

5 乗法公式の利用

$624^2-623\times625$ を計算をしなさい。 ［土浦日本大学高］（6点）

アドバイス ☞ $624=a$ とおいて，乗法公式を利用する。

［　　　］

5 因数分解

必ず出る！要点整理

因数分解

❶ 共通因数をくくり出す

多項式の各項に共通因数があるときは，**共通因数をかっこの外にくくり出す。**

重要！

因数分解の基本は**共通因数をくくり出すこと。**

$\boldsymbol{mx+my+mz=m(x+y+z)}$

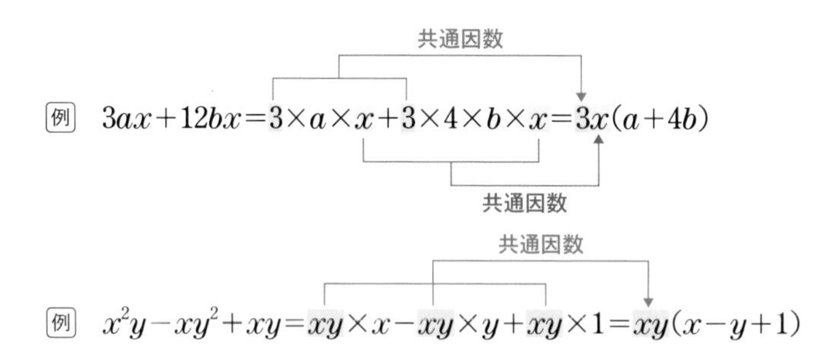

❷ 因数分解の公式

乗法公式の左辺と右辺を入れかえると，因数分解の公式ができる。

(1) $\boldsymbol{x^2+(a+b)x+ab=(x+a)(x+b)}$

和が 7

例 $x^2+7x+12=x^2+(3+4)x+3\times 4=(x+3)(x+4)$

積が12

(2) $\boldsymbol{x^2+2ax+a^2=(x+a)^2}$

4 の 2 倍

例 $x^2+8x+16=x^2+2\times 4\times x+4^2=(x+4)^2$

4 の 2 乗

(3) $\boldsymbol{x^2-2ax+a^2=(x-a)^2}$

6 の 2 倍

例 $x^2-12x+36=x^2-2\times 6\times x+6^2=(x-6)^2$

6 の 2 乗

(4) $\boldsymbol{x^2-a^2=(x+a)(x-a)}$

例 $x^2-25=x^2-5^2=(x+5)(x-5)$

5 の 2 乗

用語

因数分解

多項式をいくつかの式の積の形で表すことを，もとの多項式を**因数分解する**という。

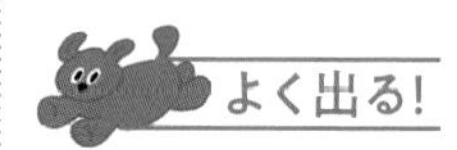

共通因数の見つけ方

- 数の部分…各数の最大公約数。
- 文字の部分…同じ文字で，累乗の指数がちがうときは，指数が最も小さいもの。

積が12, 和が 7 となる 2 数

まず積が 12 になる 2 数の組を見つけ，その中から和が 7 になる 2 数の組をさがす。

積が 12	和が 7
1 と 12	×
−1 と −12	×
2 と 6	×
−2 と −6	×
3 と 4	○
−3 と −4	×

参考

平方数

整数の 2 乗の形で表される数を**平方数**という。

11 から 20 までの平方数は，次のようになる。

$11^2=121$，$12^2=144$，$13^2=169$，$14^2=196$，$15^2=225$，$16^2=256$，$17^2=289$，$18^2=324$，$19^2=361$，$20^2=400$

POINT ☞ 因数分解の基本は共通因数をくくり出すこと。式を見たら，まず式の中に共通因数がないかどうか確かめる。

範囲 中1，中3

学習日 ／

❸ いろいろな因数分解

(1) **共通因数をくくり出す ➡ 公式を利用する。**

例 $3ax^2-6ax-24a$
$=3a(x^2-2x-8)$ ← 共通因数 $3a$ をくくり出す
$=3a(x+2)(x-4)$ ← かっこの中を公式を利用して因数分解する

(2) **式の中の共通部分を1つの文字におきかえる。**

例 $(a+b)^2-4(a+b)-5$
$=A^2-4A-5$ ← $a+b$ を A とおく
$=(A+1)(A-5)$ ← 公式を利用する
$=(a+b+1)(a+b-5)$ ← A を $a+b$ にもどす

素因数分解

重要！

素因数分解の手順

❶わり切れる素数で順にわっていく。
（小さい素数から順にわるとよい。）

❷商が素数になったらやめる。

❸わった素数と最後の商を積の形で表す。

例
2) 180
2) 90
3) 45
3) 15
5

$180=2\times2\times3\times3\times5$
$=2^2\times3^2\times5$

用語

素数

1とその数のほかに約数がない自然数を素数という。
ただし，1は素数ではない。

因数と素因数

整数をいくつかの整数の積の形で表すとき，その1つ1つの数を，もとの数の因数という。また，素数である因数を素因数という。

素因数分解

自然数を素数だけの積の形で表すことを，その数を素因数分解するという。

注意

最後の商を忘れずに

素因数分解したときに，最後に残った商をかけ忘れるミスが多いので注意すること。

同じ数の積

同じ数の積は累乗の指数を使って表すこと。

Q. 基礎力チェック問題

解答はページ下

次の式を因数分解しなさい。(9), (10)は問いに答えなさい。

(1) $12ab-8bc$
[　　　　]

(2) $15x^2y-20xy^2+5xy$
[　　　　]

(3) $x^2-11x+30$
[　　　　]

(4) x^2+4x+4
[　　　　]

(5) $a^2-2ab+b^2$
[　　　　]

(6) x^2-49
[　　　　]

(7) $2a^2-14a+12$
[　　　　]

(8) x^3y-xy^3
[　　　　]

(9) 20までの数のうち素数はいくつあるか。
[　　　　]

(10) 120を素因数分解しなさい。
[　　　　]

A. (1) $4b(3a-2c)$　(2) $5xy(3x-4y+1)$　(3) $(x-5)(x-6)$　(4) $(x+2)^2$　(5) $(a-b)^2$　(6) $(x+7)(x-7)$　(7) $2(a-1)(a-6)$　(8) $xy(x+y)(x-y)$　(9) 8個　(10) $120=2^3\times3\times5$

高校入試実戦力アップテスト

PART 5

因数分解

1

因数分解の公式

次の式を因数分解しなさい。 (3点×6)

(1) $x^2+3x-28$ [広島県]

[　　　　]

(2) x^2-36 [三重県]

[　　　　]

(3) $x^2-10x+25$ [群馬県]

[　　　　]

(4) $a^2+8a-20$ [島根県]

[　　　　]

(5) $9x^2-4y^2$ [和歌山県]

[　　　　]

(6) $25a^2+20ab+4b^2$

[　　　　]

2

いろいろな因数分解

次の式を因数分解しなさい。 (4点×8)

ミス注意 (1) $2x^2-32$ [千葉県]

[　　　　]

(2) $2x^2-20x+50$ [香川県]

[　　　　]

よく出る! (3) $ax^2-12ax+27a$ [京都府]

[　　　　]

(4) $9ax^3y-54ax^2y^2+81axy^3$ [國學院久我山高]

[　　　　]

よく出る! (5) $x(x+1)-3(x+5)$ [香川県]

[　　　　]

(6) $5x(x-2)-(2x+3)(2x-3)$ [愛知県]

[　　　　]

(7) $\dfrac{(2x-6)^2}{4}-5x+15$ [20 東京都立日比谷高]

[　　　　]

(8) $(x-2y)^2+(x+y)(x-5y)+7y^2$ [大阪星光学院高]

[　　　　]

時間：	30 分	配点：	100 点	目標：	80 点
解答：	別冊 p.6	得点：	点		

3

式の一部分をおきかえる因数分解

次の式を因数分解しなさい。 (4点×6)

(1) $a(x+y)+2(x+y)$ ［長崎県］

［　　　　］

(2) $(a-4)^2+4(a-4)-12$ ［群馬県］

［　　　　］

(3) $(a+2b)^2+a+2b-2$ ［大阪府］

［　　　　］

(4) x^2y-x^2-4y+4 ［青雲高］

［　　　　］

(5) $a^2-3a-2ab+b^2+3b-10$ ［明治大学付属中野高］

［　　　　］

(6) $(x-3)(x-1)(x+5)(x+7)-960$ ［慶應義塾高］

［　　　　］

アドバイス ☞ (5)$a^2-2ab+b^2$，$-3a+3b$ をひとまとまりとみる。

4

素因数分解とその利用

次の問いに答えなさい。 (6点×2)

(1) 150 を素因数分解しなさい。 ［青森県］

［　　　　］

(2) $\dfrac{5880}{n}$ が自然数の平方となるような，最も小さい自然数 n の値を求めなさい。 ［神奈川県］

［　　　　］

5

因数分解とその利用

次の問いに答えなさい。 (7点×2)

(1) 2つの自然数 x，y は，$x^2-4y^2=13$ を満たしている。このとき，2つの自然数 x，y の値をそれぞれ求めなさい。 ［東京都立西高］

［　　　　］

(2) $142^2+283^2+316^2-117^2-158^2-284^2$ を計算しなさい。 ［ラ・サール高］

アドバイス ☞ $●^2-■^2$の組を 3 つつくり，それぞれの組を因数分解する。

［　　　　］

TEST

PART 6

式の計算の利用

必ず出る！要点整理

文字を使った式

❶ よく使われる数量の関係

(1) **代金の関係** ➡ 代金＝単価×個数

(2) **速さの関係** ➡ 道のり＝速さ×時間

(3) **濃度の関係** ➡ 食塩の重さ＝食塩水の重さ×濃度

❷ 数の表し方

(1) 百の位の数が a，十の位の数が b，一の位の数が c の3けたの自然数は，$100a+10b+c$

(2) p を a でわったときの商を q，余りを r とすると，
$p=aq+r$

❸ 等式と不等式の表し方

例　$2x+5$ と $3y-4$ は等しい

↓等式に表す

$2x+5=3y-4$
（$2x+5$：左辺，$3y-4$：右辺，あわせて両辺）

例　$2x+5$ は $3y-4$ より大きい

↓不等式に表す

$2x+5>3y-4$
（$2x+5$：左辺，$3y-4$：右辺，あわせて両辺）

式の値

式の値を求めるときは，**式を簡単にしてから代入する。**

例　$a=3$，$b=-\frac{1}{2}$ のとき，$3a^3\times8b^2\div6a^2b$ の値を求める。

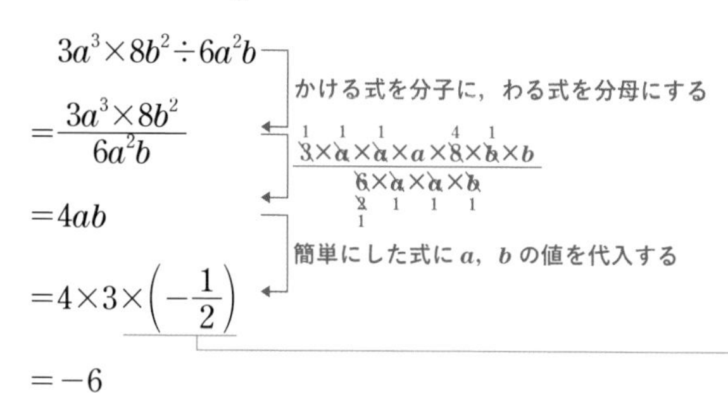

$3a^3\times8b^2\div6a^2b$
$=\frac{3a^3\times8b^2}{6a^2b}$
$=4ab$
$=4\times3\times\left(-\frac{1}{2}\right)$
$=-6$

かける式を分子に，わる式を分母にする

$\frac{3\times a\times a\times a\times8\times b\times b}{6\times a\times a\times b}$

簡単にした式に a，b の値を代入する

割合の表し方

● a ％ ➡ $\frac{a}{100}$，$0.01a$

例　a ％の食塩水200gにふくまれる食塩の量は，
$200\times\frac{a}{100}=2a$ (g)

● b 割 ➡ $\frac{b}{10}$，$0.1b$

例　500円の b 割の値段は，
$500\times\frac{b}{10}=50b$ (円)

参考

いろいろな整数の表し方

n を整数とすると，
● 偶数…$2n$，奇数…$2n+1$
● a の倍数…an
● 連続した3つの整数
…n，$n+1$，$n+2$
（$n-1$，n，$n+1$）

用語

等式と不等式

等号＝を使って，2つの数量が等しい関係を表した式を等式という。
不等号＞，＜，≧，≦を使って，2つの数量の大小関係を表した式を不等式という。

参考

不等号

a は b 以上………… $a\geqq b$
a は b 以下………… $a\leqq b$
a は b より大きい… $a>b$
a は b 未満………… $a<b$

注意

負の数や分数の代入

負の数を代入するとき，累乗の式に分数を代入するときは，かっこをつけて代入する。

POINT

数量の関係を理解しづらいときは，ことばの式で表したり，図や表にかいたりして考えるとわかりやすい。

範囲 中1，中2 中3

等式の変形

等式をある文字について解く場合は，**解く文字以外は数とみて，方程式を解く方法と同じように変形する。**

例　$4(2x-3y)=24$ を y について解く。

$$4(2x-3y)=24$$
（両辺を4でわる）
$$2x-3y=6$$
（$2x$ を移項する）
$$-3y=-2x+6$$
（両辺を−3でわる）
$$y=\frac{2}{3}x-2$$

用語

等式を解く

等式を，（ある文字）＝～の形に変形することを，はじめの等式を，ある文字について解くという。

移項

等式の一方にある項を，その符号を変えて，他方の辺に移すことを移項という。

式の計算の利用

例　連続した2つの奇数の積に1加えた数は，この2つの奇数の間にある偶数の2乗に等しいことを証明する。

［証明］　n を整数とすると，連続した2つの奇数は $2n+1$，$2n+3$ と表せる。（整数を文字を使って表す）

よって，$(2n+1)(2n+3)+1=4n^2+8n+4=(2n+2)^2$

ここで，$2n+2$ は連続した2つの奇数の間にある偶数である。

したがって，連続した2つの奇数の積に1加えた数は，この2つの奇数の間にある偶数の2乗に等しい。

参考

乗法公式の数の計算への利用

例　102×98
$=(100+2)(100-2)$
$=100^2-2^2$
$=10000-4$
$=9996$

Q. 基礎力チェック問題

解答はページ下

(1)　500 m の道のりを，分速 60 m の速さで x 分間歩いたとき，残りの道のりが y m だった。この数量の間の関係を等式で表しなさい。

［　　　　　　］

(2)　1本120円のお茶を x 本と1本180円のジュースを y 本買って，2000円出したらおつりがあった。この数量の間の関係を不等式で表しなさい。

［　　　　　　］

(3)　a 円の2割引きの値段を，a を使って表しなさい。

［　　　　　　］

(4)　$a=4$，$b=-5$ のとき，$7(a-b)-2(3a-4b)$ の値を求めなさい。

［　　　　　　］

(5)　$x=3-\sqrt{7}$ のとき，x^2-6x+9 の値を求めなさい。

［　　　　　　］

(6)　$S=\frac{1}{2}(a+b)h$ を，a について解きなさい。

［　　　　　　］

(7)　55^2-45^2 をくふうして計算しなさい。

［　　　　　　］

A. (1) $y=500-60x$　(2) $120x+180y<2000$　(3) $\frac{4}{5}a$ 円　(4) -1　(5) 7　(6) $a=\frac{2S}{h}-b$　(7) $55^2-45^2=(55+45)(55-45)=100\times10=1000$

高校入試実戦力アップテスト

PART 6

式の計算の利用

1 文字を使った式

次の問いに答えなさい。 (7点×6)

(1) 100円硬貨がa枚，50円硬貨がb枚あり，これらをすべて10円硬貨に両替するとc枚になる。この数量の関係を等式で表しなさい。 [青森県]

[　　　　　　　]

(2) 家から学校までの道のりは1200 mである。最初のx mを分速60 mで歩き，残りの道のりを分速120 mで走った。家から学校までにかかった時間を，xを使った式で表しなさい。 [大分県]

[　　　　　　　]

(3) 濃度a%の食塩水300 gと濃度b%の食塩水500 gを混ぜ合わせた800 gの食塩水にふくまれる食塩の量を，a，bを使った式で表しなさい。

[　　　　　　　]

(4) 500円出して，a円の鉛筆5本とb円の消しゴム1個を買うと，おつりがあった。この数量の関係を不等式で表しなさい。 [愛知県]

[　　　　　　　]

(5) 折り紙がa枚ある。この折り紙を1人に5枚ずつb人に配ったら，20枚以上余った。このときの数量の関係を，不等式で表しなさい。 [石川県]

[　　　　　　　]

(6) 1個a円のみかんと1個b円のりんごがある。このとき，不等式$5a+3b \leqq 1000$は，金額についてどんなことを表しているか，説明しなさい。 [島根県]

[説明]

2 等式の変形

次の等式を〔　〕の中の文字について解きなさい。 (6点×2)

(1) $4x+2y=6$ 〔y〕 [岐阜県]

(2) $a=\dfrac{2b-c}{5}$ 〔c〕 [栃木県]

[　　　　　　　]　　[　　　　　　　]

時間： 30 分	配点： 100 点	目標： 80 点
解答： 別冊 p.7	得点： 点	

3

式の値

次の問いに答えなさい。 (6点×4)

(1) $a=\dfrac{7}{6}$ のとき，$(3a+4)^2-9a(a+2)$ の式の値を求めなさい。 ［静岡県］

［　　　　］

よく出る！ (2) $a=\dfrac{1}{2}$，$b=3$ のとき，$3(a-2b)-5(3a-b)$ の値を求めなさい。 ［秋田県］

［　　　　］

(3) $x=2+\sqrt{3}$，$y=2-\sqrt{3}$ のとき，$\left(1+\dfrac{1}{x}\right)\left(1+\dfrac{1}{y}\right)$ の値を求めなさい。 ［20 埼玉県］

アドバイス ☞ はじめに，$x+y$，xy の値を求めておく。

［　　　　］

(4) $\sqrt{24}$ の小数部分を a とするとき，a^2+8a の値を求めなさい。 ［慶應義塾高］

［　　　　］

4

文字式を使った証明

よく出る！

1331 や 7227 のように，千の位の数と一の位の数，百の位の数と十の位の数がそれぞれ同じである 4 けたの整数は，いつでも 11 の倍数となることを次のように証明した。［　］に証明の続きを書き，この証明を完成させなさい。 ［群馬県］（12点）

［証明］ a を 1 けたの自然数，b を 1 けたの自然数または 0 とする。千の位の数を a，百の位の数を b とおいて，千の位の数と一の位の数，百の位の数と十の位の数がそれぞれ同じである 4 けたの整数を a，b を用いて表すと，

［　　　　　　　　　　　　　　　　　　　　］

したがって，このような 4 けたの整数は，いつでも 11 の倍数となる。

5

文字式の利用

ハイレベル

2 つの自然数 m，n がある。m は 7 でわると商が a，余りが 3，n は 7 でわると商が b，余りが 5 である。この 2 数の積 mn を 7 でわったときの余りを求めなさい。 ［徳島県］（10点）

アドバイス ☞ （わられる数）＝（わる数）×（商）＋（余り）より，m を a，n を b を使って表す。

［　　　　］

TEST

PART 7 1次方程式

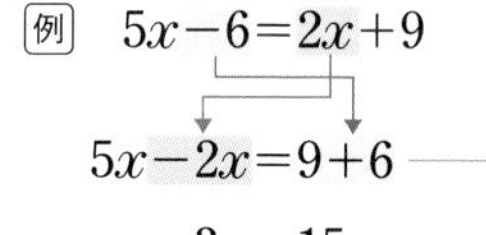

1次方程式の解き方

❶ 基本的な1次方程式の解き方

(1) **文字の項を左辺に，数の項を右辺に移項する。**

(2) **整理して，$ax=b$ の形にする。**

(3) **両辺を x の係数 a でわる。**

例
$5x-6=2x+9$
$5x-2x=9+6$
$3x=15$
$x=5$

❷ いろいろな1次方程式の解き方

(1) **かっこのある方程式**

➡ 分配法則を使って，かっこをはずす。

例 $3(x-2)=7x+6$
$3x-6=7x+6$

(2) **係数に小数をふくむ方程式**

➡ 両辺に10，100，… をかけて，係数を整数に直す。

例 $0.5x-0.2=0.1x+1.4$
$(0.5x-0.2)\times10=(0.1x+1.4)\times10$
$5x-2=x+14$

(3) **係数に分数をふくむ方程式**

➡ 両辺に分母の最小公倍数をかけて，係数を整数に直す。

例 $-\frac{3}{4}x-1=\frac{1}{3}x-2$
$\left(-\frac{3}{4}x-1\right)\times12=\left(\frac{1}{3}x-2\right)\times12$
$-9x-12=4x-24$

❸ 比例式の解き方

比例式の性質　$a:b=c:d$ ならば，$ad=bc$

次の比例式を解く。

例 $x:5=9:15$
（$a:b=c:d$ ならば，$ad=bc$）
$x\times15=5\times9$
$x=\frac{5\times9}{15}=3$

例 $x:4=(x+3):2$
（$x+3$ をひとまとまりとみる）
$x\times2=4\times(x+3)$
$2x=4x+12$
$-2x=12$
$x=-6$

よく出る!

等式の性質

$A=B$ ならば，
❶ $A+C=B+C$
❷ $A-C=B-C$
❸ $AC=BC$
❹ $\frac{A}{C}=\frac{B}{C}$ $(C\neq0)$

注意

6 や $2x$ を移項すると考えるのではなく，符号をふくめて，-6 や $+2x$ を移項すると考えるとよい。

参考

係数に小数と分数をふくむ方程式の解き方

まず，小数を分数に直し，次に，分数を整数に直す。

例 $\frac{2}{3}x+1=0.2x-\frac{4}{3}$
小数を分数に直すと，
$\frac{2}{3}x+1=\frac{1}{5}x-\frac{4}{3}$
両辺に15をかけると，
$\left(\frac{2}{3}x+1\right)\times15=\left(\frac{1}{5}x-\frac{4}{3}\right)\times15$
$10x+15=3x-20$
$7x=-35$
$x=-5$

用語

比例式

2つの比 $a:b$ と $c:d$ が等しいことを $a:b=c:d$ と表し，この式を比例式という。
比例式にふくまれる文字の値を求めることを比例式を解くという。

POINT

文章題で，数量の間の関係をとらえにくいときは，
図や表に表して考えてみるとわかりやすい。

範囲 中1

学習日

1次方程式の応用

▶ 方程式を使って文章題を解く手順

方程式をつくる
- ❶ 問題中の数量の間の関係を見つける。
- ❷ どの数量を x で表すかを決める。
- ❸ 数量の間の関係を方程式で表す。

↓

❹ 方程式を解く

↓

❺ 解を検討する ― 方程式の解が，問題にあっているかどうか調べる。

例 Aさんが，P地点から13 km離れたQ地点まで行くのに，はじめは自転車で時速18 kmの速さで走り，途中のR地点から時速4 kmで歩いたところ全体で1時間30分かかった。Aさんが自転車で走ったのは何分間か。

❶❷ 自転車で走った時間を x 分間とすると，歩いた時間は $(90-x)$ 分間と表せる。

❸ 方程式は，$\frac{18}{60}x+\frac{4}{60}(90-x)=13$ ← PR間の道のり＋RQ間の道のり＝PQ間の道のり
（速さの単位を「分速」に統一）

❹ これを解くと，$x=30$

❺ この解は問題にあっている。← x は0より大きく90より小さい数
よって，Aさんが自転車で走ったのは30分間。

参考

x で表す数量

ふつう，求める数量を x で表す場合が多い。
しかし問題によっては，求める数量以外を x で表したほうが方程式をつくりやすい場合もある。

図の活用

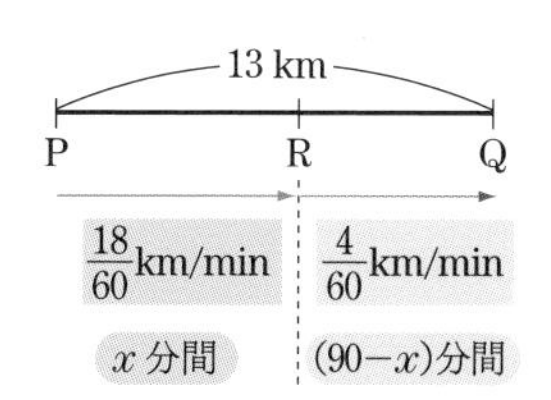

表の活用

	速さ (km/min)	時間 (分)	道のり (km)
PR間	$\frac{18}{60}$	x	$\frac{18}{60}x$
RQ間	$\frac{4}{60}$	$90-x$	$\frac{4}{60}(90-x)$
PQ間		90	13

基礎力チェック問題

解答はページ下

次の方程式を解きなさい。

(1) $3x-2=4$ ［　　］

(2) $5x-3=7x+5$ ［　　］

(3) $-2(x+3)=x+9$ ［　　］

(4) $0.7x-0.8=0.4x+1$ ［　　］

(5) $\frac{1}{2}x+\frac{1}{3}=\frac{1}{4}x-\frac{1}{6}$ ［　　］

(6) $\frac{x+1}{2}=\frac{2x-1}{3}$ ［　　］

次の比例式を解きなさい。

(7) $8:x=2:3$ ［　　］

(8) $7:4=x:20$ ［　　］

A。(1) $x=2$ (2) $x=-4$ (3) $x=-5$ (4) $x=6$ (5) $x=-2$ (6) $x=5$ (7) $x=12$ (8) $x=35$

高校入試実戦力アップテスト

PART 7

1次方程式

1 1次方程式の解き方

次の1次方程式を解きなさい。 (4点×8)

よく出る! (1) $3x-5=x+3$ [沖縄県]

[　　　]

(2) $x-4=5x+16$ [熊本県]

[　　　]

(3) $5x-2=2(4x-7)$ [福岡県]

[　　　]

(4) $9x+4=5(x+8)$ [20 東京都]

[　　　]

ミス注意 (5) $\dfrac{3x+4}{2}=4x$ [秋田県]

[　　　]

(6) $x-7=\dfrac{4x-9}{3}$ [千葉県]

[　　　]

(7) $\dfrac{3x-1}{2}-\dfrac{x-4}{3}=5x-3$ [東京電機大学高]

[　　　]

(8) $\dfrac{x-6}{8}-0.75=\dfrac{1}{2}x$ [日本大学第三高]

[　　　]

2 比例式の解き方

次の比例式を解きなさい。 (4点×2)

(1) $6:8=x:20$ [秋田県]

[　　　]

(2) $(x-1):x=3:5$ [香川県]

[　　　]

3 1次方程式の解と文字の値

次の問いに答えなさい。 (6点×2)

よく出る! (1) x についての方程式 $3x-4=x-2a$ の解が5であるとき，a の値を求めなさい。 [茨城県]

アドバイス ☞ 方程式に解を代入して，a についての方程式を解く。

[　　　]

(2) 方程式 $\dfrac{4-ax}{5}=\dfrac{5-a}{2}$ は $x=2$ のとき成り立つ。このとき，a の値を求めなさい。 [江戸川学園取手高]

[　　　]

時間： 30 分	配点： 100 点	目標： 80 点
解答： 別冊 p.8	得点： 点	

4

比例式の問題

ある動物園では，大人 1 人の入園料が子ども 1 人の入園料より 600 円高い。大人 1 人の入園料と子ども 1 人の入園料の比が 5：2 であるとき，子ども 1 人の入園料を求めなさい。

［神奈川県］（12点）

［　　　　］

5

よく出る！

過不足の問題

クラスで調理実習のために材料費を集めることになった。1 人 300 円ずつ集めると材料費が 2600 円不足し，1 人 400 円ずつ集めると 1200 円余る。このクラスの人数は何人か，求めなさい。

［愛知県］（12点）

［　　　　］

6

割合の問題

ある観光地で，5 月の観光客数は 4 月の観光客数に比べて 5％増加し，8400 人であった。このとき，4 月の観光客数を求めなさい。

［沖縄県］（12点）

［　　　　］

7

平均の問題

タケシさんは，過去 10 年間の Y 市の 4 月 1 日における最高気温を調べてその平均値を求めたが，10 年のうちのある 2 年の最高気温が 2.6 ℃と 16.2 ℃であり，他の年の最高気温と大きく異なっていることに気がついた。そこで，この 2 年を除いた 8 年の最高気温の平均値を求めたところ，新しく求めた平均値は，はじめに求めた 10 年の最高気温の平均値より 0.3 ℃高くなった。タケシさんがはじめに求めた 10 年の最高気温の平均値は何℃であったか，求めなさい。

［大阪府］（12点）

アドバイス ☞ はじめに求めた 10 年の最高気温の平均値を x ℃とすると，
2.6 ℃と 16.2 ℃を除いた 8 年の最高気温の合計は，$10x-2.6-16.2$（℃）

［　　　　］

TEST

8 連立方程式

必ず出る！要点整理

連立方程式の解き方

❶ 基本的な連立方程式の解き方

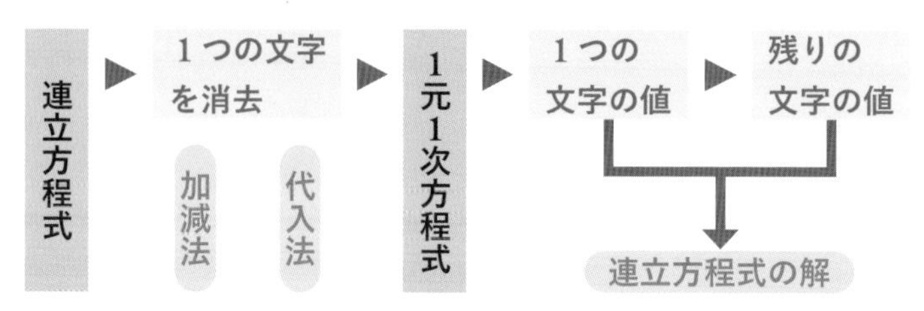

❷ 加減法と代入法

(1) **加減法** ➡ x，y どちらかの文字の係数の絶対値をそろえて，左辺どうし右辺どうしを加減し，1つの文字を消去。

例 $\begin{cases} 5x+2y=2 & \cdots\cdots① \\ 4x+3y=-4 & \cdots\cdots② \end{cases}$

①×3　$15x+6y=6$

②×2　$-)\ 8x+6y=-8$

$7x=14$

$x=2$

$x=2$ を①に代入して，

$5\times2+2y=2$

$10+2y=2$

$2y=-8$

$y=-4$

重要！

(2) **代入法** ➡ 一方の式を，$x=\sim$，$y=\sim$ の形にして，これをもう一方の式に代入し，1つの文字を消去。

例 $\begin{cases} 3x-2y=-13 & \cdots\cdots① \\ y=x+6 & \cdots\cdots② \end{cases}$

②を①に代入して，

$3x-2(x+6)=-13$

$3x-2x-12=-13$

$x=-1$

$x=-1$ を②に代入して，

$y=-1+6=5$

❸ いろいろな連立方程式の解き方

(1) **かっこのある連立方程式** ➡ 分配法則を使って，かっこをはずす。

例 $\begin{cases} 6x+5y=8 & \cdots\cdots① \\ 3x+4(y-1)=-3 & \cdots\cdots② \end{cases}$

②のかっこをはずして整理すると，$3x+4y=1$　……③

①，③を連立方程式として解くと，$x=3$，$y=-2$

用語

2元1次方程式…$2x+3y=4$ のように，2つの文字をふくむ方程式。

連立方程式…2つ以上の方程式を組み合わせたもの。

どちらの係数にそろえるか

加減法では，係数の絶対値が小さいほうの文字を消去すると，計算がラク。

左の例で，x の係数をそろえると，次のような計算になる。

①×4　$20x+8y=8$

②×5　$-)\ 20x+15y=-20$

$-7y=28$

$y=-4$

参考

効率的な代入法

次のような連立方程式では，②を $y=\sim$ の形に直す必要はない。そのまま代入したほうが効率的である。

例 $\begin{cases} 5x+2y=7 & \cdots\cdots① \\ 2y=6x-26 & \cdots\cdots② \end{cases}$

②を①に代入して，

$5x+(6x-26)=7$

$5x+6x-26=7$

$11x=33$

$x=3$

POINT

文章題では，等しい数量関係を 2 つ見つけ，それぞれの数量関係を方程式に表して，連立方程式として解く。

学習日　／

範囲　中 2

(2) **係数に分数・小数をふくむ連立方程式**

➡ 両辺に同じ数をかけて，**係数を整数に直す**。

例 $\begin{cases} \frac{1}{2}x+\frac{3}{4}y=6 & \cdots\cdots① \\ 0.7x-0.3y=3 & \cdots\cdots② \end{cases}$

①の両辺に 4 をかけると，$2x+3y=24$ ……③

②の両辺に10をかけると，$7x-3y=30$ ……④

③，④を連立方程式として解くと，$x=6$，$y=4$

参考

$A=B=C$ の形の連立方程式の解き方

$A=B=C$ の形の連立方程式は，次のいずれかの組み合わせをつくって解けばよい。

$\begin{cases} A=B \\ A=C \end{cases}$　$\begin{cases} A=B \\ B=C \end{cases}$　$\begin{cases} A=C \\ B=C \end{cases}$

例 $2x+y=5x+2y=1$

$\begin{cases} 2x+y=1 & \cdots\cdots① \\ 5x+2y=1 & \cdots\cdots② \end{cases}$

①×2　$4x+2y=2$

②　$-)\ 5x+2y=1$

$-x \quad =1$

$x=-1$

連立方程式の応用

例 男女合わせて 350 人いる。男子の 8 % と女子の 6 % の人数を合わせると 25 人である。男子と女子の人数をそれぞれ求める。

男子の人数を x 人，女子の人数を y 人とする。

全体の人数から，$x+y=350$……①

男子 8 % と女子 6 % の人数から，$\frac{8}{100}x+\frac{6}{100}y=25$……②

①，②を連立方程式として解くと，$x=200$，$y=150$

この解は問題にあっている。

↑ x，y は 350 未満の自然数

よって，男子の人数は 200 人，女子の人数は 150 人。

文章題の解き方の手順

❶何を x，y で表すかを決める。

❷等しい数量の関係を 2 つ見つけ，これを方程式に表す。

❸方程式を解く。

❹解の検討をして，答えを導く。

基礎力チェック問題

解答はページ下

次の連立方程式を解きなさい。

(1) $\begin{cases} 7x-4y=18 \\ 5x+4y=6 \end{cases}$

[　　　　　]

(2) $\begin{cases} 4x+3y=13 \\ 3x+2y=9 \end{cases}$

[　　　　　]

(3) $\begin{cases} x=2y+3 \\ 2x-y=-6 \end{cases}$

[　　　　　]

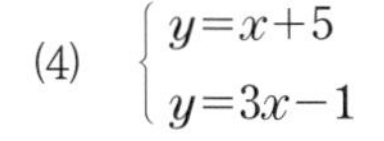

(4) $\begin{cases} y=x+5 \\ y=3x-1 \end{cases}$

[　　　　　]

次の問いに答えなさい。

(5) 2 けたの自然数がある。この自然数の十の位の数と一の位の数の和は 9 で，十の位の数と一の位の数を入れかえてできる数は，もとの自然数より 27 小さい。もとの自然数を求めなさい。

[　　　　　]

A. (1) $x=2$，$y=-1$　(2) $x=1$，$y=3$　(3) $x=-5$，$y=-4$　(4) $x=3$，$y=8$　(5) 63

高校入試実戦力アップテスト

PART 8

連立方程式

1

連立方程式の解き方

次の連立方程式を解きなさい。

（4点×6）

(1) $\begin{cases} 7x-3y=6 \\ x+y=8 \end{cases}$ ［20 東京都］

［　　　　］

(2) $\begin{cases} 2x+5y=-7 \\ 3x+7y=-9 \end{cases}$ ［京都府］

［　　　　］

(3) $\begin{cases} 2x-3y=-5 \\ x=-5y+4 \end{cases}$ ［秋田県］

［　　　　］

(4) $\begin{cases} y=x+6 \\ y=-2x+3 \end{cases}$ ［岩手県］

［　　　　］

(5) $x-y=-x+4y=3$ ［福島県］

［　　　　］

(6) $5x-7y=2x-3y+2=-3x+4y+9$ ［福岡大学附属大濠高］

［　　　　］

2

いろいろな連立方程式の解き方

次の連立方程式を解きなさい。

（5点×4）

(1) $\begin{cases} y=4(x+2) \\ 6x-y=-10 \end{cases}$ ［青森県］

［　　　　］

(2) $\begin{cases} \dfrac{x}{6}-\dfrac{y}{4}=-2 \\ 3x+2y=3 \end{cases}$ ［長崎県］

［　　　　］

ハイレベル

(3) $\begin{cases} \dfrac{x-1}{3}+\dfrac{3y+1}{6}=0 \\ 0.4(x+4)+0.5(y-3)=0 \end{cases}$ ［東京都立青山高］

［　　　　］

(4) $\begin{cases} \dfrac{x+2}{3}-\dfrac{y-1}{4}=-2 \\ 3x+4y=5 \end{cases}$ ［東京都立立川高］

［　　　　］

3

連立方程式の解と係数

連立方程式 $\begin{cases} ax+by=10 \\ bx-ay=5 \end{cases}$ の解が $x=2$，$y=1$ であるとき，a，b の値を求めなさい。

［神奈川県］（6点）

［　　　　］

時間： 30 分	配点： 100 点	目標： 80 点
解答： 別冊 p.9	得点： 点	

4

整数の問題

十の位の数と一の位の数の和が 10 である 2 けたの自然数がある。この自然数の十の位の数と一の位の数を入れかえた自然数は，もとの自然数より 36 大きくなる。もとの自然数を求めなさい。

［群馬県］（10点）

［　　　　］

5

割合の問題

4 %の食塩水と 9 %の食塩水がある。この 2 つの食塩水を混ぜ合わせて，6 %の食塩水を 600 g 作りたい。4 %の食塩水は何g 必要か。

［高知県］（10点）

アドバイス ☞ a%の食塩水 x g にふくまれる食塩の量は，$x\times\frac{a}{100}$(g)

［　　　　］

TEST

6

人数と代金の問題

よく出る！

ある中学校の 2 年生が職場体験活動を行うことになり，A さんは美術館で活動した。この美術館の入館料は，大人 1 人が 500 円，子ども 1 人が 300 円であり，大人のうち，65 歳以上の人の入館料は，大人の入館料の 1 割引きになる。美術館が閉館した後に，A さんがこの日の入館者数を調べたところ，すべての大人の入館者数と子どもの入館者数は合わせて 183 人で，すべての大人の入館者数のうち，65 歳以上の人の割合は 20 %であった。また，この日の入館料の合計は 76750 円であった。このとき，すべての大人の入館者数と子どもの入館者数は，それぞれ何人であったか。方程式をつくり，計算の過程を書き，答えを求めなさい。［静岡県］（15点）

［　　大人　　　　，子ども　　　　］

7

速さの問題

よく出る！

A さんは，P 地点から 5200 m 離れた Q 地点までウォーキングとランニングをした。P 地点から途中の R 地点までは分速 80 m でウォーキングをし，R 地点から Q 地点までは分速 200 m でランニングをしたところ，全体で 35 分かかりました。P 地点から R 地点までの道のりと R 地点から Q 地点までの道のりはそれぞれ何 m ですか。なお，答えを求める過程もわかるように書きなさい。

［広島県］（15点）

［　　P 地点から R 地点まで　　　　，R 地点から Q 地点まで　　　　］

PART 9　2次方程式

必ず出る！ 要点整理

2次方程式の解き方

❶ 平方根の考え方を利用する解き方

(1) **$ax^2=b$ の形** ➡ 両辺を a でわり，$\dfrac{b}{a}$ の平方根を求める。

例　$4x^2=3$，$x^2=\dfrac{3}{4}$，$x=\pm\sqrt{\dfrac{3}{4}}=\pm\dfrac{\sqrt{3}}{2}$

(2) **$(x+a)^2=b$ の形** ➡ **b の平方根を求めて，a を移項する。**

例　$(x-2)^2=5$，$x-2=\pm\sqrt{5}$，$x=2\pm\sqrt{5}$

(3) **$x^2+px+q=0$ の形**

➡ q を移項し，両辺に $\left(\dfrac{p}{2}\right)^2$ を加え，**左辺を平方の形にする。**

例　$x^2+4x-3=0$，$x^2+4x=3$，$x^2+4x+2^2=3+2^2$，

x の係数4の半分の2乗を加える

$(x+2)^2=7$，$x+2=\pm\sqrt{7}$，$x=-2\pm\sqrt{7}$

❷ 2次方程式の解の公式

2次方程式 $ax^2+bx+c=0(a\neq0)$ の解は，$x=\dfrac{-b\pm\sqrt{b^2-4ac}}{2a}$

例　$3x^2+5x+1=0$ の解は，$a=3$，$b=5$，$c=1$ とすると，

$$x=\frac{-5\pm\sqrt{5^2-4\times3\times1}}{2\times3}=\frac{-5\pm\sqrt{25-12}}{6}=\frac{-5\pm\sqrt{13}}{6}$$

❸ 因数分解を利用する解き方

(2次式)=0の形に整理し，左辺を因数分解して，

$(x-a)(x-b)=0$ ならば，$x=a$，$x=b$

を利用して解く。

例　$x^2-6x+5=0$

$(x-1)(x-5)=0$　← $x^2+(a+b)x+ab=(x+a)(x+b)$

よって，$x-1=0$ または $x-5=0$　← $AB=0$ ならば，$A=0$，$B=0$

したがって，$x=1$，$x=5$

用語

2次方程式

(x の2次式)=0の形に変形できる方程式を，x についての2次方程式という。
一般に，2次方程式の解は2つあるが，1つしかない場合もある。

注意

2次方程式を解くということは，2次方程式の解をすべて求めるということである。
つまり，2次方程式の解が2つあるときは，解を1つ求めただけでは，方程式を解いたことにならない。

参考

x の係数が奇数の場合

例　$x^2+3x-2=0$

$x^2+3x=2$

$x^2+3x+\left(\dfrac{3}{2}\right)^2=2+\left(\dfrac{3}{2}\right)^2$

$\left(x+\dfrac{3}{2}\right)^2=\dfrac{17}{4}$

$x+\dfrac{3}{2}=\pm\dfrac{\sqrt{17}}{2}$

$x=-\dfrac{3}{2}\pm\dfrac{\sqrt{17}}{2}$

2次式を(1次式)^{2}の形に表すことを平方完成という。

POINT

2 次方程式 $ax^2+bx+c=0$ を解くときは，まず左辺を因数分解。因数分解できないときは解の公式を利用する。

範囲 中３

学習日 ／

2次方程式の応用

解き方の基本的な手順は，1 次方程式の文章題と同じ。
ただし，2 次方程式の文章題では，**方程式の解の一方が問題にあわない場合がある**ので，求めるものが何であるのかをしっかり確認して答えを決める。

例　高さが底辺よりも 3 cm 長い平行四辺形がある。この平行四辺形の面積が 54 cm² のとき，底辺の長さを求めなさい。

底辺の長さを x cm とすると，高さは$(x+3)$cm と表せる。
↑求めるものを x とする

よって，方程式は，

$x(x+3)=54$ ←底辺×高さ＝面積

これを解くと，

$x^2+3x=54$

$x^2+3x-54=0$

$(x+9)(x-6)=0$

$x=-9,\ x=6$

54 cm²　$(x+3)$cm　x cm

底辺の長さは正の数だから，$x>0$ ←解の検討をする
よって，$x=6$
したがって，底辺の長さは 6 cm

解と係数の問題の解き方

例　x についての方程式 $x^2+ax+b=0$ の解が-3と 4 であるときの a，b の値を求める。
方程式に $x=-3$，$x=4$ をそれぞれ代入して，
$(-3)^2+a\times(-3)+b=0$
$9-3a+b=0$ ……①
$4^2+a\times4+b=0$
$16+4a+b=0$ ……②
①，②を連立方程式として解くと，
$a=-1,\ b=-12$

解が負の数の場合

次のような問題では，負の数は問題の答えとしてあわない。
- 自然数や自然数の位の数を求める場合。
- 個数，人数，値段などを求める場合。
- 図形の辺の長さや面積，体積を求める場合。

Q. 基礎力チェック問題

解答はページ下

次の 2 次方程式を解きなさい。

(1) $(x-3)^2=4$　［　　　］

(2) $x^2+2x=0$　［　　　］

(3) $x^2-9x+18=0$　［　　　］

(4) $x^2+3x+1=0$　［　　　］

(5) $x^2+9=6x$　［　　　］

(6) $2x^2-8x+5=0$　［　　　］

次の問いに答えなさい。

(7) ある自然数 x の 2 乗から 8 をひいた数は x の 2 倍に等しい。自然数 x を求めなさい。

［　　　］

A. (1) $x=1,\ x=5$　(2) $x=0,\ x=-2$　(3) $x=3,\ x=6$　(4) $x=\frac{-3\pm\sqrt{5}}{2}$　(5) $x=3$　(6) $x=\frac{4\pm\sqrt{6}}{2}$　(7) 4

高校入試実戦力アップテスト

PART 9

2次方程式

1　2次方程式の解き方

次の2次方程式を解きなさい。　(4点×8)

(1) $(x+1)^2=3$ ［静岡県］

［　　　　］

(2) $x^2-7x+12=0$ ［滋賀県］

［　　　　］

よく出る! (3) $x^2-3x-4=0$ ［徳島県］

［　　　　］

(4) $x^2+2x-35=0$ ［愛媛県］

［　　　　］

よく出る! (5) $x^2+3x-1=0$ ［新潟県］

［　　　　］

(6) $3x^2+9x+5=0$ ［20東京都］

［　　　　］

ハイレベル (7) $x^2-34x+168=0$ ［大阪教育大附属高（平野校舎）］

［　　　　］

(8) $2x^2-7x+4=0$ ［山梨県］

［　　　　］

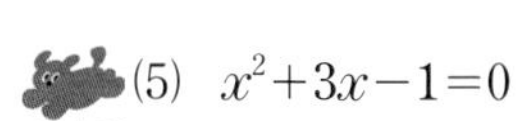

アドバイス ☞ $(x+m)^2=n$ の形にする。

2　いろいろな2次方程式の解き方

次の2次方程式を解きなさい。(6)は比例式を解きなさい。　(4点×6)

(1) $x^2+x=21+5x$ ［静岡県］

［　　　　］

(2) $x(x-1)=3(x+4)$ ［福岡県］

［　　　　］

(3) $(x-1)^2-7(x-1)-8=0$ ［大阪府］

［　　　　］

(4) $2(x-2)^2-3(x-2)+1=0$ ［20 埼玉県］

［　　　　］

(5) $3(x+3)^2-8(x+3)+2=0$ ［東京都立西高］

［　　　　］

(6) $x:(4x-1)=1:x$ ［鹿児島県］

［　　　　］

時間： 30 分	配点： 100 点	目標： 80 点
解答： 別冊 p.11	得点： 点	

3

2次方程式の解と係数

2次方程式 $x^2-ax-12=0$ の解の1つが2のとき，a の値ともう1つの解を求めなさい。ただし，答えを求める過程がわかるように，途中の式や計算なども書くこと。 ［高知県］（4点×2）

［ aの値 　　　　，もう1つの解 　　　　］

4

整数の問題

ある素数 x を2乗したものに52を加えた数は，x を17倍した数に等しい。このとき，素数 x を求めなさい。ただし，x についての方程式をつくり，答えを求めるまでの過程も書きなさい。

［佐賀県］（12点）

［　　　　］

5

図形の問題

右の図のように，縦が15 m，横が20 mの長方形の芝生に，縦，横に同じ幅 x mの道を通したところ，芝生の面積が204 m^2 になった。x の値を求めなさい。 ［東京工業大学附属科学技術高］（12点）

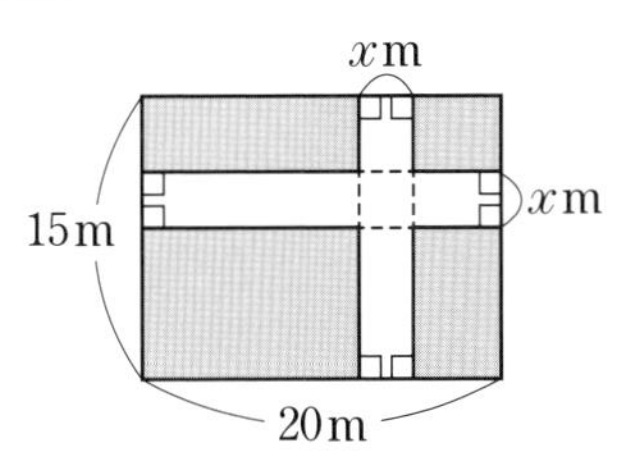

［　　　　］

6

割引きの問題

ある店で商品Aを，1日目は1000円で売り，2日目は1日目の価格の x 割引の価格で売り，3日目は2日目の価格の x 割引の価格で売った。その結果，商品Aを1日目は50個，2日目は100個，3日目は200個売ることができ，3日間の商品Aの売り上げの合計は218000円であった。次の問いに答えなさい。 ［広島大学附属高］（(1)4点，(2)8点）

(1) 2日目の売り上げを x を用いて表しなさい。

［　　　　］

(2) x の値を求めなさい。

アドバイス ☞ 3日目の商品Aの価格は，$1000\times\left(1-\frac{x}{10}\right)\times\left(1-\frac{x}{10}\right)$（円）

［　　　　］

TEST

PART 10 比例・反比例

必ず出る！ 要点整理

比例と反比例

❶ 比例

(1) **比例の式**

2つの変数 x, y の関係が，左の式で表されるとき，

y は x に比例する

という。

$y=ax$ （$a \neq 0$）　← a：比例定数

(2) **比例の性質**

x の値が2倍，3倍，4倍，…になると，

y の値も2倍，3倍，4倍，…になる。

例　$y=3x$ の x と y の値

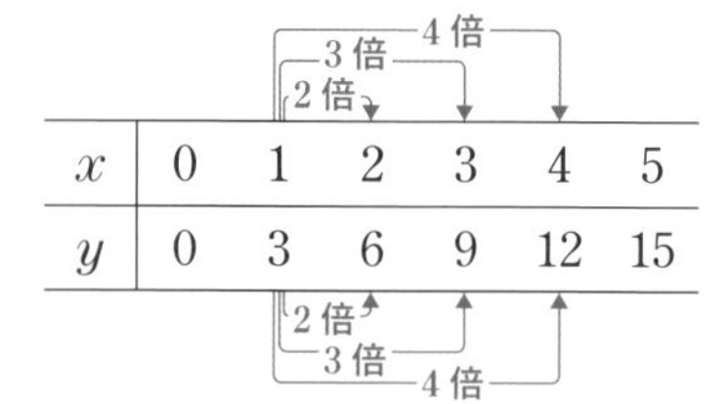

x	0	1	2	3	4	5
y	0	3	6	9	12	15

(3) $x \neq 0$ のとき，表の上下に対応する x と y の値の商 $\dfrac{y}{x}$ は一定で，

a の値に等しい。

❷ 反比例

(1) **反比例の式**

2つの変数 x, y の関係が，左の式で表されるとき，

y は x に反比例する

という。

$y=\dfrac{a}{x}$ （$a \neq 0$）　← a：比例定数

(2) **反比例の性質**

x の値が2倍，3倍，4倍，…になると，

y の値は $\dfrac{1}{2}$ 倍，$\dfrac{1}{3}$ 倍，$\dfrac{1}{4}$ 倍，…になる。

例　$y=\dfrac{6}{x}$ の x と y の値

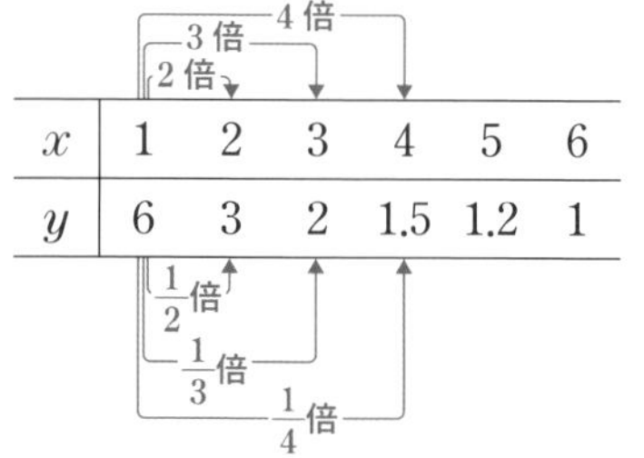

x	1	2	3	4	5	6
y	6	3	2	1.5	1.2	1

(3) 表の上下に対応する x と y の値の積 **xy は一定で，a の値に等しい。**

用語

関数

ともなって変わる2つの変数 x, y があって，**x の値を決めると，それにともなって y の値もただ1つに決まるとき，y は x の関数である**という。

用語

変数と定数

変数…x, y のようにいろいろな値をとる文字。

定数…一定の数やそれを表す文字。

比例の式 $y=ax$ の a のように，**一定の数を表す文字は定数である。**

一般に，変数には x, y などを，定数には a, b などを使う。

参考

変域

変数のとりうる値の範囲を，その変数の**変域**という。

x が5より大きい…$x>5$

x が5以上　　　…$x \geqq 5$

x が5以下　　　…$x \leqq 5$

x が5未満　　　…$x<5$

また，x が -5 以上5以下であることを，$-5 \leqq x \leqq 5$ と表す。

反比例の式の求め方

例　y は x に反比例し，$x=2$ のとき $y=4$ である。y を x の式で表す。

y は x に反比例するから，比例定数を a とすると，

$y=\dfrac{a}{x}$ とおける。

$x=2$ のとき $y=4$ だから，

$4=\dfrac{a}{2}$，$a=8$

よって，$y=\dfrac{8}{x}$

POINT

y が x に比例するときは $y=ax$，y が x に反比例するときは $y=\dfrac{a}{x}$ とおいて，1 組の x，y の値を代入。

範囲 中 1

学習日 /

比例のグラフと反比例のグラフ

❶ 座標

(1) 座標軸 ➡ x 軸と y 軸

(2) 原点 ➡ x 軸と y 軸が交わる点 O

(3) x 座標が a，y 座標が b である点 P の座標
➡ $\mathrm{P}(a,\ b)$

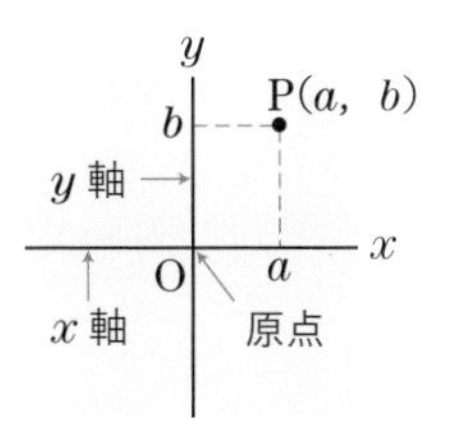

❷ 比例のグラフ

比例 $y=ax$ のグラフは，
原点を通る直線。

● $a>0$…右上がり

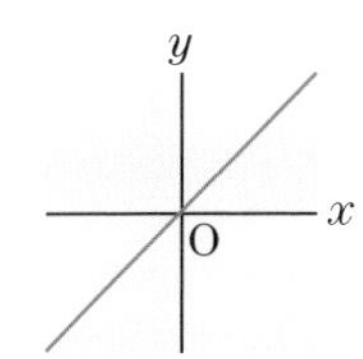

● $a<0$…右下がり

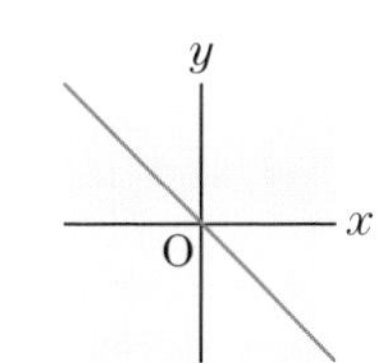

❸ 反比例のグラフ

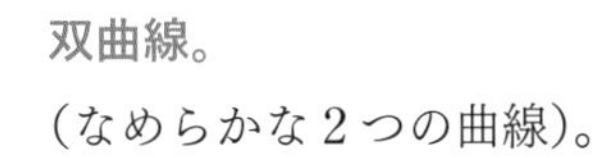

反比例 $y=\dfrac{a}{x}$ のグラフは，
双曲線。
（なめらかな 2 つの曲線）。

● $a>0$
…①，③の部分

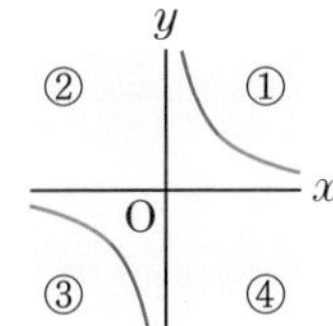

● $a<0$
…②，④の部分

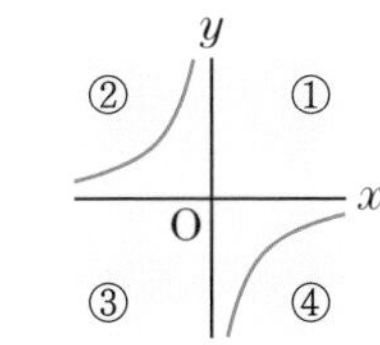

参考

対称な点の座標

点 $(a,\ b)$ と，
● x 軸について対称な点
　$(a,\ -b)$
● y 軸について対称な点
　$(-a,\ b)$
● 原点について対称な点
　$(-a,\ -b)$

参考

中点の座標

2 点 $(a,\ b)$ と $(c,\ d)$ を結ぶ線分の中点の座標は，
$\left(\dfrac{a+c}{2},\ \dfrac{b+d}{2}\right)$

例　2 点 $(1,\ 3)$ と $(5,\ 5)$ を結ぶ線分の中点 M の座標は，
$\left(\dfrac{1+5}{2},\ \dfrac{3+5}{2}\right)=(3,\ 4)$

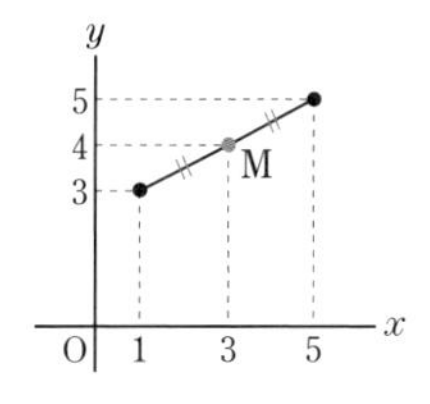

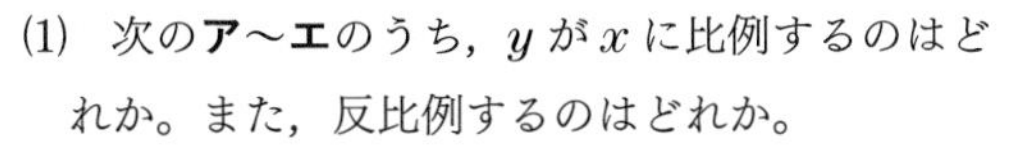

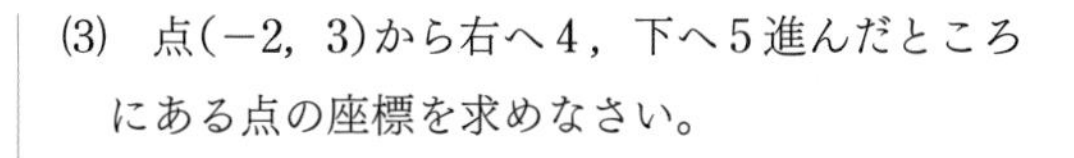

(1) 次の**ア**〜**エ**のうち，y が x に比例するのはどれか。また，反比例するのはどれか。

ア $y=2x$　　**イ** $y=-\dfrac{1}{x}$

ウ $xy=6$　　**エ** $y=-\dfrac{1}{3}x$

比例［　　　　］，反比例［　　　　］

(2) 底辺が x cm，高さが 8 cm の三角形の面積を y cm^2 とするとき，y を x の式で表しなさい。

［　　　　］

(3) 点 $(-2,\ 3)$ から右へ 4，下へ 5 進んだところにある点の座標を求めなさい。

［　　　　］

(4) 右の図で，ℓ，m のグラフの式を求めなさい。

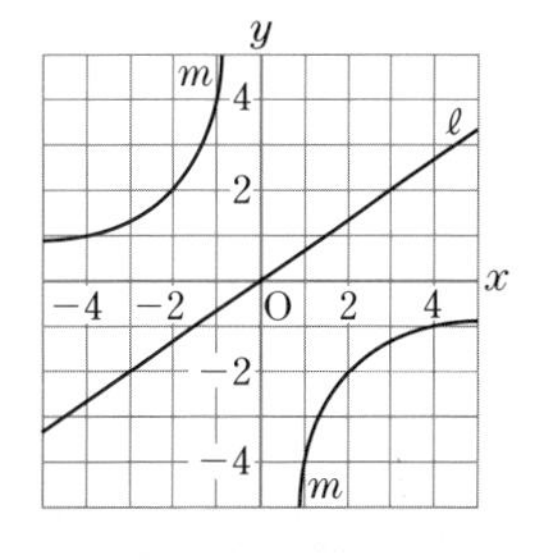

ℓ［　　　　］
m［　　　　］

A。(1)比例…ア，エ，反比例…イ，ウ　(2)$y=4x$　(3)$(2,\ -2)$　(4)ℓ…$y=\dfrac{2}{3}x$，m…$y=-\dfrac{4}{x}$

高校入試実戦力アップテスト

PART 10

比例・反比例

1

座標

次の問いに答えなさい。 ((1)4点×4, (2)8点)

(1) 点A$(-4,\ 3)$について，次のような点の座標を求めなさい。

① x軸について対称な点B [　　　　]

② y軸について対称な点C [　　　　]

③ 原点について対称な点D [　　　　]

④ x軸の正の方向へ5，y軸の負の方向へ6だけ移動した点E [　　　　]

ハイレベル (2) 座標平面上の2点A$(2a+5,\ 4b+3)$，B$(3b+2,\ 2a+7)$はx軸に関して対称である。このとき，a，bの値を求めなさい。 [青雲高]

[　　　　]

アドバイス ☞ x軸に関して対称な点のy座標は，絶対値が等しく符号を変えたものである。

2

比例・反比例の式

次の問いに答えなさい。 (8点×2)

(1) yはxに比例し，$x=3$のとき$y=-15$である。このとき，yをxの式で表しなさい。 [福島県]

[　　　　]

よく出る！ (2) yはxに反比例し，$x=3$のとき$y=-4$である。$x=-2$のときのyの値を求めなさい。 [島根県]

[　　　　]

3

変域・変化の割合

次の問いに答えなさい。 (8点×2)

(1) 関数$y=\dfrac{3}{x}$について，xの変域が$1 \leqq x \leqq 6$のとき，yの変域を求めなさい。 [新潟県]

[　　　　]

(2) 関数$y=\dfrac{12}{x}$について，xの値が1から4まで増加するときの変化の割合を求めなさい。 [千葉県]

アドバイス ☞ 変化の割合$=\dfrac{y\text{ の増加量}}{x\text{ の増加量}}$

[　　　　]

時間： 30 分	配点： 100 点	目標： 80 点
解答： 別冊 p.13	得点： 点	

4 比例・反比例のグラフ

次の問いに答えなさい。 （(1)10点，(2)6点×2，(3)6点×2，(4)10点）

(1) 関数 $y=\frac{a}{x}$ について述べた文として**適切でないもの**を，次の**ア**～**エ**の中から1つ選び，その記号を書きなさい。ただし，比例定数 a は負の数とし，$x=0$ のときは考えないものとする。

ア　この関数のグラフは2つのなめらかな曲線になる。

イ　x の変域が $x<0$ のとき，y は正の値をとり，x の値が増加すると y の値も増加する。

ウ　対応する x と y の値について，積 xy は一定で a に等しい。

エ　この関数のグラフは $x>0$ の範囲で，x の値を大きくしていくと x 軸に近づき，いずれ x 軸と交わる。

［青森県］

[　　　　]

(2) y は x に反比例し，比例定数は -6 である。x と y の関係を式に表し，そのグラフをかきなさい。

［愛媛県］

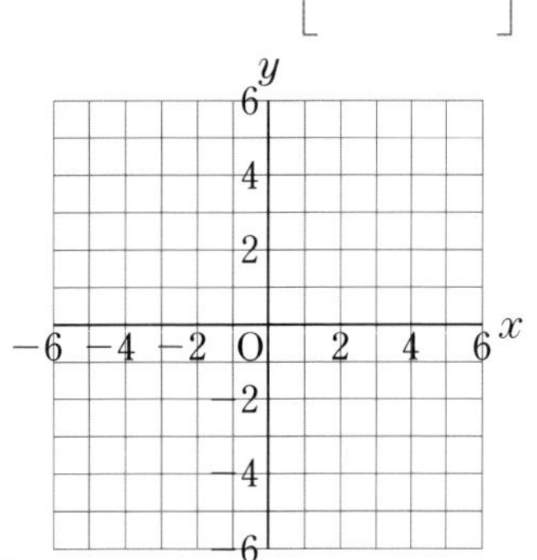

[　　　　]

(3) 右の図のように，関数 $y=\frac{a}{x}$ $(x>0,\ a$は定数$)$ ……㋐のグラフがある。2点 A，B は関数㋐のグラフ上の点で，A の座標は (2，6)，B の x 座標は4である。

［熊本県］

よく出る！ ①　a の値を求めなさい。

[　　　　]

②　原点 O を通り，傾き m の直線が，線分 AB 上の点を通るとき，m の値の範囲を求めなさい。

[　　　　]

(4) 反比例 $y=\frac{10}{x}$ のグラフ上に点 A があり，y 軸上に点 B(0，8)，x 軸上に点 C(12，0) がある。点 A の x 座標が正の数であり，△OAB の面積と△OAC の面積が等しいとき，点 A の座標を求めなさい。ただし，O は原点である。

［法政大学第二高］

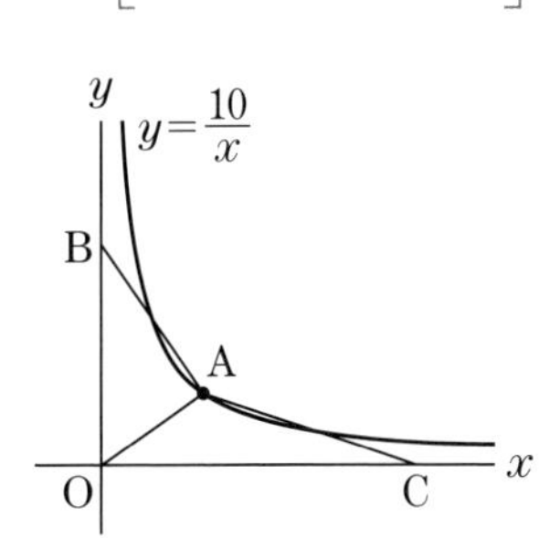

アドバイス ☞ $A\left(t,\ \frac{10}{t}\right)$とおいて，△OAB，△OACの面積をそれぞれ$t$を使って表す。

[　　　　]

PART 11

1次関数

必ず出る！ 要点整理

1次関数とそのグラフ

❶ 1次関数の式

$y=$ ax $+$ b $(a \neq 0)$

↑ x に比例する部分　↑ 定数

2つの変数 x, y について，
y が x の1次式で表されるとき，
y は x の1次関数である
という。

❷ 変化の割合

変化の割合 $=\dfrac{y\text{ の増加量}}{x\text{ の増加量}}$

1次関数 $y=ax+b$ の**変化の割合は一定で，a に等しい。**

❸ 1次関数のグラフ

1次関数 $y=ax+b$ のグラフは，**傾きが a，切片が b の直線。**

●**$a>0$…右上がり**

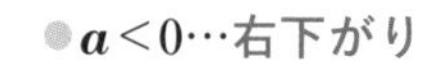

●**$a<0$…右下がり**

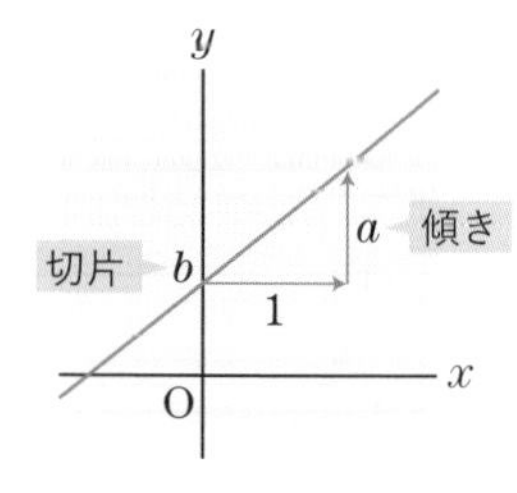

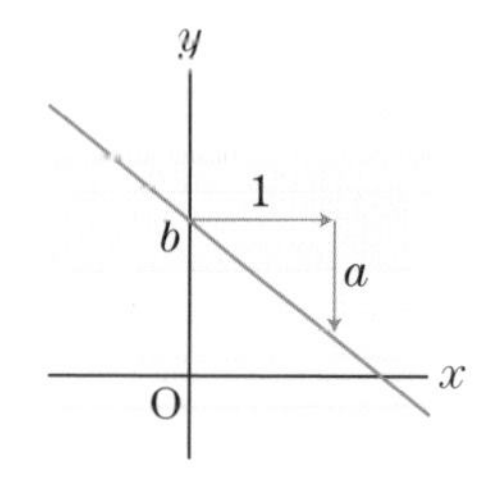

x が増加 ➡ y も増加　　**x が増加 ➡ y は減少**

❹ 1次関数のグラフのかき方

例　1次関数 $y=2x-4$ のグラフをかきなさい。

❶　切片が−4だから，点(0, −4)をとる。

⬇

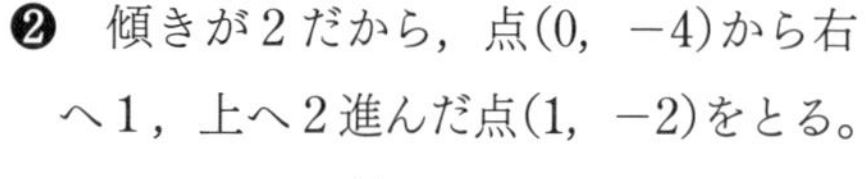

❷　傾きが2だから，点(0, −4)から右へ1，上へ2進んだ点(1, −2)をとる。

⬇

❸　2点(0, −4)，(1, −2)を通る直線をかく。

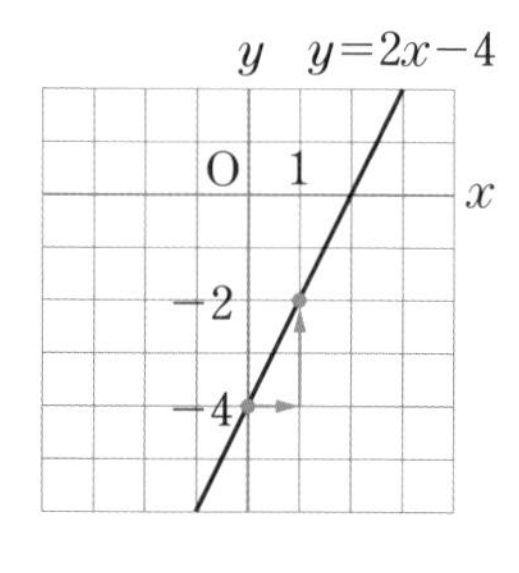

参考

分母に文字がある式

$y=\dfrac{a}{x}+b$ の形の式は1次関数ではない。このように分母に文字がある式は分数式といい，1次式とは区別される。

y の増加量の求め方

y の増加量
＝変化の割合×x の増加量

例　1次関数 $y=2x+3$ で，x の増加量が4のときの y の増加量を求める。
変化の割合は2だから，
(y の増加量)$=2\times4=8$

用語

傾きと切片

1次関数 $y=ax+b$ のグラフで，
傾き a … x が1増加したときの y の増加量。
変化の割合 a に等しい。
切片 b …グラフと y 軸との交点(0, b)の y 座標。

よく出る！

平行な2直線の傾き

直線 $y=ax+b$ と直線 $y=cx+d$ が平行であるとき，この2直線の傾きは等しい。
すなわち，$a=c$ である。

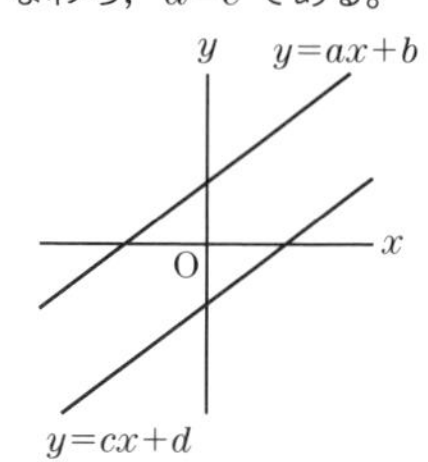

POINT

1 次関数の式は，$y=ax+b$
そのグラフは，傾きが a，切片が b の直線である。

学習日 ／

範囲 中2

直線の式

❶ 2 点を通る直線の式の求め方

例　2 点(3，5)，(−1，−7)を通る直線の式を求めなさい。

直線の式を $y=ax+b$ とする。

直線は点(3，5)を通るから，$5=3a+b$　……①

直線は点(−1，−7)を通るから，$-7=-a+b$　……②

①，②を連立方程式として解くと，$a=3$，$b=-4$

よって，直線の式は，$y=3x-4$

❷ 2 直線の交点の座標の求め方

❶　2 直線の式から連立方程式をつくる。

❷　連立方程式を解く。

❸　求めた解の x の値が x 座標，y の値が y 座標である。

例　下の図の 2 直線の交点 P の座標を求めなさい。

❶ $\begin{cases} y=x+2 & \cdots\cdots① \\ y=-2x-1 & \cdots\cdots② \end{cases}$

❷　①，②を連立方程式として解く。

❸　$x=-1$，$y=1$ だから，P(−1，1)

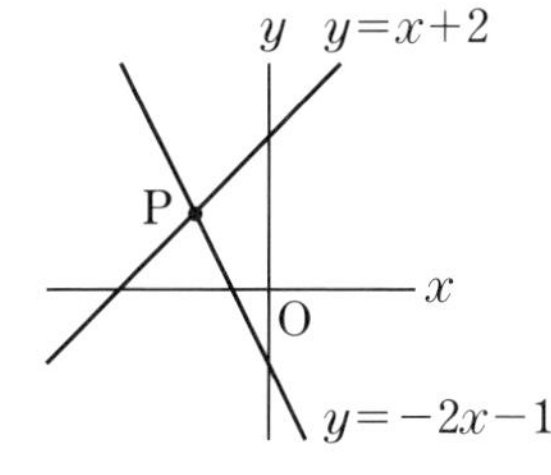

くわしく!

傾きと 1 点が与えられたときの直線の式の求め方

例　傾きが −2 で，点(1，3)を通る直線を求める。

傾きが −2 だから，この直線の式は，$y=-2x+b$ とおける。

この直線は点(1，3)を通るから，

$3=-2\times1+b$，$b=5$

よって，直線の式は，

$y=-2x+5$

参考

2 元 1 次方程式のグラフ

2 元 1 次方程式 $ax+by+c=0$ のグラフは直線になる。

$y=k$ のグラフは，点(0，k)を通り，x 軸に平行な直線。

$x=h$ のグラフは，点(h，0)を通り，y 軸に平行な直線。

基礎力チェック問題

解答はページ下

(1)　次の**ア**～**ウ**の 1 次関数のうち，グラフが右上がりになるのはどれか。

ア　$y=1-x$　**イ**　$y=\dfrac{x}{5}+2$　**ウ**　$x-y=-3$

[　　　]

(2)　1 次関数 $y=\dfrac{2}{3}x+4$ について，x が 1 から 4 まで増加するときの y の増加量を求めなさい。

[　　　]

(3)　直線 $y=-4x-3$ と平行で，点(2，−1)を通る直線の式を求めなさい。

[　　　]

(4)　右の図で，直線 ℓ，m，n の式を求めなさい。

ℓ [　　　]

m [　　　]

n [　　　]

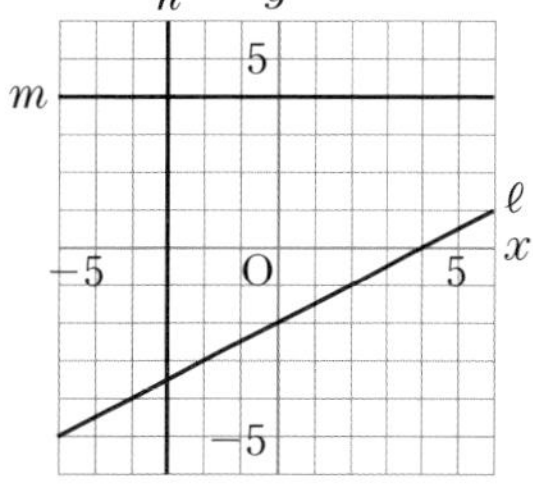

(5)　2 直線 $y=-x+3$ と $y=3x+11$ の交点の座標を求めなさい。

[　　　]

A (1)イ，ウ　(2)2　(3)$y=-4x+7$　(4)$\ell\cdots y=\dfrac{1}{2}x-2$，$m\cdots y=4$，$n\cdots x=-3$　(5)(−2，5)

高校入試実戦力アップテスト

PART 11

1次関数

1

1次関数の式

次の問いに答えなさい。 (8点×2)

(1) y が x の1次関数で，そのグラフが2点(4，3)，(−2，0)を通るとき，この1次関数の式を求めなさい。 [19 埼玉県]

[　　　　　　]

(2) 方程式 $x+2y=5$ のグラフに平行で，点(2，−3)を通る直線の式を求めなさい。

[東京工業大学附属科学技術高]

[　　　　　　]

2

1次関数のグラフ・変域

次の問いに答えなさい。 (10点×5)

(1) 右の図は，1次関数 $y=ax+b$（a，b は定数）のグラフである。このときの a，b の正負について表した式の組み合わせとして正しいものを，次の**ア**，**イ**，**ウ**，**エ**のうちから1つ選んで，記号で答えなさい。

ア $a>0$，$b>0$　**イ** $a>0$，$b<0$　**ウ** $a<0$，$b>0$　**エ** $a<0$，$b<0$

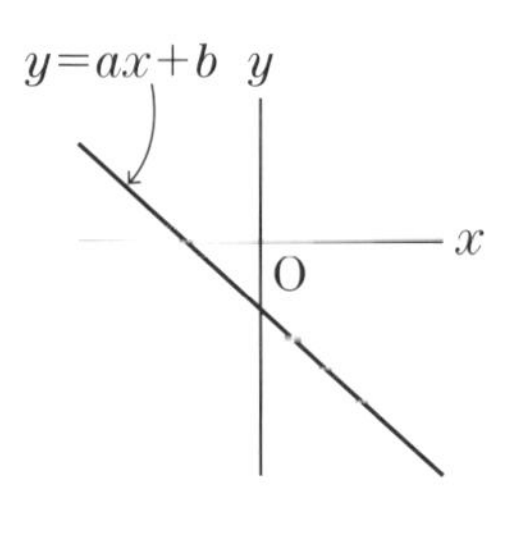

[　　　　]

(2) 4点 P(−1，4)，Q(−3，a)，R(5，6)，S(1，3) について，直線PQと直線RSが平行であるとき，aの値を求めなさい。 [東京工業大学附属科学技術高]

[　　　　]

(3) 2つの直線 $y=2x+1$ と $y=-x+4$ の交点の座標を求めなさい。 [駿台甲府高]

[　　　　]

(4) 2直線 $y=ax-6$ と $y=-\frac{3}{2}x+5$ が x 軸の同じ点で交わるとき，a の値を求めなさい。

[國學院大學久我山高]

[　　　　]

(5) 1次関数 $y=-\frac{3}{2}x+a$ の x の変域が $a\leqq x\leqq 2$ であるとき，y の変域が $-4\leqq y\leqq b$ となるように，a，b の値を求めなさい。 [法政大学高]

[　　　　　　]

時間： 30 分	配点： 100 点	目標： 80 点
解答： 別冊 p.14	得点： 点	

3

直線と図形

ハイレベル

図で，O は原点，A，B はともに直線 $y=2x$ 上の点，C は直線 $y=-\frac{1}{3}x$ 上の点であり，点 A，B，C の x 座標はそれぞれ 1，4，-3 である。このとき，点 A を通り，△OBC の面積を二等分する直線と直線 BC との交点の座標を求めなさい。

［愛知県］（14点）

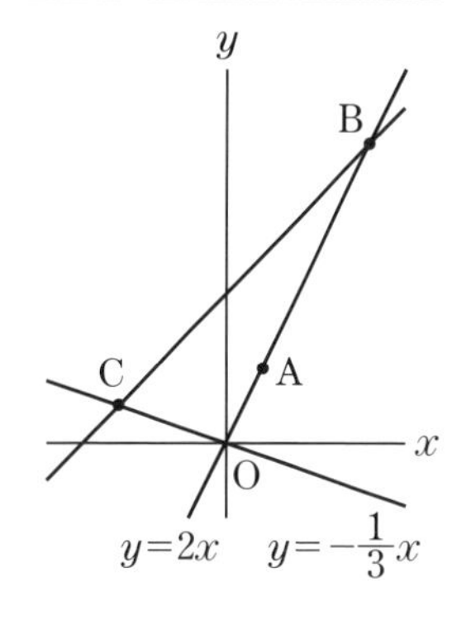

［　　　　　　］

4

時間と道のりの関係を表すグラフ

駅からスタジアムまでの 9 km の路線を，3 台のバスが一定の速さで往復運行している。それぞれのバスは，駅とスタジアムの間を 15 分で運行し，スタジアムでは 5 分間，駅では 10 分間停車する。

［熊本県］（10点×2）

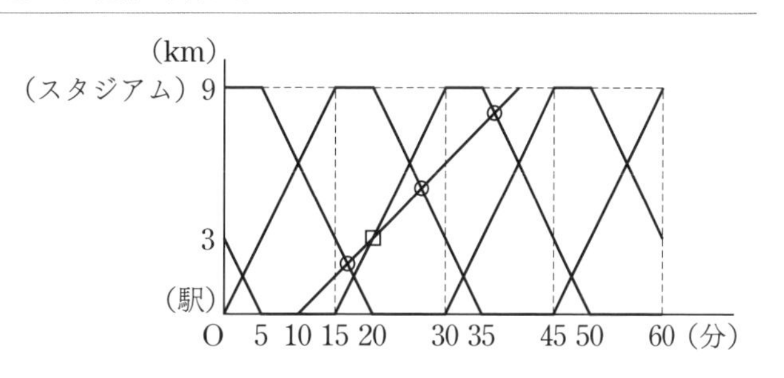

(1) ある日，大輔さんは，午前 10 時 10 分に自転車に乗って駅を出発し，バスと同じ路線をスタジアムに向かって時速 18 km で走った。上の図は，午前 10 時から午前 11 時までにおける時間と，それぞれのバスの駅からの道のりとの関係をグラフに表したものに，大輔さんが駅からスタジアムに向かって進んだようすをかき入れたものである。グラフから，大輔さんは，スタジアムに到着するまでに，スタジアムを出発したバスと 3 回すれちがい(○印)，駅を出発したバスに 1 回追いこされた(□印)ことがわかる。大輔さんが 2 回目にバスとすれちがったのは午前 10 時何分何秒か，求めなさい。

［　　　　　　］

(2) 次の日に大輔さんは，午前 10 時 10 分に自転車に乗って駅を出発し，バスと同じ路線をスタジアムに向かって時速 a km で走った。大輔さんはスタジアムに到着するまでに，スタジアムを出発したバスと 4 回すれちがい，駅を出発したバスに 2 回追いこされた。なお，このときのバスの運行状況は前の日と同じであった。a の値の範囲を求めなさい。

［　　　　　　］

TEST

12 2乗に比例する関数

必ず出る！ 要点整理

2乗に比例する関数とそのグラフ

❶ 2乗に比例する関数の式

┌比例定数

$y = ⓐx^2 \quad (a \neq 0)$

y が x の関数で，左のような式で表されるとき，
y は x の2乗に比例する
という。

❷ 関数 $y=ax^2$ のグラフ

$y=ax^2$ のグラフは**放物線**というなめらかな曲線。

(1) **原点を通る。**

(2) **y 軸について対称な曲線。**

(3) $a>0$ のとき，**x 軸の上側にあり，上に開いた形。**
$a<0$ のとき，**x 軸の下側にあり，下に開いた形。**

● **$a>0$**

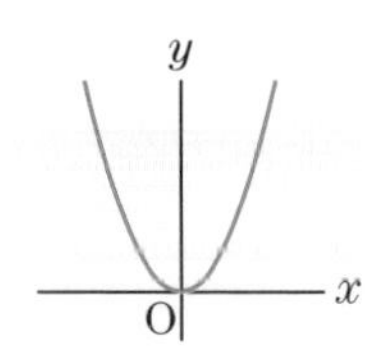

● **$a<0$**

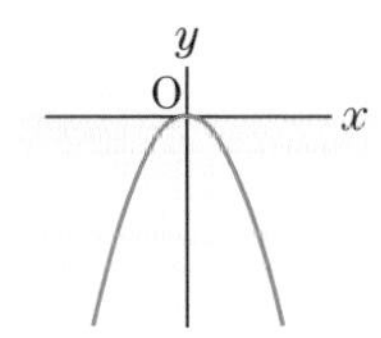

❸ 変域

関数 $y=ax^2$ で，x の変域に0をふくむとき，

(1) $a>0$ ならば，**$x=0$ のとき，最小値 $y=0$**

(2) $a<0$ ならば，**$x=0$ のとき，最大値 $y=0$**

例 関数 $y=x^2$ で，x の変域が $-2 \leqq x \leqq 3$ のとき，y の変域を求める。
右のグラフで，$-2 \leqq x \leqq 3$ に対応する y の値を調べる。
$x=0$ のとき，y は最小値0
$x=3$ のとき，y は最大値9
よって，y の変域は，$0 \leqq y \leqq 9$

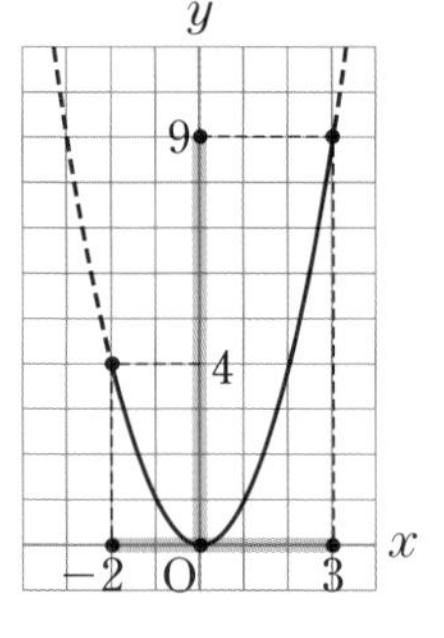

式の求め方

例 y は x の2乗に比例し，$x=2$ のとき $y=8$ である。y を x の式で表す。
y は x の2乗に比例するから，$y=ax^2$ とおける。
$x=2$ のとき $y=8$ だから，
$8=a \times 2^2$，$a=2$
よって，$y=2x^2$

用語

放物線

放物線は限りなくのびた曲線で線対称な図形である。
その対称の軸を**放物線の軸**，軸と放物線との交点を**放物線の頂点**という。

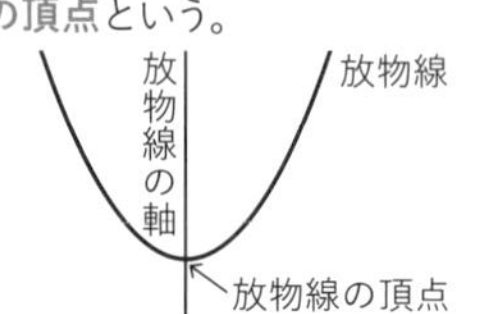

参考

比例定数とグラフの開き方

比例定数 a の絶対値が大きいほど，グラフの開き方は小さくなる。

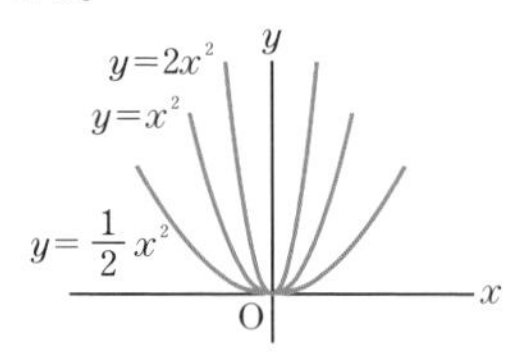

注意

グラフの利用

変域を求める場合には，簡単なものでよいので，できるだけグラフをかいてみること。グラフをかくことによってミスが防げる。

POINT

y が x の2乗に比例する関数の式は，$y=ax^2$
そのグラフは，原点を頂点とし y 軸について対称な放物線。

❹ 変化の割合

関数 $y=ax^2$ の変化の割合は，**一定ではない。**

例 関数 $y=2x^2$ で，x の値が

- 1から4まで増加するときの変化の割合は，
  $\dfrac{2\times4^2-2\times1^2}{4-1}=\dfrac{32-2}{3}=10$
- 3から6まで増加するときの変化の割合は，
  $\dfrac{2\times6^2-2\times3^2}{6-3}=\dfrac{72-18}{3}=18$

x の値はどちらも3増加しているが，変化の割合は異なる

参考

変化の割合の簡単な求め方

$y=ax^2$ において，x の値が p から q まで変化するときの変化の割合は，次のようになる。

$$\frac{a\times q^2-a\times p^2}{q-p}$$
$$=\frac{a(q^2-p^2)}{q-p}$$
$$=\frac{a(q+p)(q-p)}{q-p}$$
$$=a(q+p)$$

放物線と直線

(1) **放物線と x 軸に平行な直線との交点**

$y=ax^2$ のグラフと x 軸に平行な直線 $y=p$ との交点の座標

➡ x 座標…2次方程式 $\boldsymbol{p=ax^2}$ **の解**，y 座標…$\boldsymbol{p}$

例 放物線 $y=x^2$ と直線 $y=4$ との交点の座標を求めなさい。

$y=x^2$ に $y=4$ を代入すると，$4=x^2$，$x=\pm2$

よって，交点の座標は，$(-2,\ 4)$，$(2,\ 4)$

くわしく！

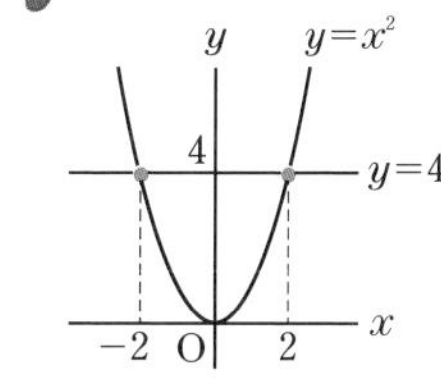

(2) **放物線と y 軸に平行な直線との交点**

$y=ax^2$ のグラフと y 軸に平行な直線 $x=q$ との交点の座標

➡ x 座標…$\boldsymbol{q}$，y 座標…$\boldsymbol{y=a\times q^2=aq^2}$

参考

放物線 $y=ax^2$ と軸に平行でない直線 $y=bx+c$ との交点の x 座標は，2次方程式

$\boldsymbol{ax^2=bx+c}$

の解である。

基礎力チェック問題

解答はページ下

(1) y は x の2乗に比例し，$x=4$ のとき $y=-8$ である。y を x の式で表しなさい。

[　　　]

(2) 右の図の①〜④の放物線は，**ア**〜**エ**の関数のグラフのいずれかである。それぞれどの関数か。

ア $y=-x^2$ **イ** $y=2x^2$

ウ $y=\dfrac{1}{2}x^2$ **エ** $y=-\dfrac{1}{3}x^2$

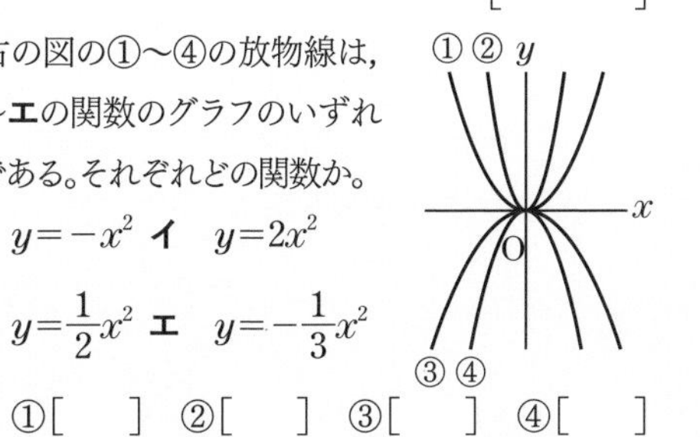

①[　] ②[　] ③[　] ④[　]

(3) 右のグラフは，関数 $y=ax^2$ のグラフである。a の値を求めなさい。 [　　]

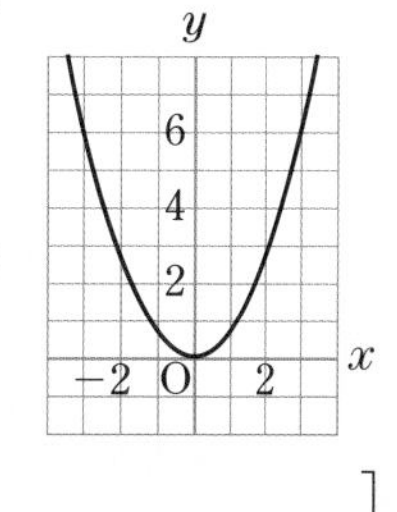

(4) 関数 $y=2x^2$ で，x の変域が $-3\leqq x\leqq1$ のとき，y の変域を求めなさい。

[　　　　]

(5) 関数 $y=-x^2$ で，x の値が2から5まで増加するときの変化の割合を求めなさい。

[　　　]

A。(1) $y=-\dfrac{1}{2}x^2$ (2)①ウ ②イ ③エ ④ア (3) $a=\dfrac{2}{3}$ (4) $0\leqq y\leqq18$ (5) -7

高校入試実戦力アップテスト

PART 12

2乗に比例する関数

1

関数 $y=ax^2$ の式・変化の割合・変域

次の問いに答えなさい。 (8点×5)

よく出る！ (1) y は x の2乗に比例し，$x=-1$ のとき $y=5$ である。y を x の式で表しなさい。 ［島根県］

［　　　］

(2) 関数 $y=\frac{1}{2}x^2$ について，x の値が4から6まで増加するときの変化の割合を求めなさい。 ［愛知県］

［　　　］

よく出る！ (3) 関数 $y=ax^2$ について，x の値が1から5まで増加するときの変化の割合が-12である。このとき，aの値を求めなさい。 ［新潟県］

［　　　］

ミス注意 (4) 関数 $y=-x^2$ について，x の変域が $-2 \leqq x \leqq 3$ のとき，y の変域は $a \leqq y \leqq b$ である。このときの a，b の値を求めなさい。 ［高知県］

［　　　　　］

(5) 関数 $y=ax^2$ について，x の変域が $-3 \leqq x \leqq 1$ のとき，y の変域は $0 \leqq y \leqq 1$ である。このとき，a の値を求めなさい。 ［滋賀県］

［　　　］

2

放物線と直線

右の図において，m は関数 $y=ax^2$（a は正の定数）のグラフを表し，n は関数 $y=-\frac{3}{8}x^2$ のグラフを表す。A は n 上の点であり，その x 座標は負である。B は，直線 AO と m との交点のうち O と異なる点である。C は，A を通り x 軸に平行な直線と B を通り y 軸に平行な直線との交点である。C の座標は（7，-6）である。a の値を求めなさい。 ［大阪府］（12点）

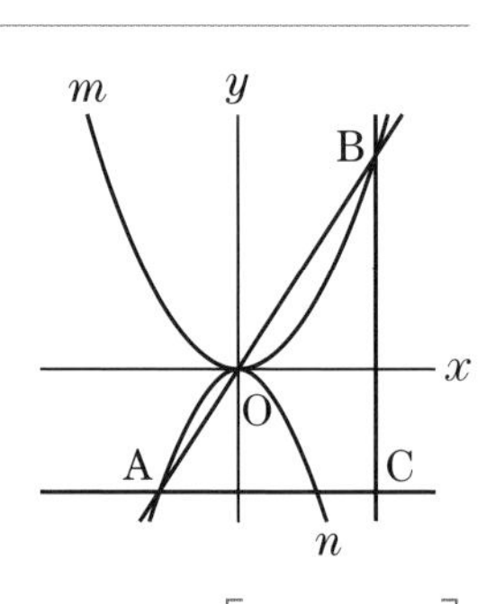

［　　　］

アドバイス ☞ 点 A の y 座標は点 C の y 座標と等しく，点 B の x 座標は点 C の x 座標と等しい。

時間： 30 分	配点： 100 点	目標： 80 点
解答： 別冊 p.15	得点： 点	

3 放物線と四角形

右の図のように，関数 $y=ax^2$ のグラフと直線 ℓ があり，2 点 A，B で交わっている。ℓ の式は $y=2x+3$ であり，A，B の x 座標はそれぞれ-1，3 である。このとき，次の問いに答えなさい。 ［福島県］（8点×3）

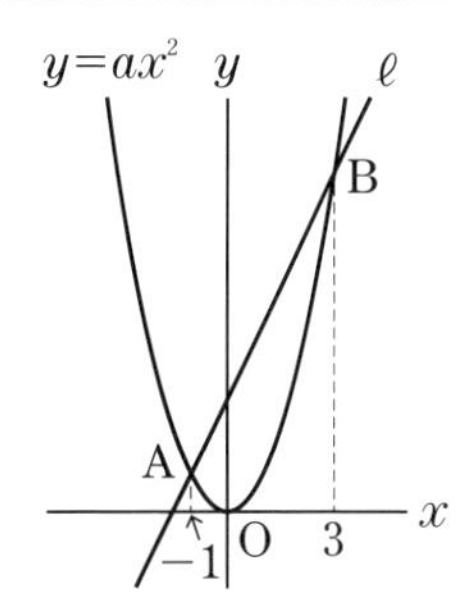

(1) a の値を求めなさい。

［　　　］

(2) 直線 ℓ 上に点 P をとり，P の x 座標を t とする。ただし，$0<t<3$ とする。また，P を通り y 軸に平行な直線を m とし，m と関数 $y=ax^2$ のグラフ，x 軸との交点をそれぞれ Q，R とする。さらに，P を通り x 軸に平行な直線と y 軸との交点を S，Q を通り x 軸に平行な直線と y 軸との交点を T とする。

① $t=1$ のとき，長方形 STQP の周の長さを求めなさい。

［　　　］

② 長方形 STQP の周の長さが，線分 QR を 1 辺とする正方形の周の長さと等しいとき，t の値を求めなさい。

［　　　］

4 放物線と三角形

右の図のように，関数 $y=ax^2$ $(a>0)$ のグラフと直線 ℓ が 2 点 A，B で交わり，A，B の x 座標はそれぞれ-2と 4 である。また，直線 ℓ と y 軸との交点を C とすると，C の y 座標は 2 である。このとき，次の問いに答えなさい。 ［青山学院高］（8点×3）

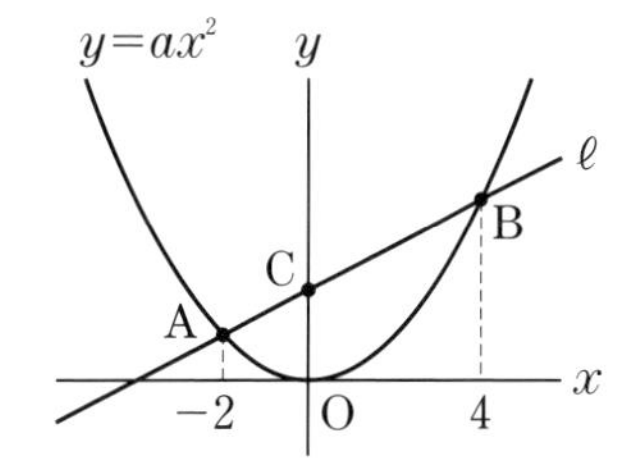

(1) a の値を求めなさい。

［　　　］

(2) 直線 OB 上に点 D があり，直線 CD は△OAB の面積を 2 等分する。点 D の座標を求めなさい。

［　　　］

ハイレベル (3) $y=ax^2$ のグラフ上に点 P をとる。△OAB と△PAB の面積が等しくなるような点 P の x 座標をすべて求めなさい。ただし，0 を除く。

［　　　］

TEST

PART 13 作図とおうぎ形の計量

必ず出る！ 要点整理

作　図

❶ 基本の作図

(1) 垂直二等分線　(2) 角の二等分線　(3) 垂線

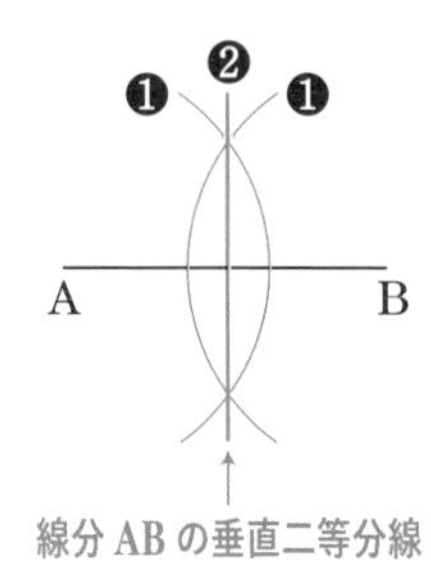

線分 AB の垂直二等分線

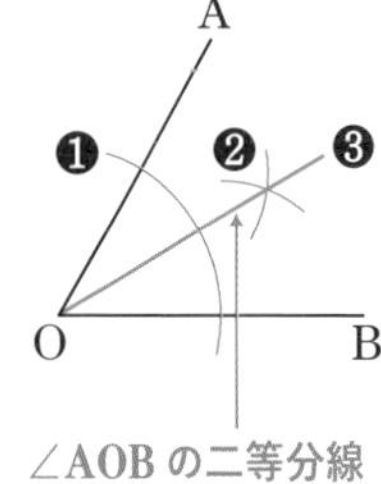

∠AOB の二等分線

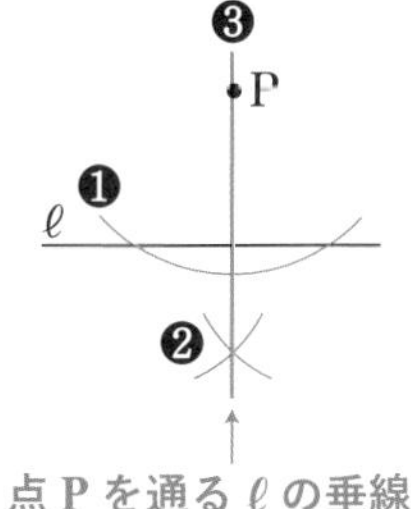

点 P を通る ℓ の垂線

❷ いろいろな作図

(1) **3 点 A，B，C を通る円 O の作図**

❶ 線分 AB の垂直二等分線を作図する。

❷ 線分 BC の垂直二等分線を作図する。

❸ 2 つの垂直二等分線の交点を O とし，O を中心として半径 OA の円をかく。

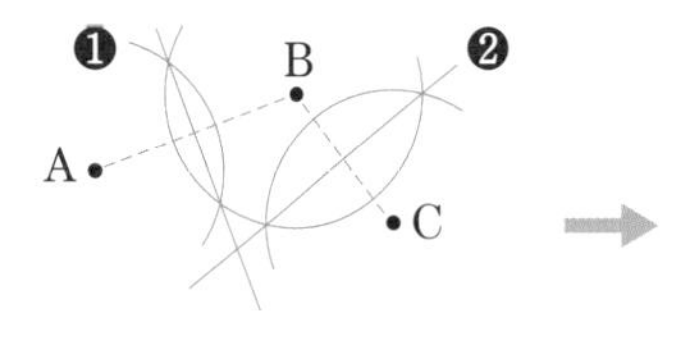

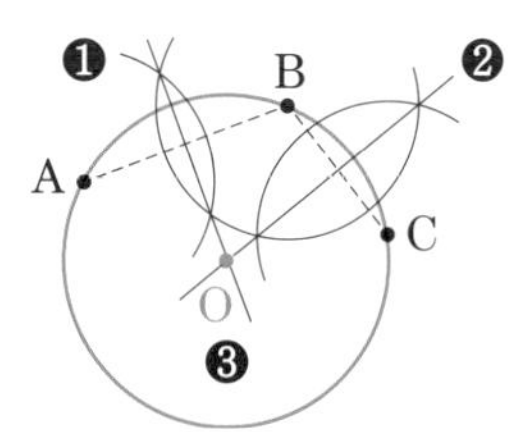

(2) **∠AOP＝45° の角の作図**

❶ 線分 AO を延長する。

❷ 点 O を通る OA の垂線 OB を作図する。

❸ ∠AOB の二等分線 OP を作図する。

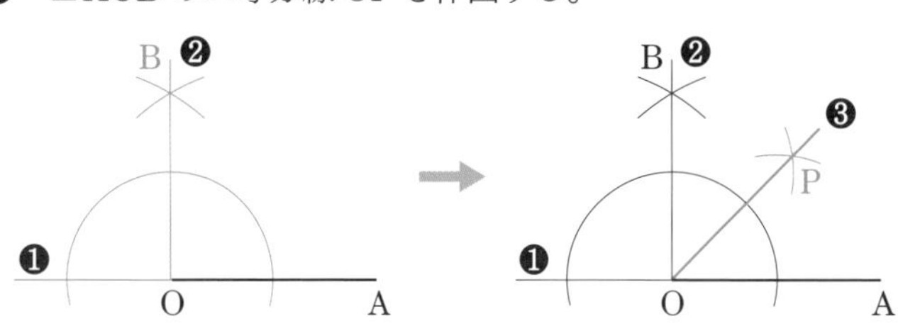

用語

作図

定規とコンパスだけを使って図をかくことを作図という。

垂直二等分線

線分の中点を通り，その線分に垂直な直線を，その線分の垂直二等分線という。

角の二等分線

1つの角を2等分する半直線を角の二等分線という。

2 点から距離が等しい点

2点 A，B からの距離が等しい点は，線分 AB の垂直二等分線上にある。

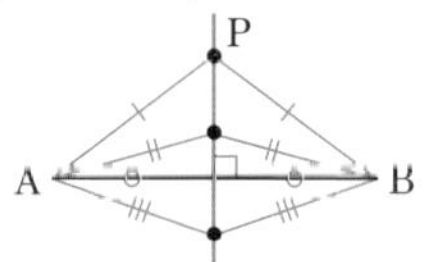

2 辺から距離が等しい点

角の2辺 OA，OB からの距離が等しい点は，∠AOB の二等分線上にある。

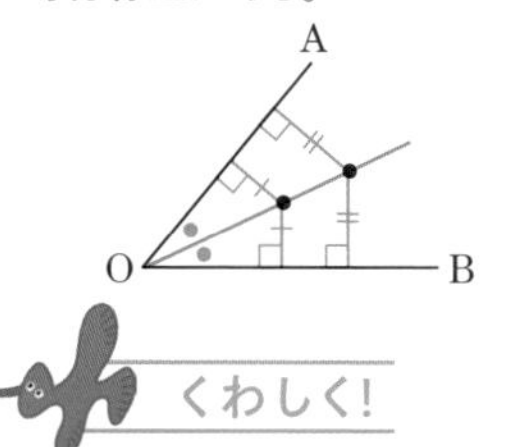

くわしく！

円の中心 O の作図

中心 O は3点 A，B，C からの距離が等しい点。

直線上の点を通る垂線の作図

180° の角を2等分する直線と考えて，180° の角の二等分線を作図する。

POINT

作図の問題では，垂直二等分線の作図，角の二等分線の作図，垂線の作図をどのように組み合わせればよいか考える。

学習日　／

範囲　中1

おうぎ形の計量

半径 r，中心角 $a°$ のおうぎ形の弧の長さを ℓ，面積を S とすると，

(1) **弧の長さ** ➡ $\ell=2\pi r\times\dfrac{a}{360}$

(2) **面　積** ➡ $S=\pi r^2\times\dfrac{a}{360}$

　　または，$S=\dfrac{1}{2}\ell r$

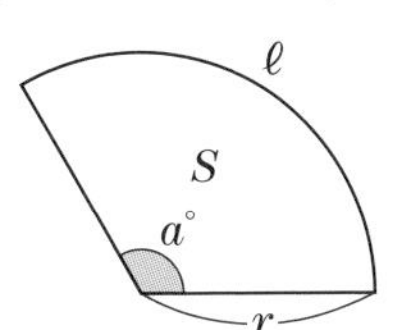

例　半径6 cm，中心角120°のおうぎ形の弧の長さと面積を求める。

弧の長さは，$2\pi\times6\times\dfrac{120}{360}=4\pi$(cm)

面積は，$\pi\times6^2\times\dfrac{120}{360}=12\pi$(cm^2)

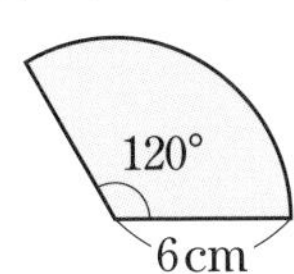

図形の移動

図形を，形や大きさを変えずに他の位置に動かすことを**移動**という。

(1) **平行移動**　(2) **回転移動**　(3) **対称移動**

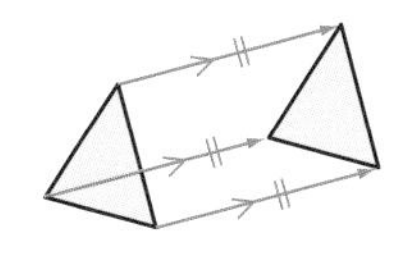

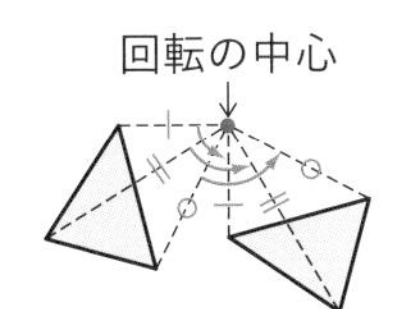

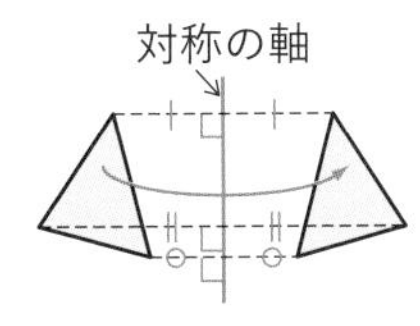

用語

おうぎ形

円の弧の両端を通る半径と弧で囲まれた図形を**おうぎ形**という。

下の図で，∠AOBを $\overset{\frown}{AB}$ に対する**中心角**，$\overset{\frown}{AB}$ を∠AOBに対する**弧**という。

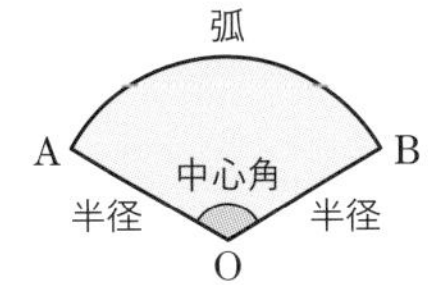

1つの円で，

- **おうぎ形の弧の長さは，中心角の大きさに比例する。**
- **おうぎ形の面積は，中心角の大きさに比例する。**

参考

回転移動の中で，180°の回転移動を**点対称移動**という。

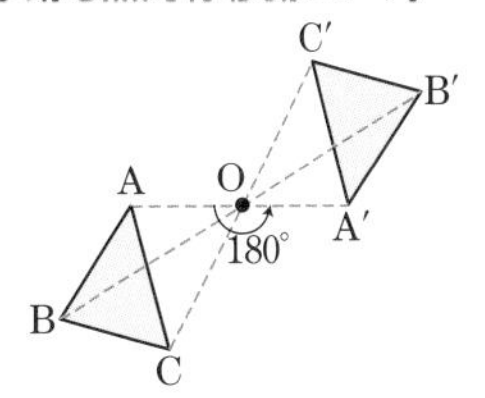

基礎力チェック問題

解答はページ下

(1) 線分ABを底辺とする二等辺三角形PABはいくつもある。頂点Pはどんな図形上の点になるか。

[　　　　　　　　　]

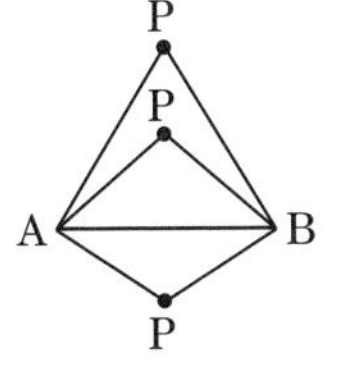

(2) 右の図で，∠AOB＝50°，PQ＝PRのとき，∠AOPの大きさを求めなさい。

[　　　　]

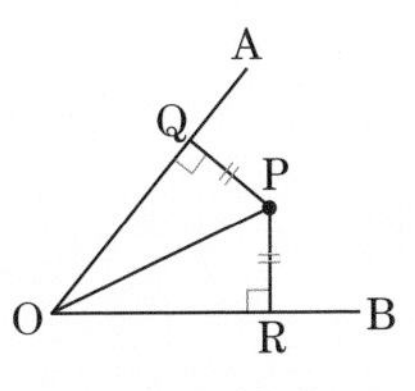

(3) 右の図のおうぎ形の弧の長さと面積を求めなさい。

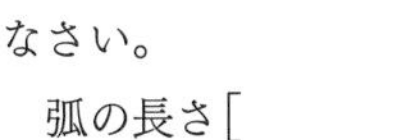

弧の長さ[　　　　]

面積[　　　　]

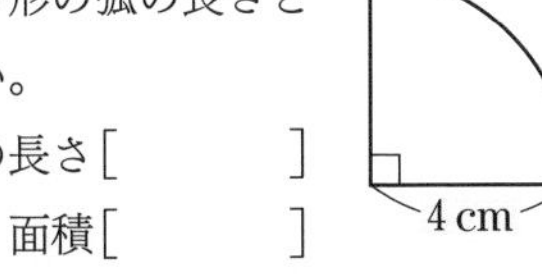

(4) 右の図の三角形㋐と回転移動で重ねられる三角形はどれか。また，対称移動で重ねられる三角形はどれか。

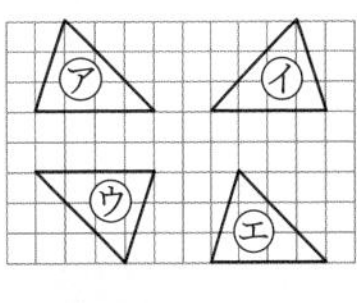

回転移動[　　　　]

対称移動[　　　　]

A. (1)線分ABの垂直二等分線上の点　(2)25°　(3)弧の長さ…2π cm，面積…4π cm^2　(4)回転移動…㋒，対称移動…㋑

高校入試実戦力アップテスト

PART 13

作図とおうぎ形の計量

1

おうぎ形の計量

次の問いに答えなさい。ただし，円周率は π とする。 （(1)6点×2，(2)(3)8点×2）

(1) 右の図のおうぎ形の弧の長さと面積を求めなさい。

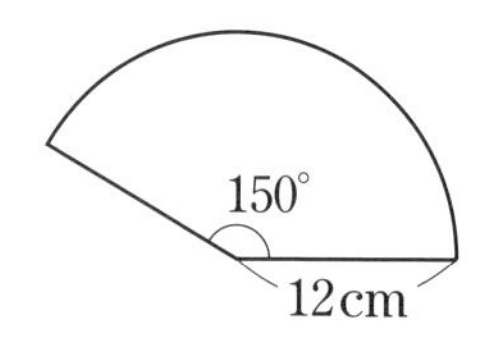

弧の長さ［　　　］，面積［　　　］

よく出る！ (2) 半径 24 cm，弧の長さ 18π cm のおうぎ形がある。このおうぎ形の中心角の大きさを求めなさい。

［　　　］

(3) 右の図のように，四角形ABCDと，この四角形の4辺に接する円と，四角形EFGHがある。四角形ABCD，四角形EFGHは正方形である。色のついた部分の面積を求めなさい。

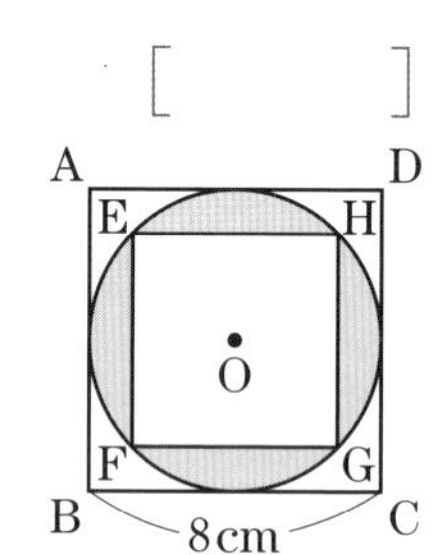

アドバイス ☞ 正方形 EFGH の面積＝対角線×対角線÷2

［　　　］

2

図形の移動

次の問いに答えなさい。 （10点×2）

(1) 右の図の△ABCを，まず直線 ℓ を対称の軸として対称移動し，さらに，その三角形を点Oを中心として，時計の針の回転と反対の方向に90°回転移動してできる△DEFをかきなさい。

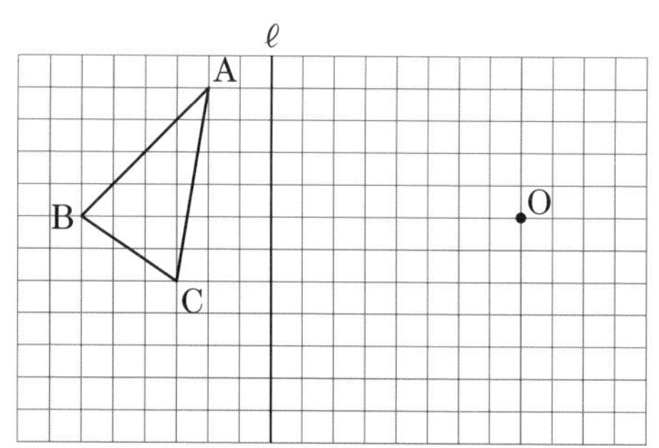

(2) 右の図のように，△ABCがある。このとき，△ABCを点Oを中心として点対称移動させた図形をかきなさい。 ［茨城県］

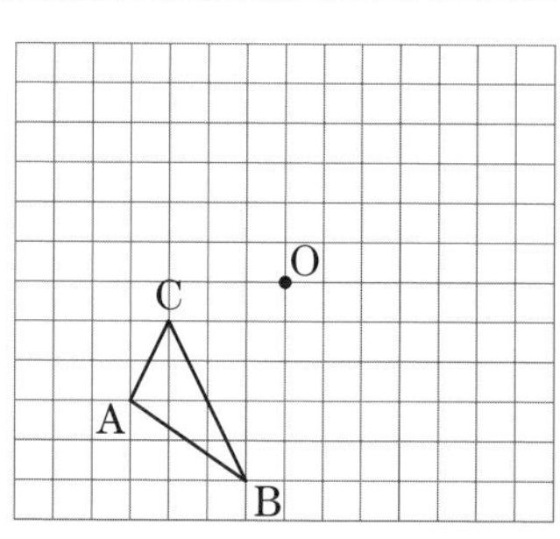

時間： 30 分	配点： 100 点	目標： 80 点
解答： 別冊 p.17	得点： 点	

3 作図

次の作図をしなさい。ただし，作図には，定規とコンパスを用いて，作図に使った線は残しておきなさい。

(13点×4)

(1) 右の図のような長方形ABCDの紙を，頂点Aが，頂点Cに重なるように折ったときの折り目の線分を作図しなさい。 ［岩手県］

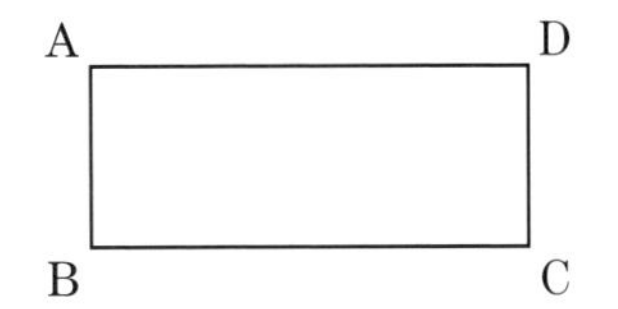

(2) 右の図のように，直線ℓ上に2点O，Pがある。点Oを回転の中心として，点Pを時計回りに45°回転移動させた点Qを作図しなさい。 ［秋田県］

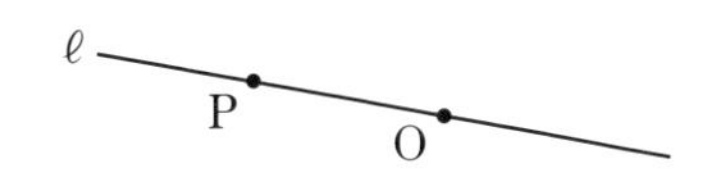

(3) 右の図のように，3点A，B，Cがある。この3点A，B，Cを通る円周上において，点Bをふくまない$\overset{\frown}{AC}$上に∠ABD＝∠CBDとなる点Dを作図しなさい。ただし，点Dの位置を示す文字Dを書き入れなさい。 ［鹿児島県］

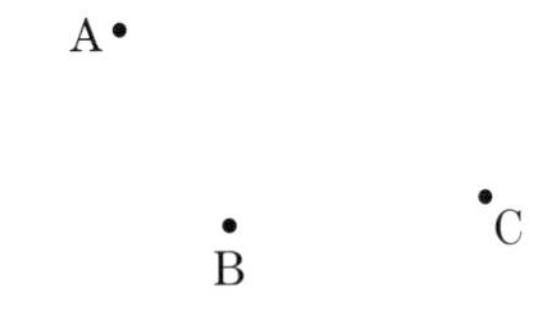

(4) 右の図は，点Oを中心とした半径OAのおうぎ形OABについて線分OAと線分OBの中点をそれぞれC，Dとし，点Oを中心とした半径OCのおうぎ形OCDをかいたものである。点Pは$\overset{\frown}{AB}$上の点で，点A，点Bのいずれにも一致しない。点Oと点Pを結び，線分OPと$\overset{\frown}{CD}$の交点をQとし，おうぎ形OQDの面積をS，おうぎ形OAPからおうぎ形OCQを除いた部分の面積をTとする。$S=T$となるような点Pを，図をもとに，作図によって求め，点Pの位置を示す文字Pを書きなさい。

［東京都立八王子東高］

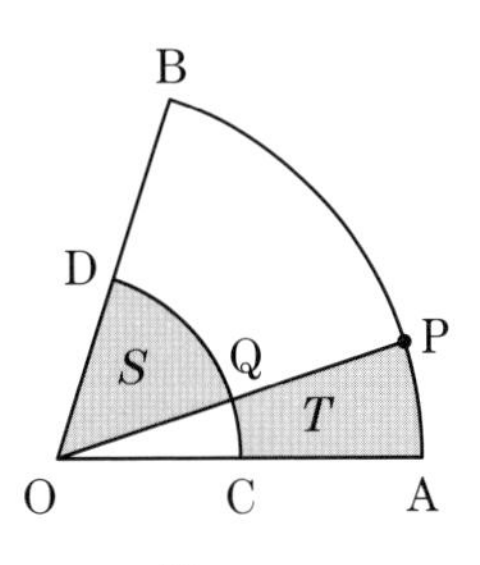

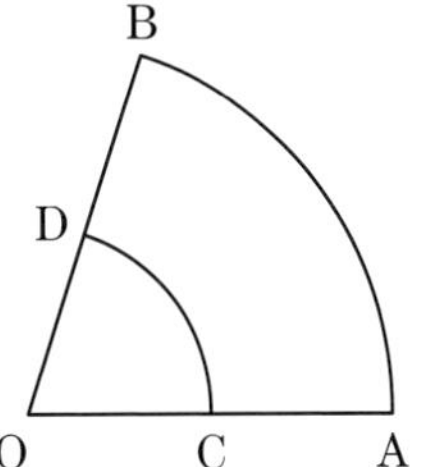

☞ $S=T$ となるとき，（おうぎ形 OCD の面積）＝（おうぎ形 OAP の面積）

PART 14 空間図形

必ず出る！ 要点整理

角錐・円錐

右の㋐のような立体を**角錐**，
㋑のような立体を**円錐**
という。

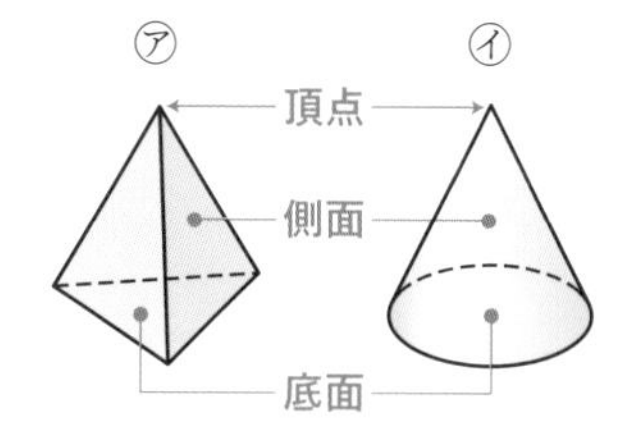

2直線の位置関係

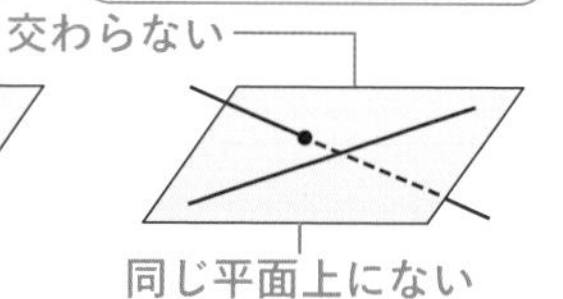

回転体

1つの直線を軸として平面図形を1回転させてできる図形を**回転体**といい，このとき，側面をえがく線分を**母線**という。

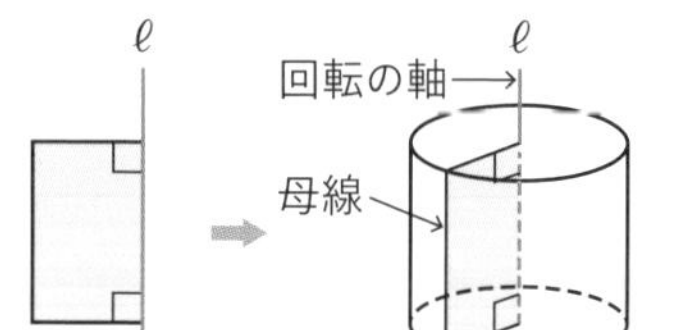

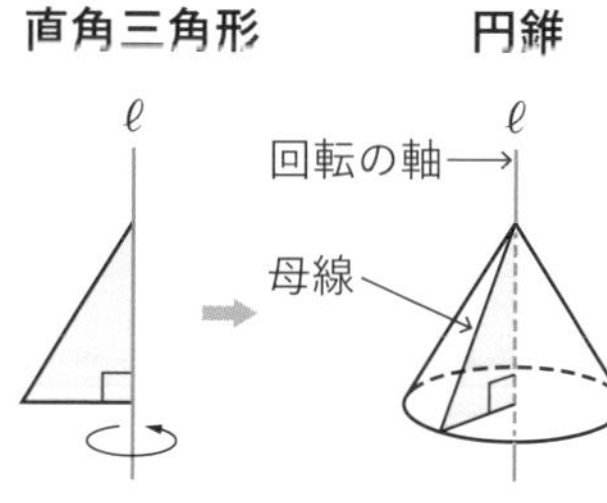

投影図

(1) **立面図**…立体を正面から見た図。
(2) **平面図**…立体を真上から見た図。
(3) **投影図**…立面図と平面図を組み合わせて表した図。

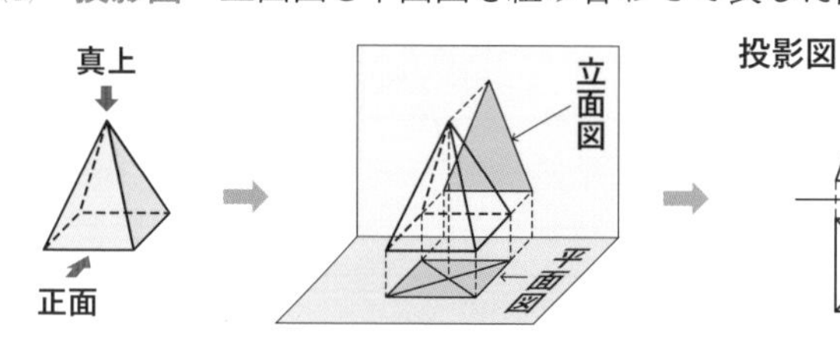

用語

角錐の名称

底面が三角形，四角形，五角形，…の角錐を，三角錐，四角錐，五角錐，…という。

ねじれの位置

空間内で，平行でなく，交わらない2直線をねじれの位置にあるという。

参考

直線と平面の垂直

直線 ℓ が平面 P 上の2直線 m，n の交点を通り，
$\ell \perp m$，$\ell \perp n$ ならば，$\ell \perp P$

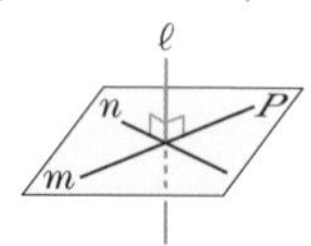

くわしく！

回転体の切断面

● 回転の軸に垂直な平面で切ると，切り口の図形は円になる。

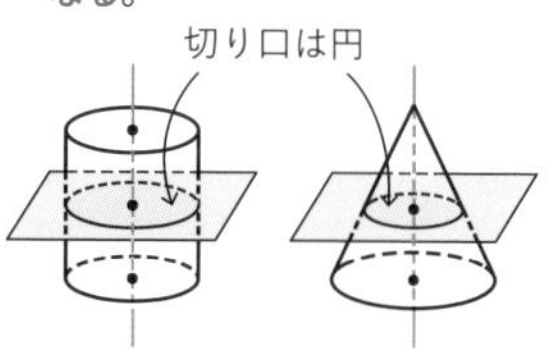

● 回転の軸をふくむ平面で切ると，切り口の図形は線対称な図形になる。

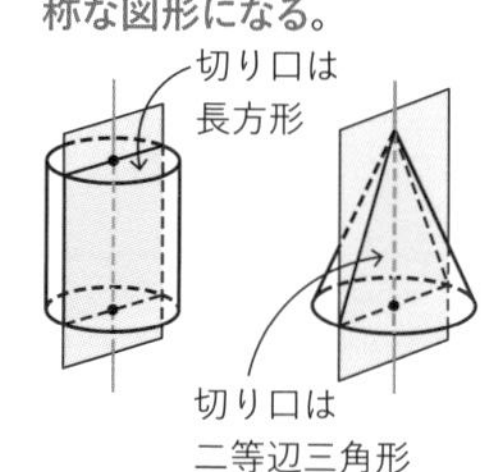

POINT

直線 ℓ とねじれの位置にある直線は，直線 ℓ と平行な直線や交わる直線を除いていくと見つかる。

範囲 中1

展開図

(1) **円柱の展開図**　(2) **正四角錐の展開図**　(3) **円錐の展開図**

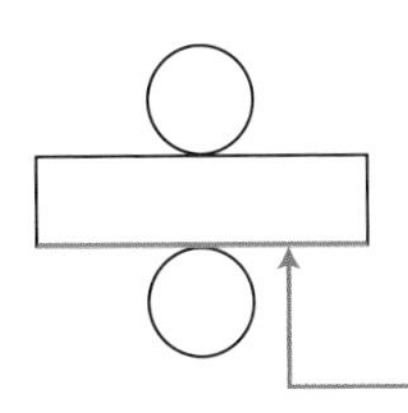

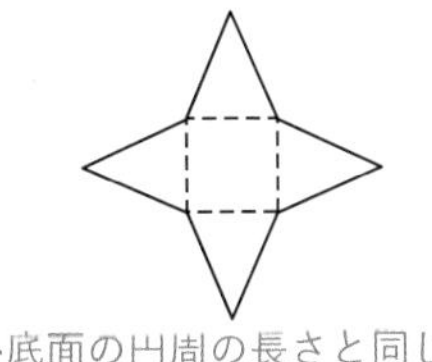

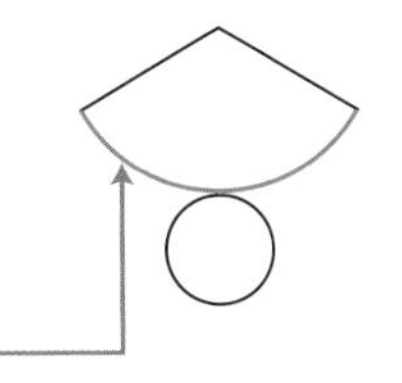

底面の円周の長さと同じ

(1)	(2)	(3)
底面…円 側面…長方形	底面…正方形 側面…二等辺三角形	底面…円 側面…おうぎ形

正多面体

(1) **正多面体**…次の2つの性質をもち，へこみのない多面体。

- どの面もみな**合同な正多角形**。
- どの頂点に集まる**面の数も同じ**。

(2) 正多面体の種類…次の5種類しかない。

正四面体　**正六面体**　**正八面体**　**正十二面体**　**正二十面体**

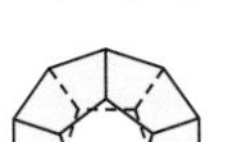

参考

立方体の切断面

立方体を，平面で切ったときの切り口の形は，次の4種類。

三角形　四角形

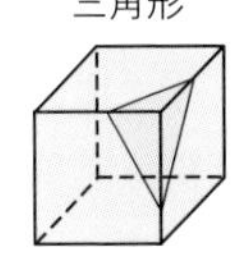

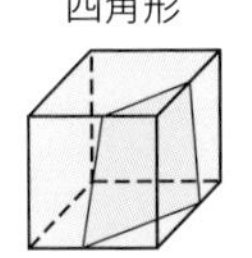

五角形　六角形

参考

正多面体の展開図の例

正四面体

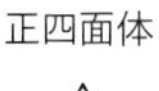

正六面体

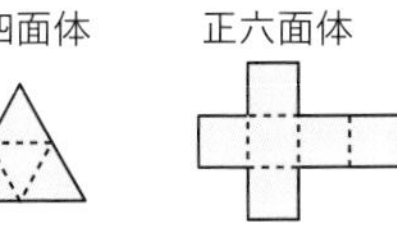

正八面体

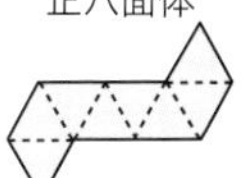

正十二面体

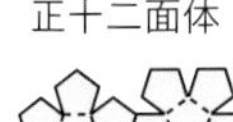

正二十面体

基礎力チェック問題

解答はページ下

右の図の三角柱について，次の問いに答えなさい。

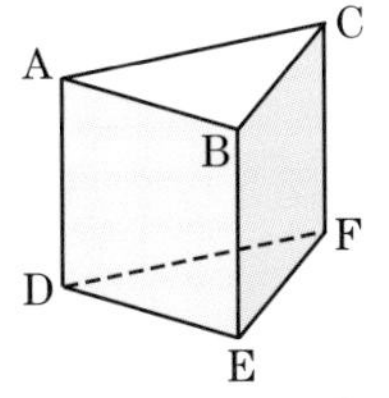

(1) 辺ADと平行な辺をすべて答えなさい。

[　　　　　　]

(2) 辺ADとねじれの位置にある辺をすべて答えなさい。

[　　　　　　]

(3) 辺ADと垂直な面をすべて答えなさい。

[　　　　　　]

(4) 右の展開図を組み立ててできる立体で，辺ABと垂直な面をすべて答えなさい。

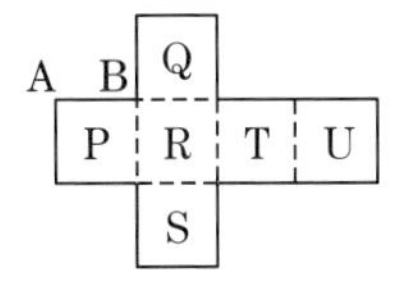

[　　　　　　]

(5) 右の展開図を組み立ててできる立体で，点Aと重なる点はどれか。

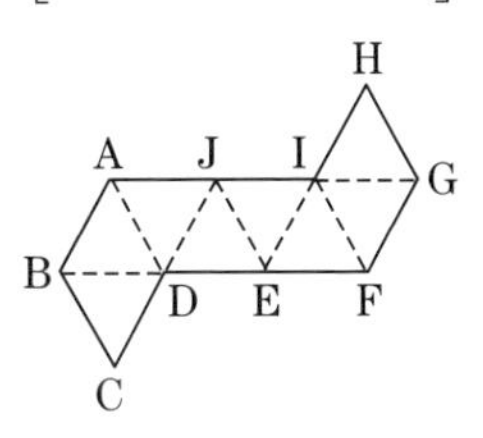

[　　　]

A. (1)辺BE，辺CF (2)辺BC，辺EF (3)面ABC，面DEF (4)面R，面U (5)点G

高校入試実戦力アップテスト

PART 14

空間図形

1

空間内の直線や平面の位置関係

次の問いに答えなさい。 (12点×2)

(1) 空間内にある平面Pと，異なる2直線ℓ，mの位置関係について，つねに正しいものを，次の**ア**～**エ**から1つ選び，記号で答えなさい。 ［山形県］

ア 直線ℓと直線mが，それぞれ平面Pと交わるならば，直線ℓと直線mは交わる。

イ 直線ℓと直線mが，それぞれ平面Pと平行であるならば，直線ℓと直線mは平行である。

ウ 平面Pと交わる直線ℓが，平面P上にある直線mと垂直であるならば，平面Pと直線ℓは垂直である。

エ 平面Pと交わる直線ℓが，平面P上にある直線mと交わらないならば，直線ℓと直線mはねじれの位置にある。

［　　　　］

よく出る！

(2) 右の図のように，側面がすべて長方形の正六角柱がある。このとき，辺ABとねじれの位置にある辺の数を求めなさい。 ［秋田県］

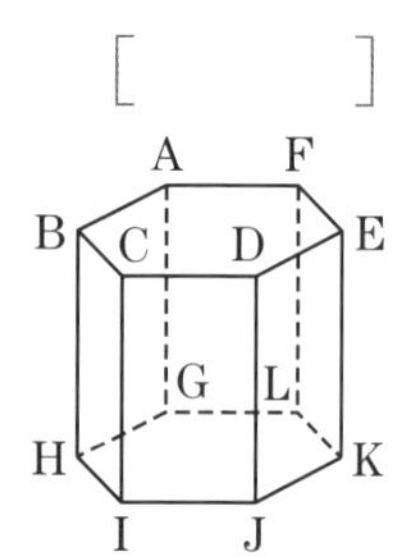

［　　　　］

2

回転体

右の図形を，直線ℓを軸として1回転させると，どのような立体ができるか。その立体の見取図をかきなさい。 (10点)

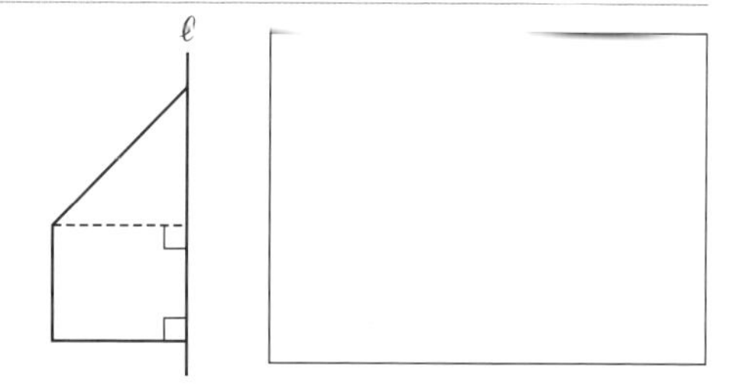

3

投影図

右の図のような三角柱がある。この三角柱の投影図として，最も適当なものを下のア～エの中から1つ選び，記号で答えなさい。 ［鹿児島県］ (14点)

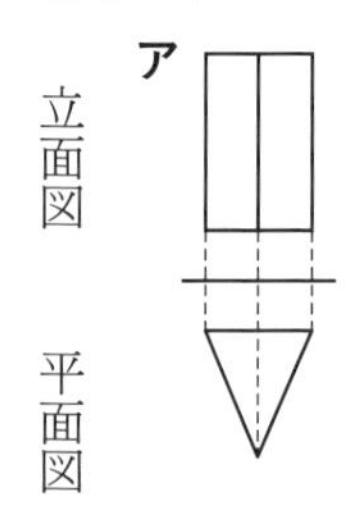

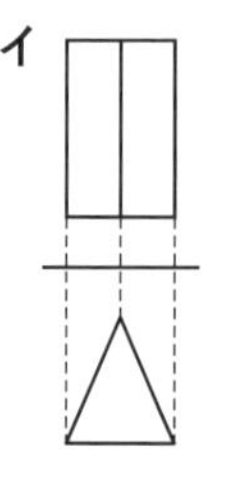

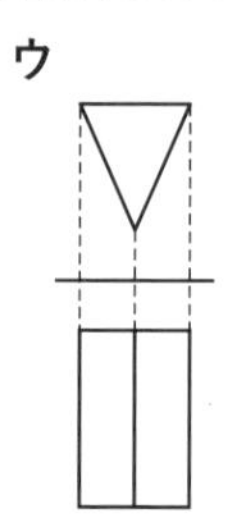

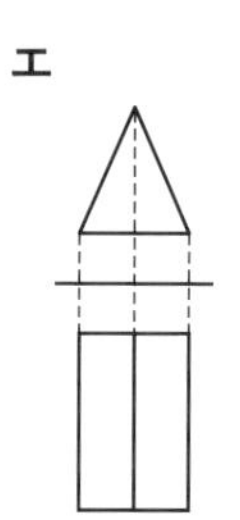

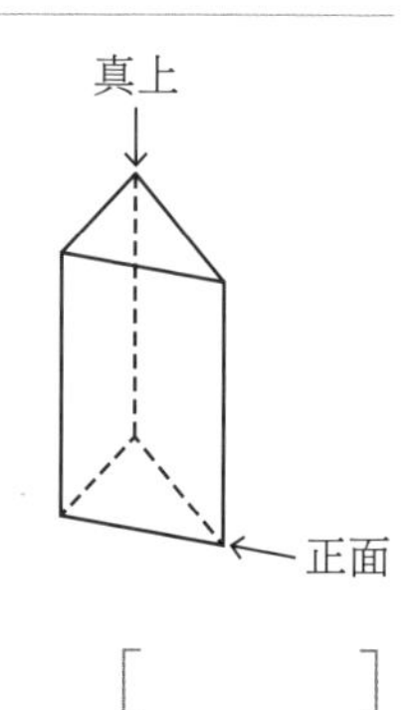

［　　　　］

時間： 30 分	配点： 100 点	目標： 80 点
解答： 別冊 p.19	得点： 点	

4 展開図

次の問いに答えなさい。 (12点×2)

(1) 右の図は，ある立体の投影図である。この立体の展開図として適切なものを，下の①〜④の中から選び，その番号を書きなさい。 ［広島県］

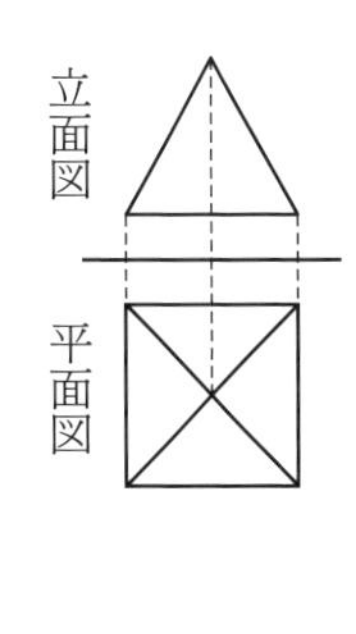

①
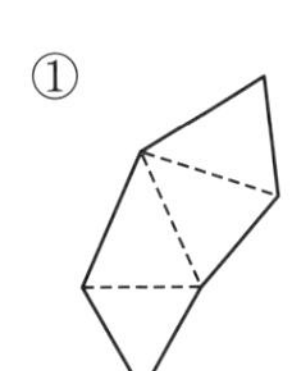
②
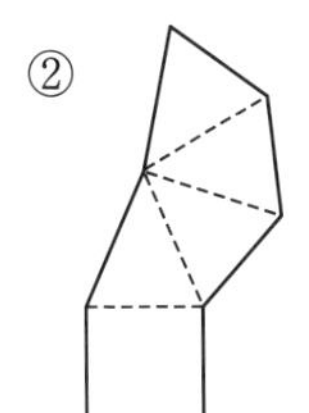
③
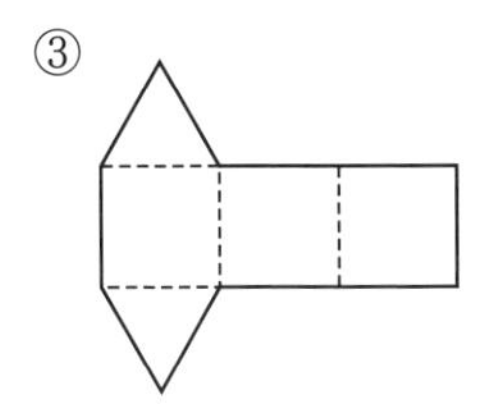
④
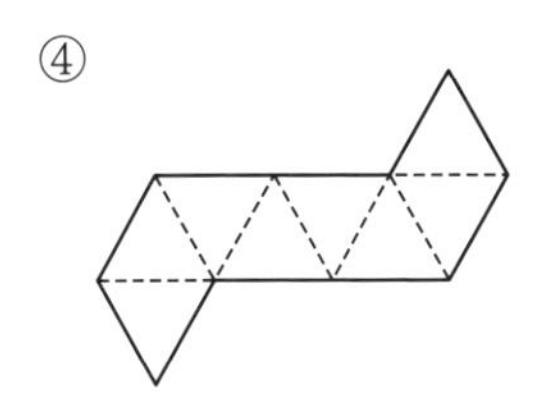

［　　　］

(2) 右の図は，立方体の展開図を示したものである。この展開図を組み立てたとき，線分 AB と平行で，長さが等しくなる線分を展開図にかき入れなさい。 ［北海道］

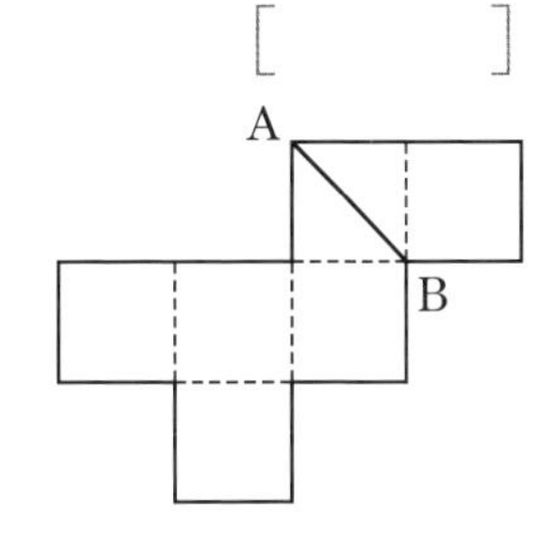

アドバイス ☞ 線分 AB と平行な線分は，線分 AB をふくむ面と平行な面上にある。

5 円錐の展開図

次の問いに答えなさい。ただし，円周率は π とする。 (14点×2)

(1) 右の図は，半径 2 cm の円を底面とする円錐の展開図であり，円錐の側面になる部分は半径 5 cm のおうぎ形である。このおうぎ形の中心角の大きさを求めなさい。 ［静岡県］

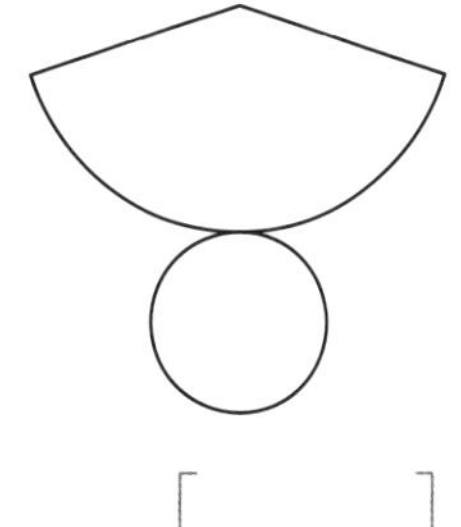

［　　　］

(2) 右の図は，円錐の展開図である。この展開図を組み立てたとき，側面となるおうぎ形は，半径が 16 cm，中心角が 135° である。底面となる円の半径を求めなさい。 ［徳島県］

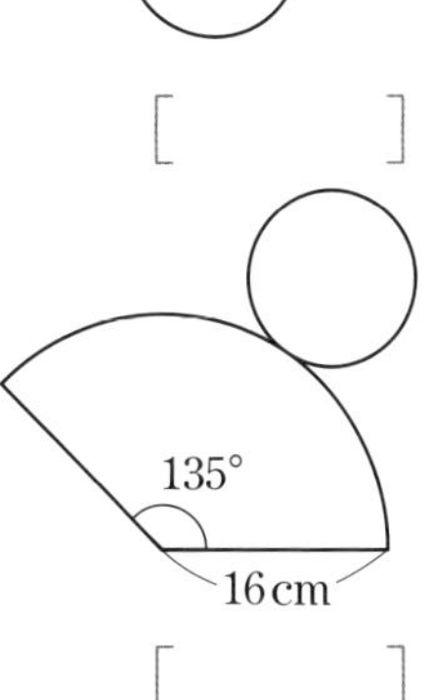

［　　　］

TEST

PART 15 立体の表面積と体積

必ず出る！ 要点整理

立体の表面積

立体の表面積は，その展開図の面積に等しい。

(1) **角柱・円柱の表面積＝側面積＋底面積×2**

(2) **角錐・円錐の表面積＝側面積＋底面積**

● **円柱の表面積**

底面の半径を r，高さを h，表面積を S とする。

例 底面の半径が 3 cm，高さが 4 cm の円柱の表面積を求める。

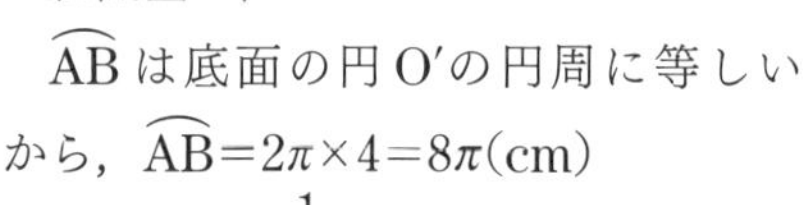

● **円錐の表面積**

例 右の図の円錐の表面積を求める。

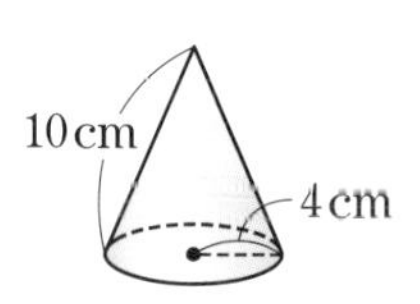

円錐の展開図は，下の図のようになる。

展開図で，

$\overset{\frown}{AB}$ は底面の円 O′の円周に等しいから，$\overset{\frown}{AB}=2\pi\times4=8\pi(\text{cm})$

側面積は，$\frac{1}{2}\times8\pi\times10=40\pi(\text{cm}^2)$

底面積は，$\pi\times4^2=16\pi(\text{cm}^2)$

表面積は，$40\pi+16\pi=56\pi(\text{cm}^2)$

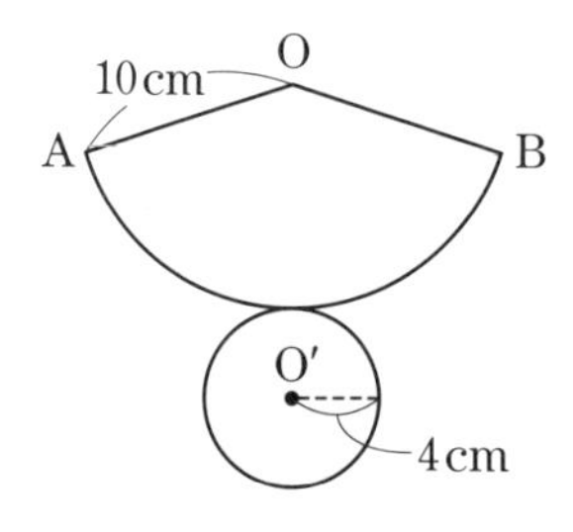

立体の体積

底面積を S，高さを h，体積を V とすると，

(1) **角柱・円柱の体積 ➡ $V=Sh$**

(2) **角錐・円錐の体積 ➡ $V=\frac{1}{3}Sh$**

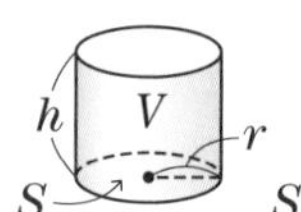

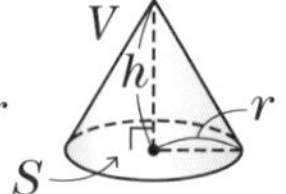

用語

底面積…1つの底面の面積
側面積…側面全体の面積
表面積…表面全体の面積

注意

角柱・円柱の底面は 2 つ

角柱・円柱には底面が2つあるので，表面積を求めるときに，底面積を2倍することを忘れないようにする。

参考

円錐の側面積

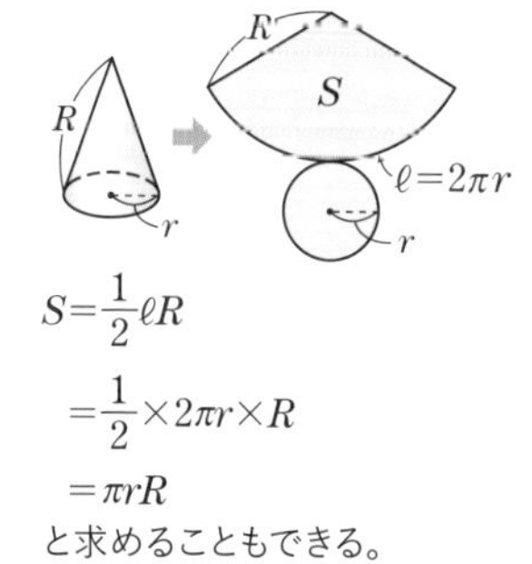

$S=\frac{1}{2}\ell R$

$=\frac{1}{2}\times2\pi r\times R$

$=\pi rR$

と求めることもできる。

参考

角錐の体積の公式

教科書では主に正角錐の体積を扱っているが，正角錐でない角錐の体積も $V=\frac{1}{3}Sh$ の公式で求められる。

POINT

角錐や円錐の体積は，底面が合同で，高さが等しい角柱や円柱の体積の$\frac{1}{3}$

範囲 中1

学習日 ／

底面の半径を r，高さを h，体積を V とする。

● **円柱の体積** ➡ $V=\pi r^2 h$

例　右の図の円柱の体積を求める。

$\pi\times3^2\times5=45\pi(\text{cm}^3)$
底面積　高さ

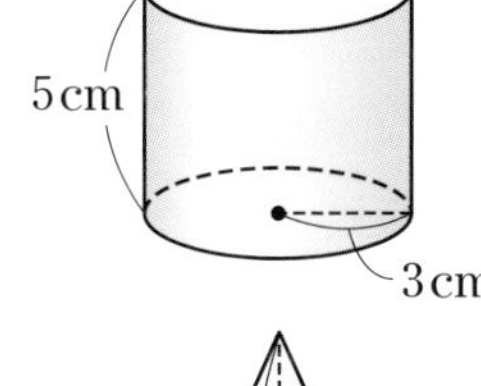

● **円錐の体積** ➡ $V=\frac{1}{3}\pi r^2 h$

例　右の図の円錐の体積を求める。

$\frac{1}{3}\pi\times3^2\times5=15\pi(\text{cm}^3)$
底面積　高さ

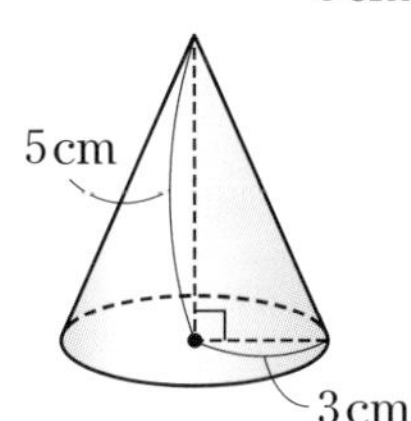

くわしく！

円錐の体積は円柱の体積の$\frac{1}{3}$

左の例の円柱と円錐は，底面が合同で，高さが等しい。円柱の体積は$45\pi\text{cm}^3$，円錐の体積は$15\pi\text{cm}^3$であることから，**円錐の体積は円柱の体積の$\frac{1}{3}$**であることがわかる。

参考

半球

下の図のように，球をその中心を通る平面で半分に切った立体を半球という。

半球の表面積を求めるときは，切り口の円の面積を忘れずに！

球の表面積・体積

半径を r，表面積を S，体積を V とすると，

(1)　**球の表面積** ➡ $S=4\pi r^2$

(2)　**球の体積** ➡ $V=\frac{4}{3}\pi r^3$

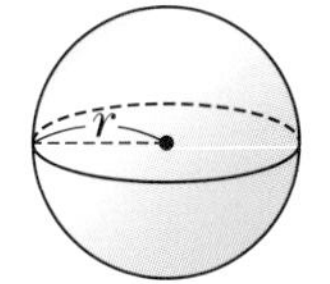

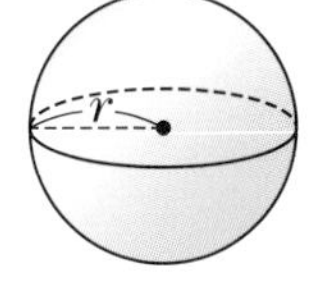

例　半径が 2 cm の球の表面積と体積を求める。

表面積…$4\pi\times2^2=16\pi(\text{cm}^2)$

体積…$\frac{4}{3}\pi\times2^3=\frac{32}{3}\pi(\text{cm}^3)$

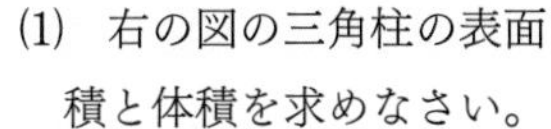

基礎力チェック問題

解答はページ下

(1)　右の図の三角柱の表面積と体積を求めなさい。

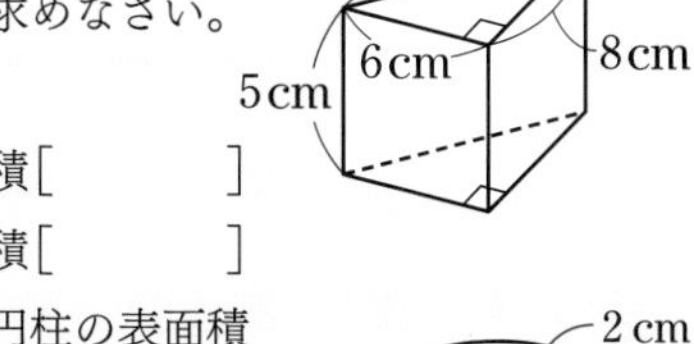

表面積［　　　　］
体　積［　　　　］

(2)　右の図の円柱の表面積と体積を求めなさい。

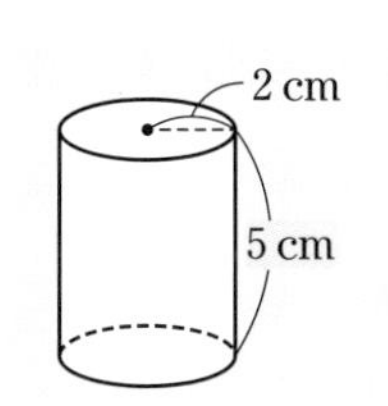

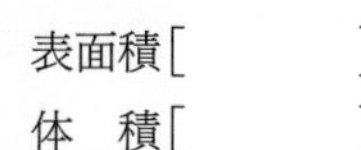

表面積［　　　　］
体　積［　　　　］

(3)　右の図の円錐の表面積と体積を求めなさい。

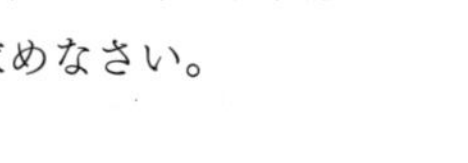

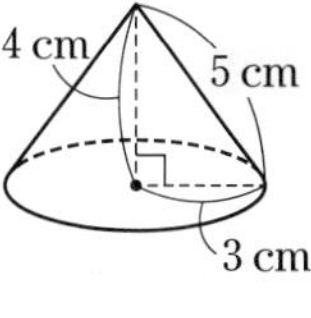

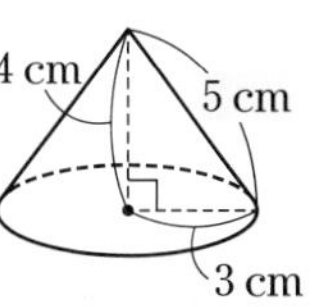

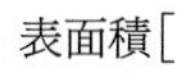

表面積［　　　　］
体　積［　　　　］

(4)　右の図の球の表面積と体積を求めなさい。

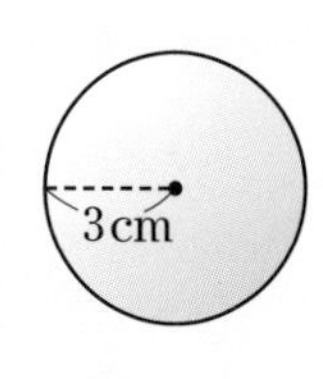

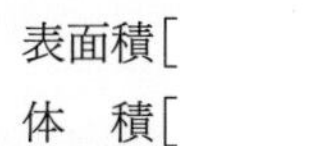

表面積［　　　　］
体　積［　　　　］

A (1)表面積…168 cm^2，体積…120 cm^3　(2)表面積…$28\pi\text{ cm}^2$，体積…$20\pi\text{ cm}^3$　(3)表面積…$24\pi\text{ cm}^2$，体積…$12\pi\text{ cm}^3$　(4)表面積…$36\pi\text{ cm}^2$，体積…$36\pi\text{ cm}^3$

高校入試実戦力アップテスト

PART 15

立体の表面積と体積

1 立体の表面積

次の問いに答えなさい。ただし，円周率はπとする。 (10点×3)

(1) 右の図のように，底面の直径が 8 cm，高さが 8 cm の円柱がある。この円柱の表面積を求めなさい。 ［千葉県］

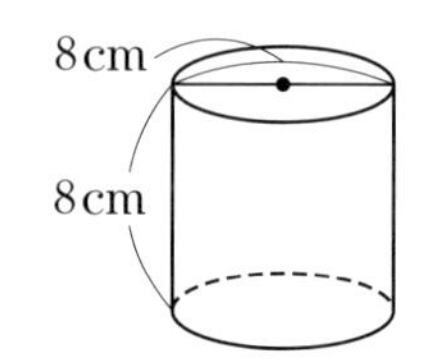

［　　　］

よく出る！ (2) 右の図のような，底面の半径が 3 cm，母線の長さが 6 cm である円錐の側面積を求めなさい。 ［鳥取県］

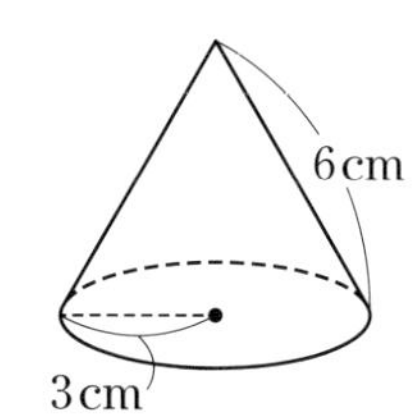

［　　　］

ミス注意 (3) 右の図の立体は，半径 6 cmの球を中心 O を通る平面で切った半球である。この半球の表面積を求めなさい。 ［青森県］

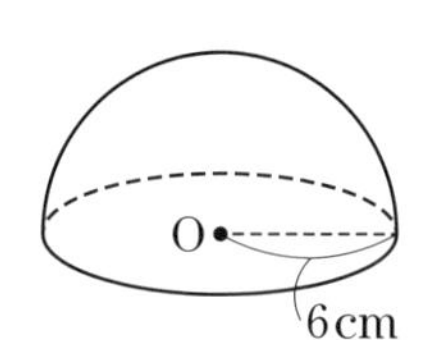

［　　　］

2 角柱・角錐の体積

次の問いに答えなさい。 (10点×3)

(1) 右の図は，AD＝DC＝6 cm，AE＝7 cm の直方体を A，C，F をふくむ平面で切断して残った立体である。この立体の体積を求めなさい。 ［駿台甲府高］

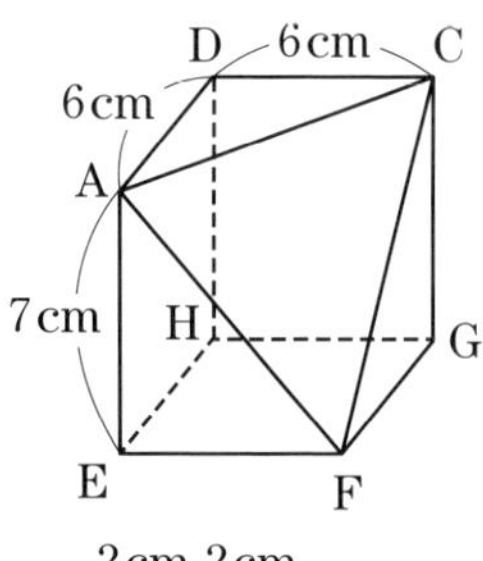

［　　　］

(2) 右の投影図で，四角形 ABCD が正方形であるとき，この立体の体積を求めなさい。 ［土浦日本大学高・一部］

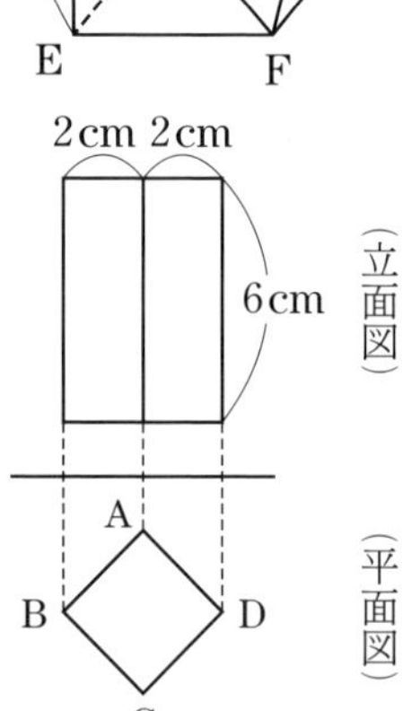

［　　　］

時間： 30 分	配点： 100 点	目標： 80 点
解答： 別冊 p.20	得点： 点	

(3) 1辺が3の正方形を底面とする高さが h の正四角錐と，1辺が a の正方形を底面とする高さが $3h$ の正四角柱がある。この正四角錐と正四角柱の体積が等しいとき，a の値を求めなさい。

［専修大学附属高］

（アドバイス）☞ 正四角錐の体積と正四角柱の体積を，それぞれ h と a を使って表す。 ［　　　］

3 円柱・円錐・球の体積

次の問いに答えなさい。ただし，円周率は π とする。 （10点×4）

(1) 右の図のように，半径が3 cmの球と，底面の半径が3 cmの円柱がある。これらの体積が等しいとき，円柱の高さを求めなさい。

［佐賀県］

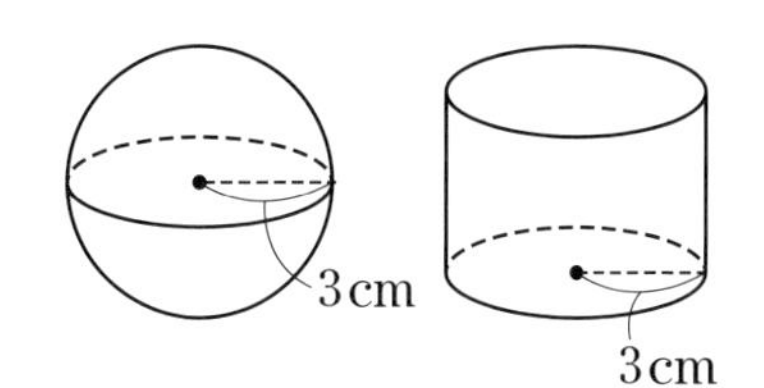

［　　　］

ハイレベル (2) 底面の半径が2 cmと3 cmの円錐が図のように重なっている。それぞれの頂点は互いの底面の中心と一致している。どちらの円錐の高さも5 cmのとき，2つの円錐に共通している部分の体積を求めなさい。

［國學院久我山高］

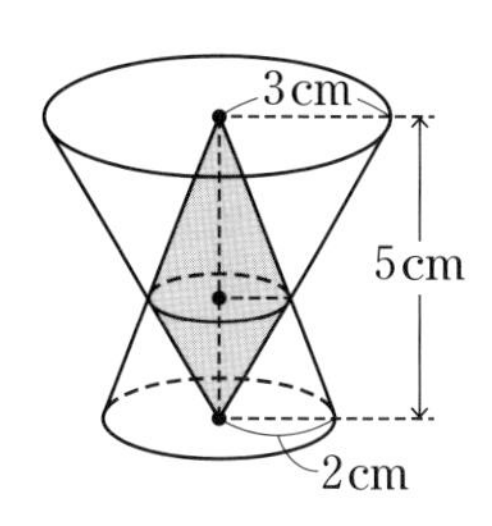

［　　　］

(3) 右の図のように，長方形ABCDと正方形BEFGが同じ平面上にあり，点Cは線分BGの中点で，AB=BE=4cmである。長方形ABCDと正方形BEFGを合わせた図形を，直線GFを軸として1回転させてできる立体の体積を求めなさい。

［秋田県］

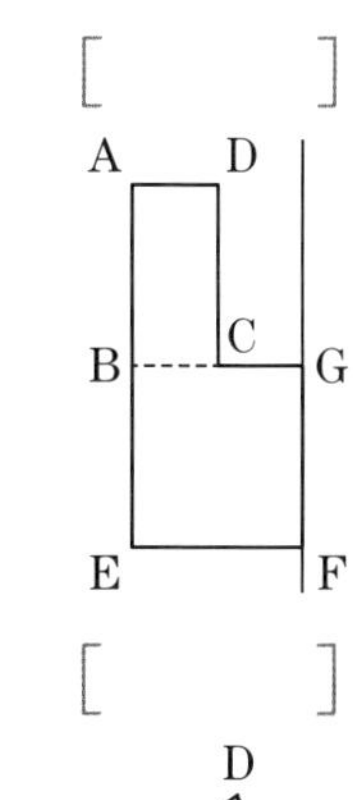

［　　　］

よく出る！ (4) 右の図の台形ABCDを，辺ABを軸として1回転させてできる立体の体積を求めなさい。

［岐阜県］

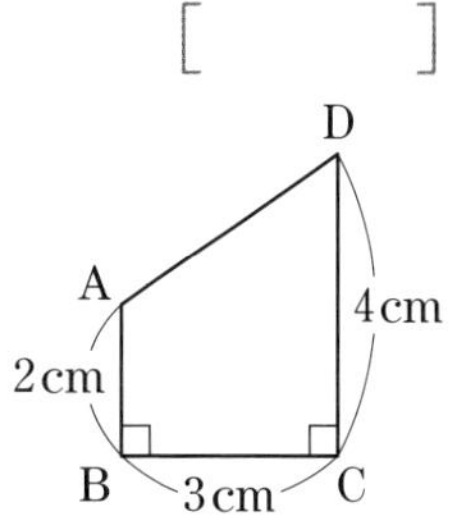

［　　　］

TEST

PART 16

図形の角

必ず出る！ 要点整理

対頂角

右の図のように，2つの直線が交わってできる向かい合った角どうしを**対頂角**という。
対頂角は等しい。

例　右の図で，$\angle a=\angle c$，$\angle b=\angle d$

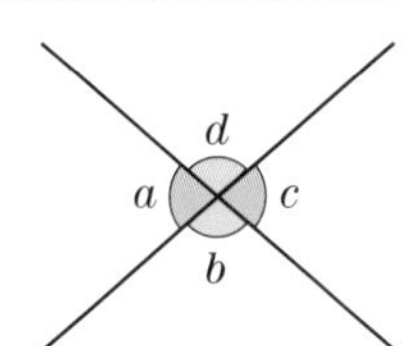

くわしく！

対頂角が等しいことの説明

左の図で，
$\angle a+\angle b=180°$ より，
$\angle a=180°-\angle b$
$\angle b+\angle c=180°$ より，
$\angle c=180°-\angle b$
よって，$\angle a=\angle c$

平行線と角

1 平行線の性質

2直線が平行ならば，{ **同位角は等しい。** **錯角は等しい。** }

例　右の図で，

$\ell /\!/ m$ ならば，{ $\angle a=\angle b$ ←同位角　$\angle b=\angle c$ ←錯角 }

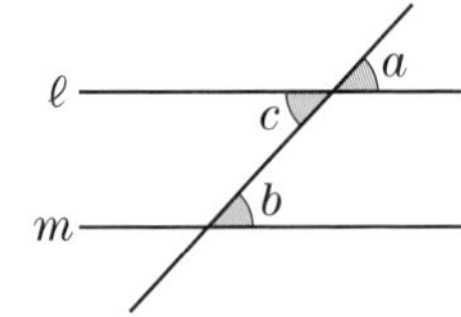

例　右の図で，$\ell /\!/ m$ のとき，$\angle x$ の大きさを求める。

右下の図のように，直線 ℓ，m に平行な直線 n をひく。

$\ell /\!/ n$ で，錯角は等しいから，
$\angle a=35°$
$m /\!/ n$ で，錯角は等しいから，
$\angle b=50°$
よって，$\angle x=35°+50°=85°$

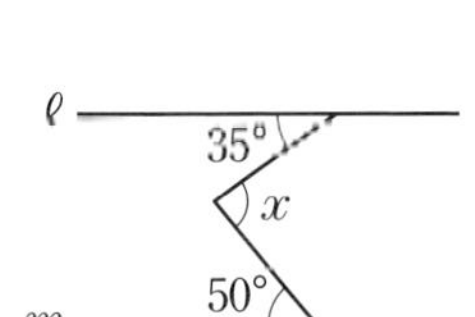

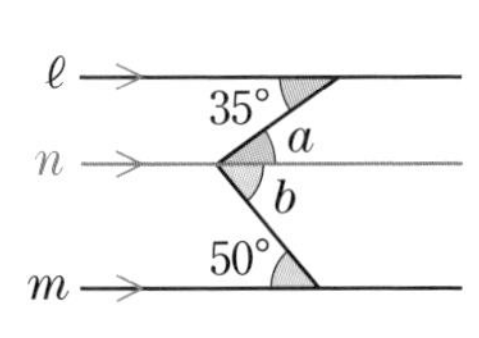

用語

同位角と錯角

下の図で，
同位角…$\angle a$ と $\angle e$ のような位置関係にある角。
錯角…$\angle b$ と $\angle h$ のような位置関係にある角。

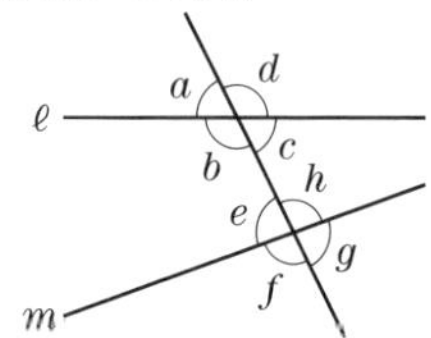

※直線 ℓ と m が平行でなくとも，同位角，錯角の位置は同じ。ただし，同位角，錯角が等しいのは，直線 ℓ と m が平行なときだけである。

参考

別の補助線のひき方

下の図のような補助線をひく。

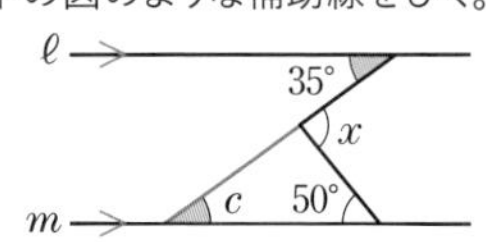

$\ell /\!/ m$ で，錯角は等しいから，
$\angle c=35°$
三角形の外角は，それととなり合わない2つの内角の和に等しいから，
$\angle x=35°+50°=85°$

2 平行線になるための条件

{ **同位角が等しい** **錯角が等しい** } ならば，2直線は平行。

例　右の図で，

{ $\angle a=\angle b$　$\angle b=\angle c$ } ならば，$\ell /\!/ m$

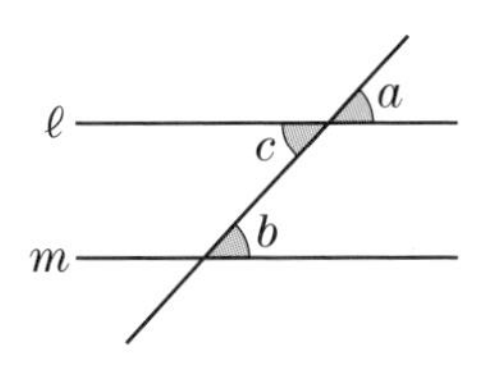

POINT

角の大きさを求める問題では，補助線をひいて，平行線の性質や三角形の内角と外角の関係を利用！

範囲　中2

学習日

三角形の角の関係

重要！

(1)　**三角形の内角の和** ➡ 180°

(2)　**三角形の内角と外角** ➡ 三角形の外角は，**それととなり合わない2つの内角の和に等しい。**

例　右の図で，

$\angle x+40°+60°=180°$

$\angle x=180°-(40°+60°)=80°$

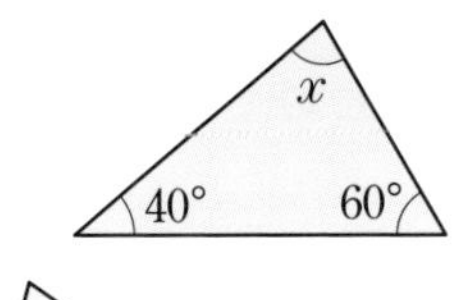

例　右の図で，

$\angle x=75°+70°=145°$

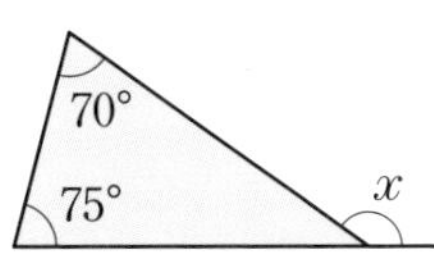

多角形の内角と外角

重要！

(1)　**多角形の内角の和** ➡ n 角形の内角の和は，$180°\times(n-2)$

(2)　**多角形の外角の和** ➡ 360°

正 n 角形の1つの内角，外角の大きさは，次の式で求められる。

- **1つの内角の大きさ** ➡ $\dfrac{180°\times(n-2)}{n}$　←内角の和÷頂点の数
- **1つの外角の大きさ** ➡ $\dfrac{360°}{n}$　←外角の和÷頂点の数

用語

内角と外角

下の図の△ABCで，3つの角∠A，∠B，∠ACBを内角という。これに対して，∠ACDや∠BCEを，頂点Cにおける外角という。∠DCEは外角ではないので注意する。

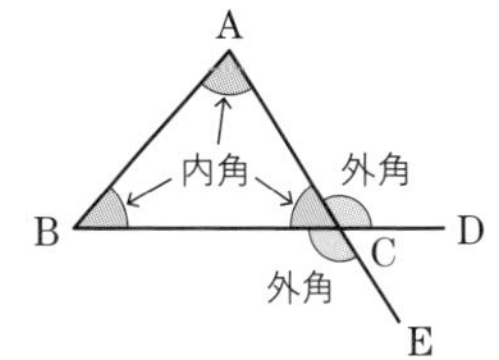

多角形の外角の和が360°になる理由

n 角形において，すべての内角と外角の和は，$180°\times n$

よって，

外角の和

＝内角と外角の和－内角の和

より，

$180°\times n-180°\times(n-2)$

$=180°\times n-180°\times n+360°$

$=360°$

基礎力チェック問題

解答はページ下

(1)　右の図で，$\ell /\!/ m$ のとき，$\angle x$，$\angle y$，$\angle z$ の大きさを求めなさい。

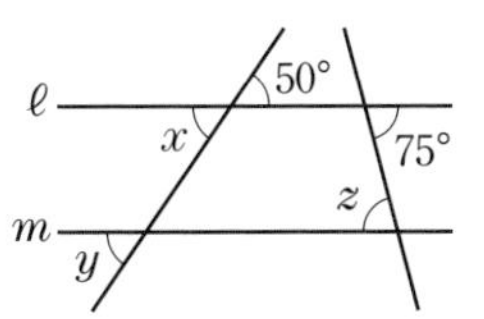

$\angle x=$[　　]，$\angle y=$[　　]，$\angle z=$[　　]

(2)　下の図で，$\angle x$ の大きさを求めなさい。

①　　　　②

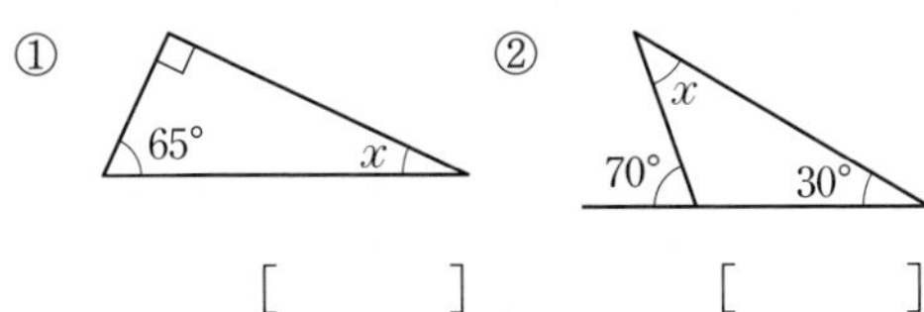

[　　　]　[　　　]

(3)　右の図で，$\angle x$ の大きさを求めなさい。

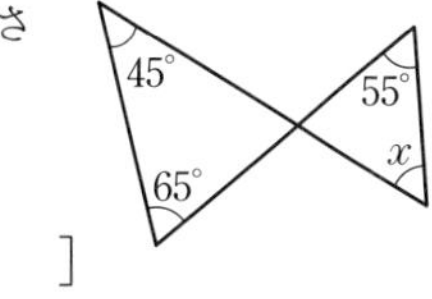

[　　　]

(4)　六角形の内角の和を求めなさい。

[　　　]

(5)　正六角形の1つの内角の大きさを求めなさい。

[　　　]

(6)　正八角形の1つの外角の大きさを求めなさい。

[　　　]

A. (1)$\angle x=50°$，$\angle y=50°$，$\angle z=75°$　(2)①25°　②40°　(3)55°　(4)720°　(5)120°　(6)45°

高校入試実戦力アップテスト

PART 16

図形の角

1

平行線と角

次の問いに答えなさい。 (8点×3)

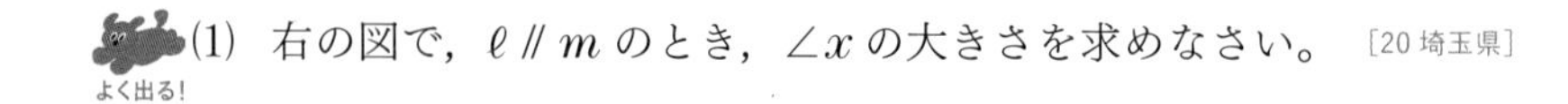

よく出る！ (1) 右の図で，$\ell \parallel m$ のとき，$\angle x$ の大きさを求めなさい。 ［20 埼玉県］

［　　　　］

(2) 右の図で，$\ell \parallel m$，AB＝AC のとき，$\angle x$ の大きさを求めなさい。 ［青森県］

［　　　　］

ミス注意 (3) 右の図のように，直線 ℓ，直線 m と 2 つの直線が交わっている。$\angle a$，$\angle b$，$\angle c$，$\angle d$，$\angle e$ のうち，どの角とどの角が等しければ，直線 ℓ と直線 m が平行であるといえるか，その 2 つの角を答えなさい。 ［群馬県］

［　　　　］

2

三角形の内角と外角

次の問いに答えなさい。 (8点×3)

よく出る！ (1) 右の図で，$\angle x$ の大きさを求めなさい。 ［栃木県］

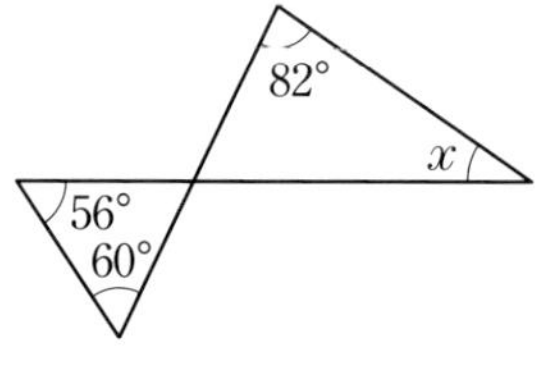

［　　　　］

(2) 右の図で，点 D は∠B の二等分線と∠C の二等分線の交点である。$\angle x$ の大きさを求めなさい。

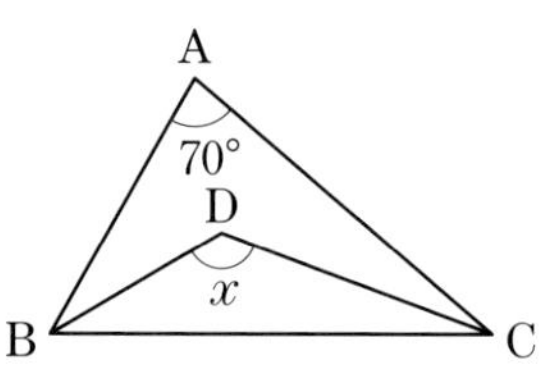

［　　　　］

(3) 右の図で，$\angle x$ の大きさを求めなさい。

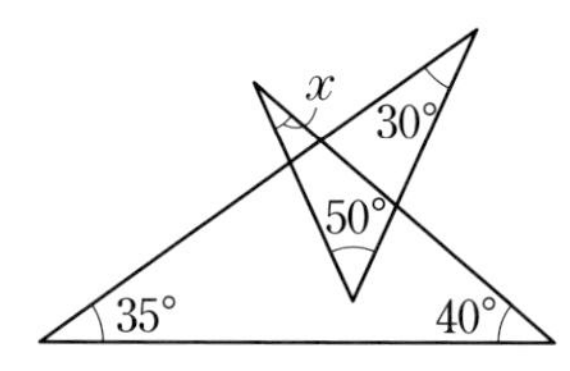

［　　　　］

時間： 30 分	配点： 100 点	目標： 80 点
解答： 別冊 p.21	得点： 点	

3 いろいろな角

次の問いに答えなさい。 (8点×3)

(1) 右の図で，2 直線 ℓ，m は平行である。このとき，$\angle x$ の大きさを求めなさい。 ［秋田県］

［　　　］

(2) 右の図のように，長方形 ABCD を対角線 AC を折り目として折り返し，頂点 B が移った点を E とする。$\angle$ACE＝20° のとき，$\angle x$ の大きさを求めなさい。 ［和歌山県］

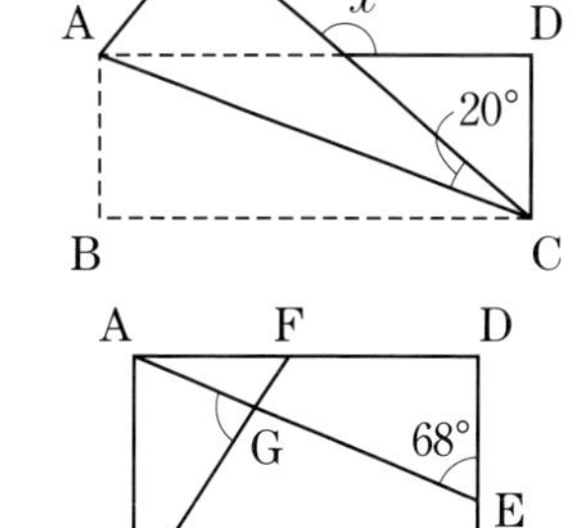

［　　　］

(3) 右の図で，四角形 ABCD は長方形であり，E，F はそれぞれ辺 DC，AD 上の点である。また，G は線分 AE と FB との交点である。$\angle$GED＝68°，$\angle$GBC＝56° のとき，$\angle$AGB の大きさを求めなさい。 ［愛知県］

［　　　］

4 多角形の角

次の問いに答えなさい。 (7点×4)

(1) 右の図で，$\angle x$ の大きさを求めなさい。 ［秋田県］

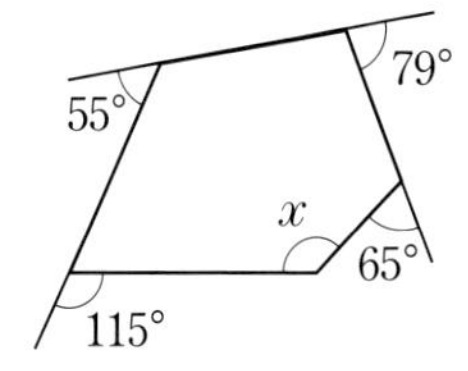

［　　　］

(2) 正五角形の 1 つの内角の大きさは何度ですか。 ［広島県］

［　　　］

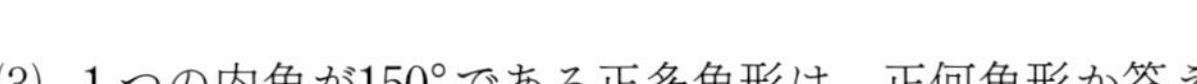

(3) 1 つの内角が150° である正多角形は，正何角形か答えなさい。 ［栃木県］

［　　　］

ハイレベル

(4) 右の図の 4 つの角，$\angle a$，$\angle b$，$\angle c$，$\angle d$ の大きさの和を求めなさい。 ［駿台甲府高］

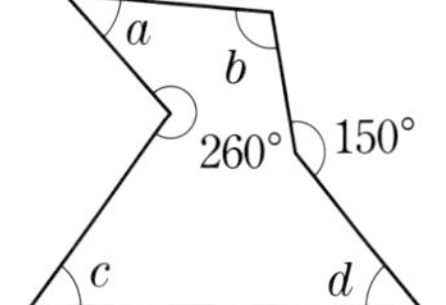

［　　　］

アドバイス ☞ $\angle a$ と $\angle c$ の頂点と，$\angle b$ と $\angle d$ の頂点をそれぞれ結ぶ。

TEST

PART 17 三角形

必ず出る！要点整理

合同な図形

合同な図形の性質

(1) 対応する線分の長さは等しい。
(2) 対応する角の大きさは等しい。

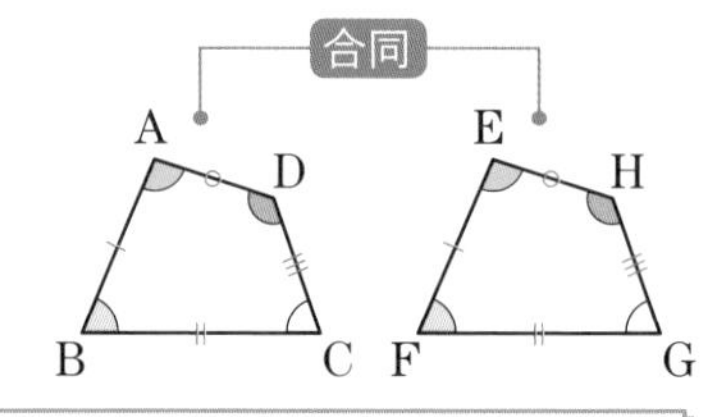

三角形の合同条件

(1) 3組の辺がそれぞれ等しい。
例 右の図で，
AB＝DE，BC＝EF，CA＝FD

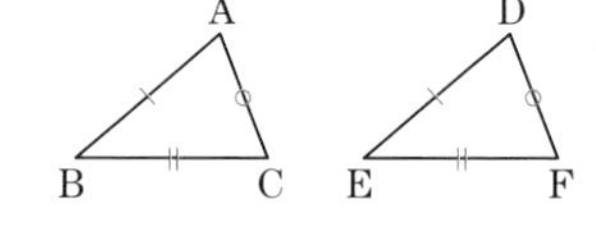

(2) 2組の辺とその間の角がそれぞれ等しい。
例 右の図で，
AB＝DE，BC＝EF，∠B＝∠E

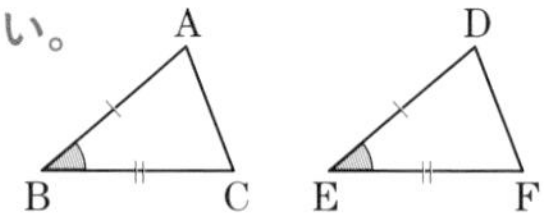

(3) 1組の辺とその両端の角がそれぞれ等しい。
例 右の図で，
BC＝EF，∠B＝∠E，∠C＝∠F

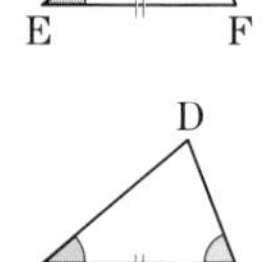

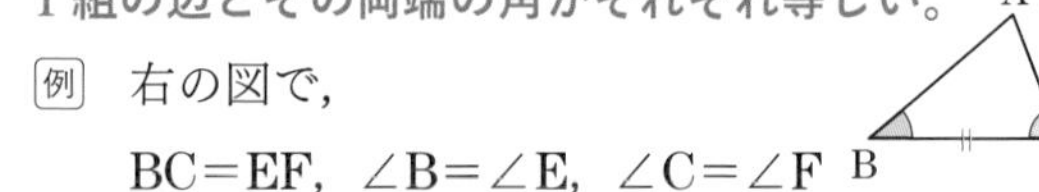

証明のしくみ

例 右の図で，AB∥CD，AE＝DE ならば，
△ABE≡△DCE であることを証明する。

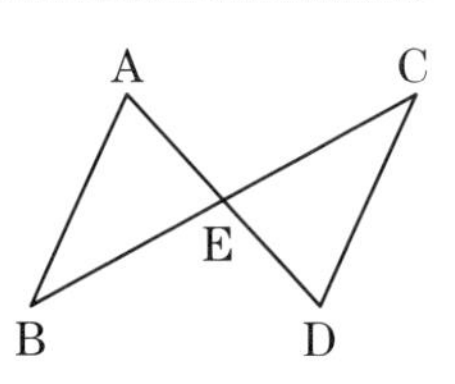

[証明]

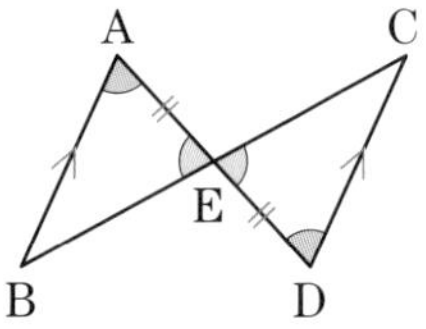

仮定 → 定義，定理，性質を根拠とする → 結論

△ABE と △DCE において，
仮定より，AE＝DE…①
AB∥CD で，
錯角は等しいから，
∠BAE＝∠CDE …②
対頂角は等しいから，
∠AEB＝∠DEC …③
①，②，③より，1組の辺とその両端の角がそれぞれ等しいから，△ABE≡△DCE

くわしく！

合同な図形の表し方

左の図の2つの四角形が合同であることを，記号「≡」を使って，
四角形 ABCD≡四角形 EFGH
と表す。
このとき，対応する頂点を周にそって順に書く。

注意

まちがえやすい三角形の合同条件

●「2組の辺と1つの角」だけでは，合同とはいえない。
その間の角という条件が必要である。

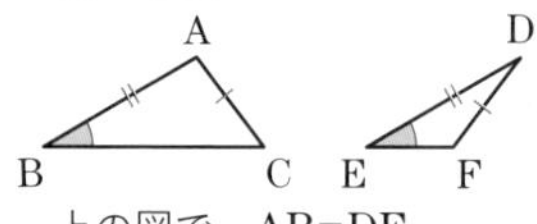

上の図で，AB=DE，AC=DF，∠B=∠E だが，△ABC と △DEF は合同ではない。

●「1組の辺と2つの角」だけでは，合同とはいえない。
その両端の角という条件が必要である。

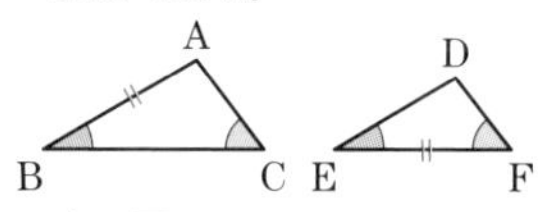

上の図で，AB=EF，∠B=∠E，∠C=∠F だが，△ABC と △DEF は合同ではない。

用語

仮定・結論・証明

「○○○ならば□□□」という形のことがらで，○○○の部分を仮定，□□□の部分を結論という。
仮定から出発して，すでに正しいと認められていることがらを根拠にして，結論を導くことを証明という。

POINT 証明を書くときは，仮定から結論までのすじ道を整理して，根拠となることがらを明確に示す。

範囲 中2

学習日 /

二等辺三角形

(1) **二等辺三角形の定義** ➡ 2つの辺が等しい三角形。

(2) **二等辺三角形の性質**

- **二等辺三角形の底角は等しい。**
- **二等辺三角形の頂角の二等分線は，底辺を垂直に2等分する。**

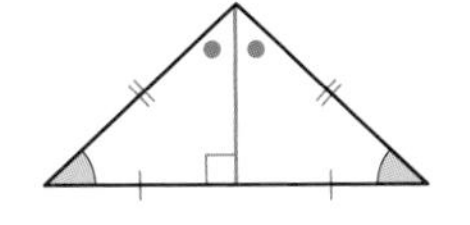

(3) **二等辺三角形になるための条件**

2つの角が等しい三角形は，**等しい2つの角を底角とする二等辺三角形である。**

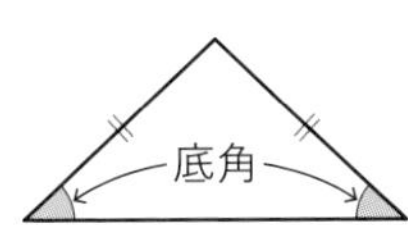

直角三角形の合同条件

(1) **斜辺と1つの鋭角がそれぞれ等しい。**

例 右の図で，∠C＝∠F＝90°，AB＝DE，∠B＝∠E

(2) **斜辺と他の1辺がそれぞれ等しい。**

例 右の図で，∠C＝∠F＝90°，AB＝DE，AC＝DF

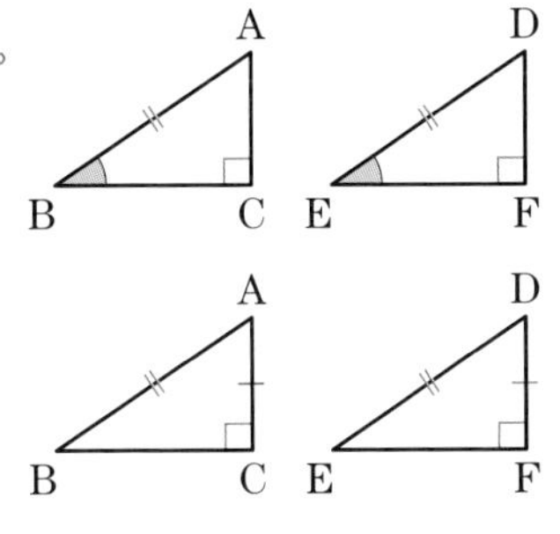

用語

頂角・底角・底辺

二等辺三角形で，等しい2つの辺の間の角を**頂角**，頂角に対する辺を**底辺**，底辺の両端の角を**底角**という。

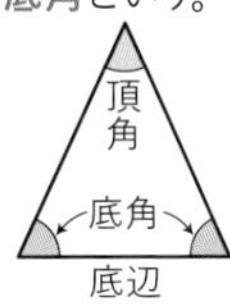

用語

逆

2つのことがらが，仮定と結論を入れかえた関係にあるとき，一方を他方の**逆**という。あることがらが正しくても，その逆は正しいとはかぎらない。

反例

あることがらが成り立たない例を**反例**という。
あることがらが正しくないことを示すには，**反例を1つあげればよい。**

基礎力チェック問題

(1) 右の図で，AB＝AD，BC＝DC ならば，△ABC≡△ADC である。このことがらを証明するとき，次の問いに答えなさい。

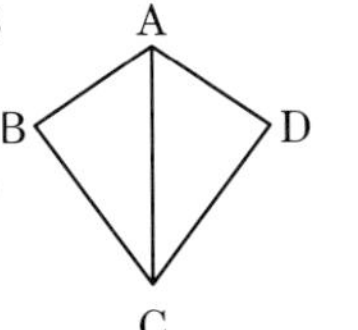

① 仮定と結論を答えなさい。

仮定［　　　　　　　　］

結論［　　　　　　　　］

② 仮定から結論を導くときに使った三角形の合同条件を答えなさい。

［　　　　　　　　　　　　］

(2) 頂角∠Aの大きさが50°の二等辺三角形ABCの1つの底角の大きさを求めなさい。

［　　　　］

(3) 右の図で，点Nは∠BACの二等分線と辺BCとの交点で，

AB＝9 cm，

AC＝12cm，

QC＝4 cm

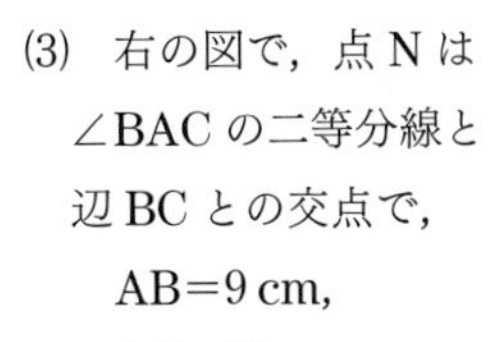

のとき，BPの長さを求めなさい。［　　　　］

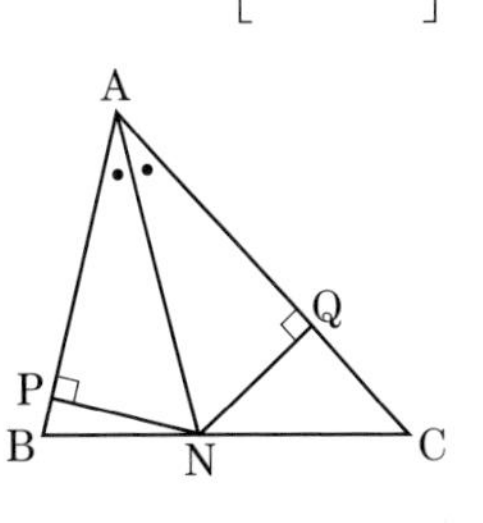

A. (1)①仮定…AB＝AD，BC＝DC，結論…△ABC≡△ADC　②3組の辺がそれぞれ等しい　(2)65°　(3)1 cm

高校入試実戦力アップテスト

PART 17

三角形

1

逆

次の①〜④のことがらの中から逆が正しいものをすべて選び，番号を書きなさい。 ［佐賀県］

（10点）

① 整数 a，b で，a も b も偶数ならば，ab は偶数である。

② △ABC で，AB＝AC ならば，∠B＝∠C である。

③ 2つの直線 ℓ，m に別の1つの直線が交わるとき，ℓ と m が平行ならば，同位角は等しい。

④ 四角形 ABCD がひし形ならば，対角線 AC と BD は垂直に交わる。

［　　　］

2

三角形の合同

次の問いに答えなさい。 （10点×2）

(1) 右の図で，△ABC≡△ADE，AE // BC である。このとき，∠ACB の大きさを求めなさい。 ［茨城県］

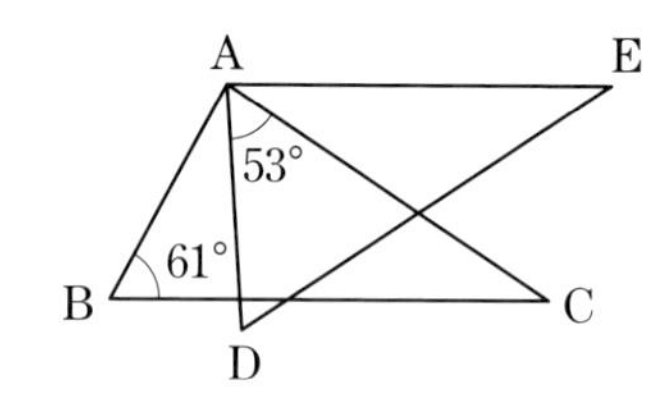

［　　　］

ミス注意

(2) 右の図の △ABC と △DEF が合同であることを証明したい。AB＝DE，BC＝EF であることがわかっているとき，あと1つ，どのようなことをつけ加えれば合同であることが証明できるか。適切なものを次の**ア**〜**エ**から2つ選び，記号を書きなさい。 ［長野県］

A D B C E F

ア AC＝DF　**イ** ∠A＝∠D　**ウ** ∠B＝∠E　**エ** ∠C＝∠F

［　　　］

3

三角形の合同の証明

右の図で，△ABC は∠BAC＝90°の直角二等辺三角形であり，△ADE は∠DAE＝90°の直角二等辺三角形である。また，点 D は辺 CB の延長線上にある。このとき，△ADB≡△AEC であることを証明しなさい。 ［岐阜県・一部］（20点）

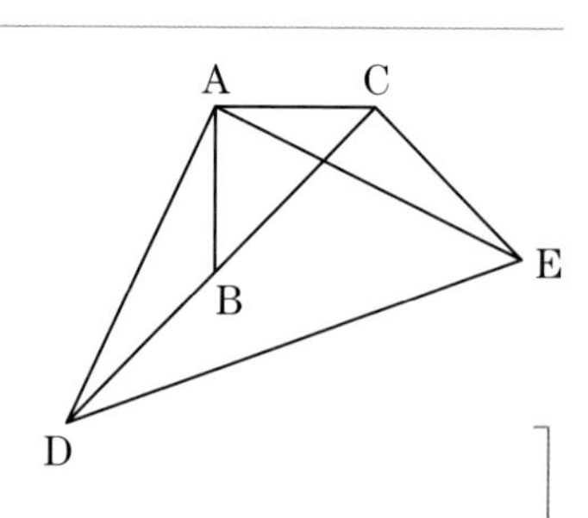

［証明］

時間： 30 分	配点： 100 点	目標： 80 点
解答： 別冊 p.22	得点： 点	

4

三角形の合同の証明

右の図のように，△ABC の辺 AC 上に 2 点 D，E があり，AD＝DE＝EC となっている。点 D を通り，直線 BE に平行な直線をひき，辺 AB との交点を F とする。また，点 C を通り，辺 AB に平行な直線をひき，直線 BE との交点を G とする。このとき，△AFD≡△CGE であることを証明しなさい。 ［岩手県］（20点）

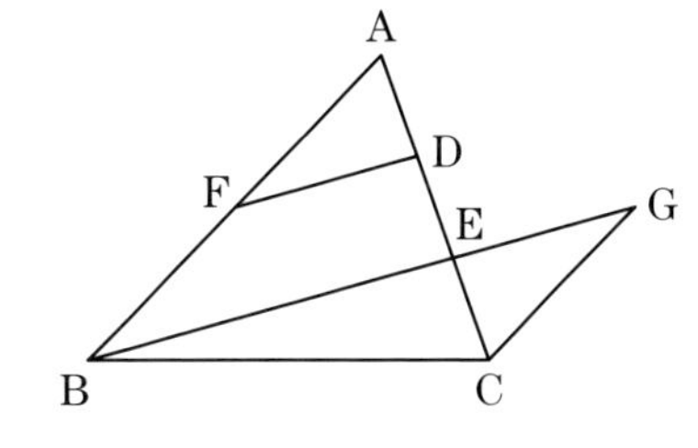

［証明］

5

二等辺三角形の角

右の図のように，∠B＝90° である直角三角形 ABC がある。DA＝DB＝BC となるような点 D が辺 AC 上にあるとき，$\angle x$ の大きさを求めなさい。 ［富山県］（10点）

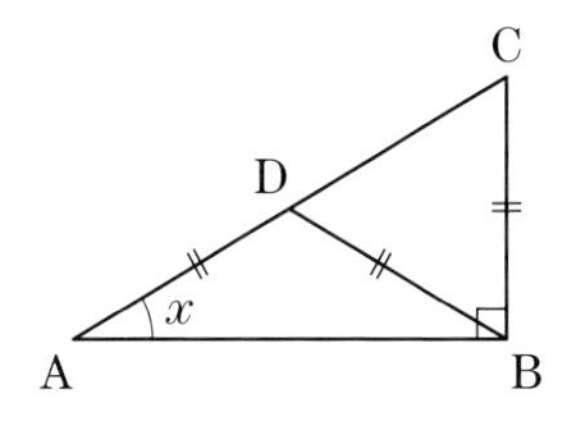

［　　　］

アドバイス ☞ ∠BCD の大きさを$\angle x$ で表し，△ABC で，三角形の内角の和は180° であることを利用する。

6

直角三角形の合同の証明

右の図のように，半径 OA，OB と $\overset{\frown}{AB}$ で囲まれたおうぎ形があり，∠AOB＝90° である。$\overset{\frown}{AB}$ 上に，2 点 C，D を $\overset{\frown}{AC}=\overset{\frown}{BD}$ となるようにとる。点 C，D から半径 OA に垂線 CE，DF をそれぞれひく。このとき，△COE≡△ODF であることを証明しなさい。 ［広島県］（20点）

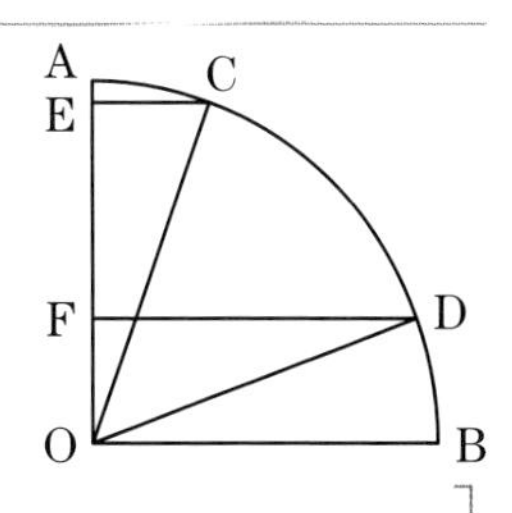

［証明］

TEST

PART 18 平行四辺形

必ず出る！要点整理

平行四辺形

1 平行四辺形

平行四辺形の定義

➡ 2組の対辺がそれぞれ平行な四角形。

例 右の図で，AB//DC，AD//BC

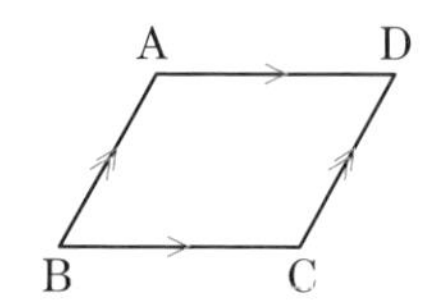

2 平行四辺形の性質

(1) 2組の対辺はそれぞれ等しい。

例 右の図1で，

AB＝DC，AD＝BC

(2) 2組の対角はそれぞれ等しい。

例 右の図1で，

∠A＝∠C，∠B＝∠D

(3) 対角線はそれぞれの中点で交わる。

例 右の図2で，

OA＝OC，OB＝OD

図1

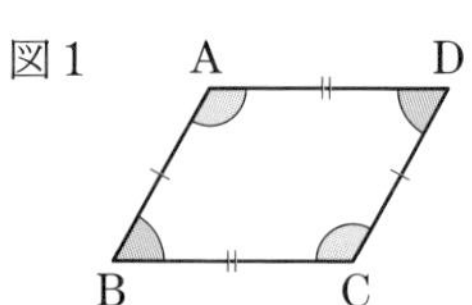

図2

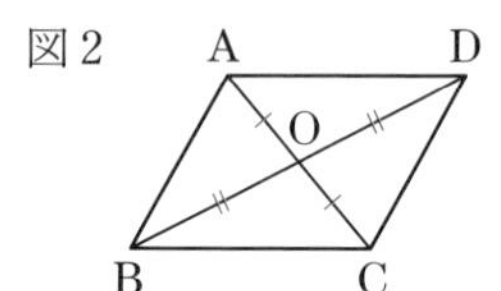

3 平行四辺形になるための条件

四角形は，次の(1)～(5)の条件のうちの1つが成り立てば，平行四辺形である。

(1) 2組の対辺がそれぞれ平行である。…定義

(2) 2組の対辺がそれぞれ等しい。

(3) 2組の対角がそれぞれ等しい。

(4) 対角線がそれぞれの中点で交わる。

(5) 1組の対辺が平行でその長さが等しい。

(1) 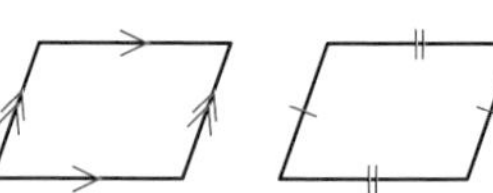

(2) 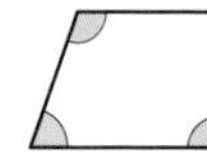

(3) 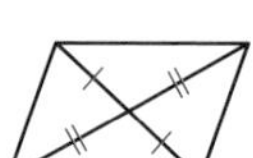

(4) 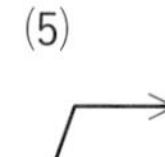

(5) 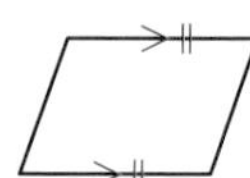

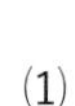

用語

対辺・対角

四角形の向かい合う辺を対辺という。

左の図で，

辺ABと辺DC，

辺ADと辺BC

四角形の向かい合う角を対角という。

左の図で，

∠Aと∠C，∠Bと∠D

参考

平行四辺形のとなり合う内角の和は180°

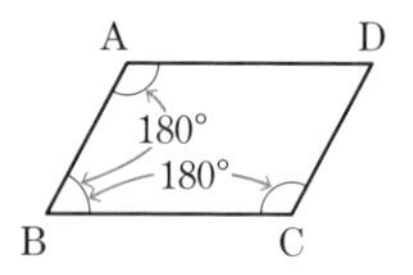

[証明]

下の図の平行四辺形ABCDにおいて，

AD//BCで，平行線の錯角は等しいから，

∠D＝∠DCE

∠BCD＋∠DCE＝180°

よって，∠BCD＋∠D＝180°

したがって，平行四辺形のとなり合う内角の和は180°

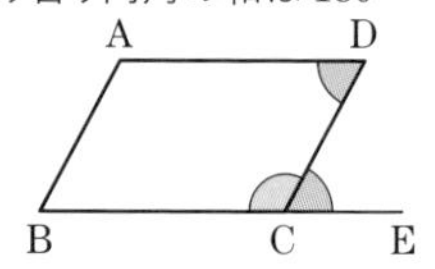

POINT

平行四辺形の2組の対辺は平行であることから，「平行線の同位角，錯角が等しい」ことを利用する。

特別な平行四辺形

(1) **長方形，ひし形，正方形の定義**

- 長方形 ➡ 4つの角が等しい四角形。
- ひし形 ➡ 4つの辺が等しい四角形。
- 正方形 ➡ 4つの角が等しく，4つの辺が等しい四角形。

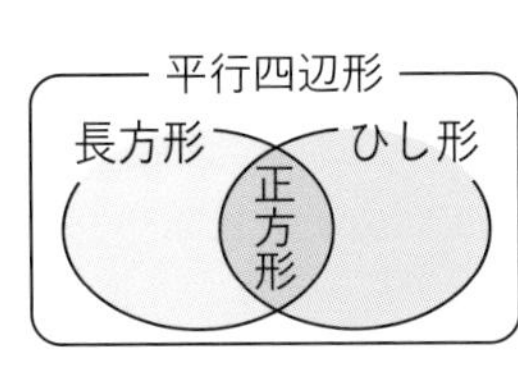

(2) **対角線についての性質**

- 長方形 ➡ 対角線の長さが等しい。
- ひし形 ➡ 対角線は垂直に交わる。
- 正方形 ➡ 対角線の長さが等しく，垂直に交わる。

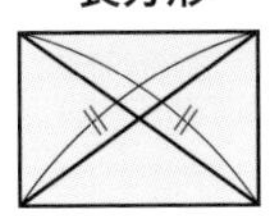

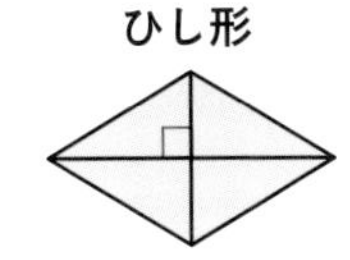

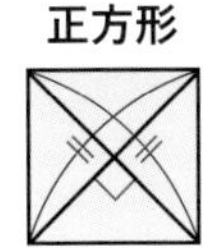

平行線と面積

1つの直線上の2点A，Bと，その直線に対して同じ側にある2点P，Qについて，

① **PQ∥ABならば，△PAB＝△QAB**

② **△PAB＝△QABならば，PQ∥AB**

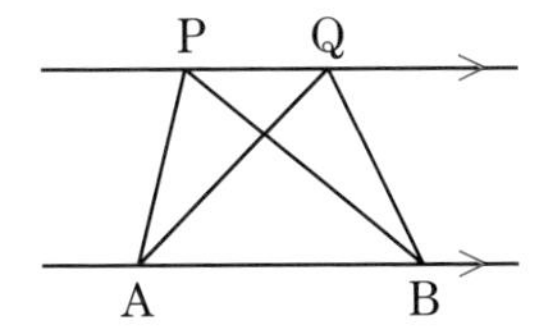

参考

直角三角形の斜辺の中点

直角三角形ABCで，斜辺ABの中点をMとすると，

AM＝BM＝CM

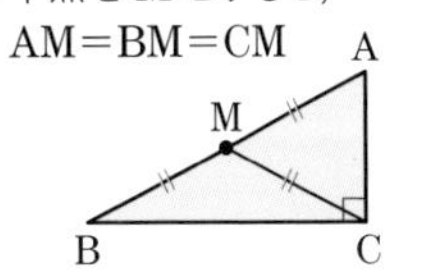

参考

面積が等しい三角形の作図

例 下の図の四角形ABCDと面積が等しい△ABEは，次の手順で作ることができる。

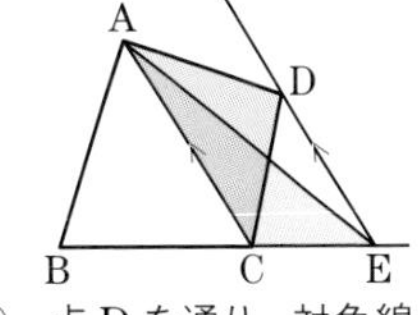

① 点Dを通り，対角線ACに平行な直線をひく。

② ①の直線とBCの延長との交点をEとする。

③ 点AとEを結ぶ。

このように，図形をその面積を変えずに形だけ変えることを等積変形という。

基礎力チェック問題

解答はページ下

(1) 右の図の平行四辺形ABCDで，$\angle x$，$\angle y$の大きさを求めなさい。

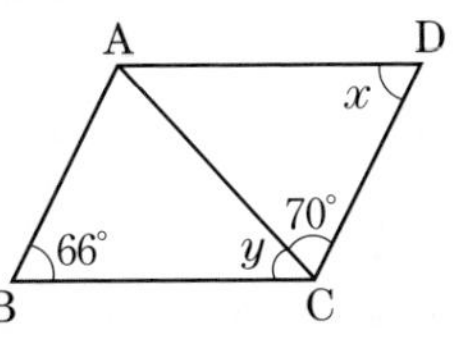

$\angle x$＝[　　　]，$\angle y$＝[　　　]

(2) AB＝DCである四角形ABCDが平行四辺形になるためには，あと1つどのような条件があればよいか。その条件を2通り答えなさい。

[　　　　　]，[　　　　　]

(3) 次の□にあてはまることばを答えなさい。

長方形の対角線は，[ア]が等しく，それぞれの[イ]で交わる。

ア[　　　]，イ[　　　]

(4) 右の図の長方形ABCDで，4辺の中点をそれぞれP，Q，R，Sとする。四角形PQRSはどんな四角形か。

[　　　]

A (1)$\angle x=66°$，$\angle y=44°$ (2)AD＝BC，AB∥DC (3)ア長さ，イ中点 (4)ひし形

高校入試実戦力アップテスト

PART 18

平行四辺形

1 平行四辺形の角

次の問いに答えなさい。 (10点×3)

(1) 図で，四角形 ABCD は平行四辺形である。E は辺 BC 上の点，F は線分 AE と∠ADC の二等分線との交点で，AE ⊥ DF である。∠FEB＝56°のとき，∠BAF の大きさを求めなさい。 [愛知県]

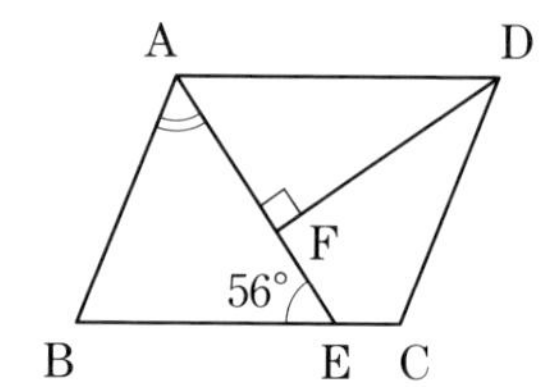

[　　　　]

(2) よく出る！ 右の図のような，辺 AD が辺 AB より長い平行四辺形 ABCD がある。∠BCD の二等分線と辺 AD との交点を E とする。∠CED＝50°であるとき，∠ABC の大きさは何度か。 [香川県]

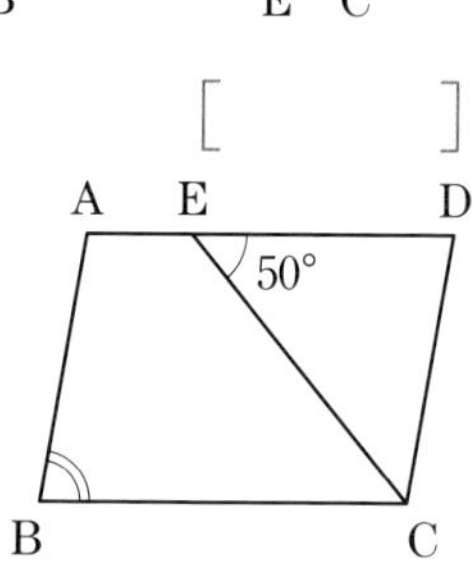

[　　　　]

(3) 右の図のひし形 ABCD で，∠AEB＝110°，∠EBC＝22°，∠CAE＝34°である。このとき，∠ADC の大きさを求めなさい。 [桐朋高]

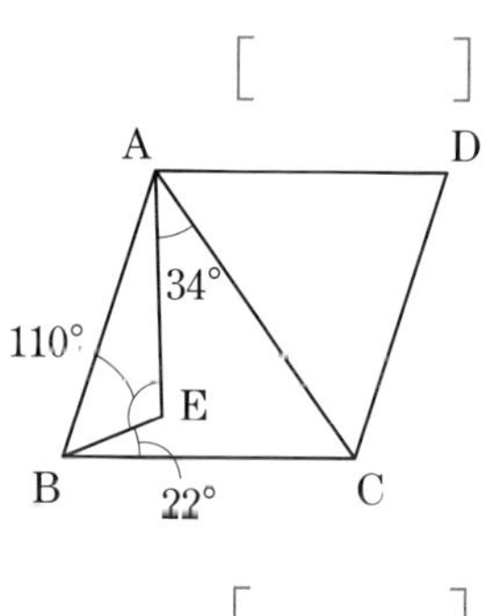

[　　　　]

（アドバイス） ☞ △DAC は，DA＝DC の二等辺三角形だから，∠DAC＝∠DCA

2 平行四辺形の性質を利用する証明

右の図の△ABC で，∠A の二等分線と辺 BC との交点を D とする。点 D を通り AC に平行な直線をひき，辺 AB との交点を E，点 E を通り BC に平行な直線をひき，辺 AC との交点を F とする。このとき，AE＝FC であることを証明しなさい。 (16点)

A
E　F
B　D　C

[証明]

時間： 30 分	配点： 100 点	目標： 80 点
解答： 別冊 p.23	得点： 点	

3

平行四辺形の性質を利用する証明

右の図のように，平行四辺形 ABCD があり，対角線 AC と対角線 BD との交点を E とする。辺 AD 上に点 A，D と異なる点 F をとり，線分 FE の延長と辺 BC との交点を G とする。このとき，△AEF≡△CEG であることを証明しなさい。

［新潟県］（16点）

［証明］

4

平行四辺形であることの証明

右の図のように，平行四辺形 ABCD の頂点 A，C から対角線 BD に垂線をひき，対角線との交点をそれぞれ E，F とする。このとき，四角形 AECF は平行四辺形であることを証明しなさい。

［20 埼玉県］（16点）

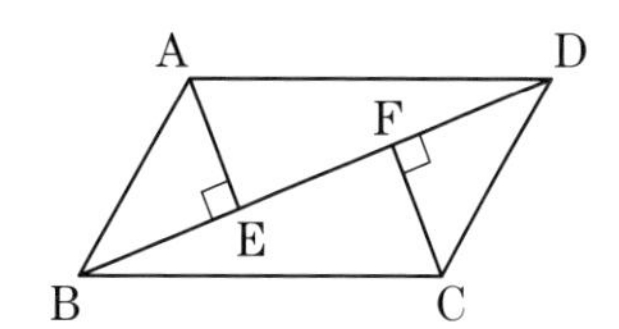

［証明］

5

特別な平行四辺形

次の㋐～㋓のことがらについて，その逆が正しいものをすべて選び，記号で答えなさい。（10点）

㋐ 四角形 ABCD が平行四辺形ならば，2 本の対角線 AC と BD がそれぞれの中点で交わる。

㋑ 四角形 ABCD が長方形ならば，2 本の対角線 AC と BD の長さは等しい。

㋒ 四角形 ABCD がひし形ならば，4 つの辺の長さがすべて等しい。

㋓ 四角形 ABCD が正方形ならば，2 本の対角線 AC と BD の長さは等しく，垂直に交わる。

［　　　］

6

三角形の面積

右の図の △ABC で，点 D は辺 AB 上にあり，AD：DB＝1：2 である。点 E が線分 CD の中点のとき，△ABC と △AEC の面積比を求めなさい。

［岩手県］（12点）

［　　　］

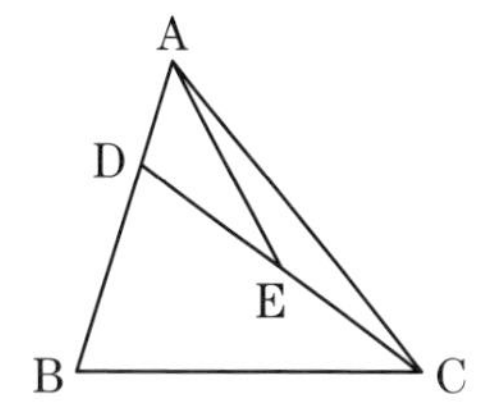

TEST

PART 19

相似な図形

必ず出る！ 要点整理

相似な図形

❶ 相似な図形の性質

(1) 相似な図形では，**対応する線分の長さの比はすべて等しい。**

例 右の図で，
AB：EF＝BC：FG
＝CD：GH＝DA：HE

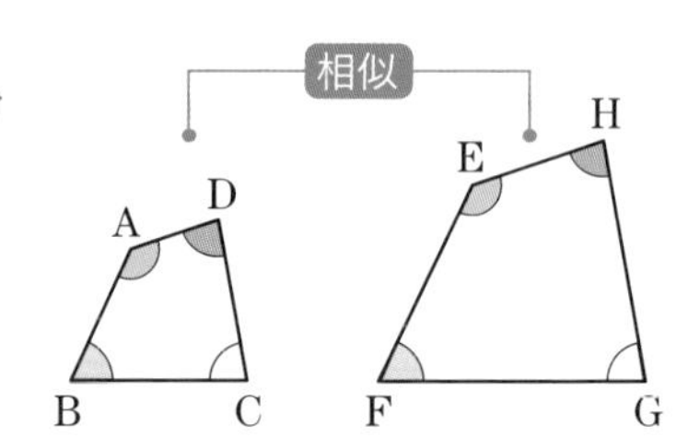

(2) 相似な図形では，**対応する角の大きさはそれぞれ等しい。**

例 右上の図で，∠A＝∠E，∠B＝∠F，∠C＝∠G，∠D＝∠H

❷ 相似比

相似な図形の**対応する部分の長さの比を相似比**という。

例 右の図で，
AB：DE＝BC：EF
＝CA：FD＝1：2
だから，△ABC と △DEF の相似比は 1：2

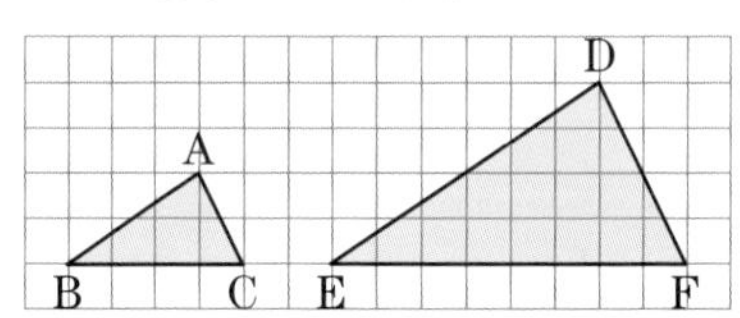

❸ 三角形の相似条件

(1) **3 組の辺の比がすべて等しい。**

例 右の図で，
AB：DE＝BC：EF
＝CA：FD

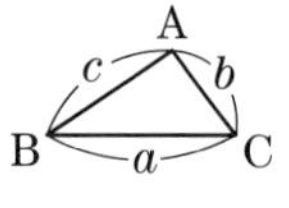

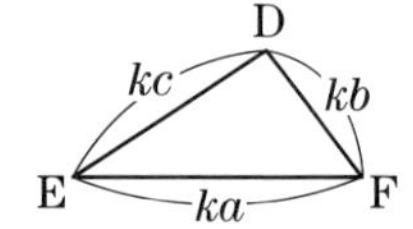

(2) **2 組の辺の比とその間の角がそれぞれ等しい。**

例 右の図で，
AB：DE＝BC：EF，
∠B＝∠E

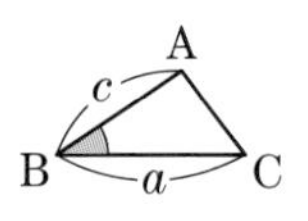

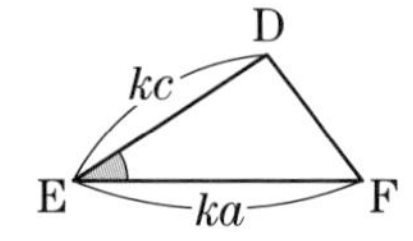

(3) **2 組の角がそれぞれ等しい。**

例 右の図で，
∠B＝∠E，
∠C＝∠F

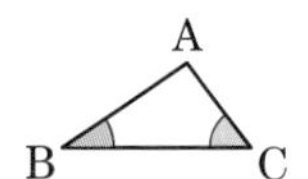

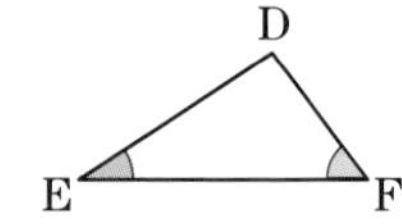

相似な図形の表し方

左の図の 2 つの四角形が相似であることを，記号「∽」を使って，
四角形 ABCD∽四角形 EFGH
と表す。
このとき，対応する頂点を周にそって順に書く。

比の値

比 $a:b$ があるとき，$\frac{a}{b}$ を $a:b$ の比の値という。
比の値を使うと，左の図で，
AB：DE＝BC：EF＝CA：FD＝1：2 は，次のように表すことができる。

$$\frac{AB}{DE}=\frac{BC}{EF}=\frac{CA}{FD}=\frac{1}{2}$$

よく出る！

三角形の相似を証明するとき，最もよく使われるのが，
「2 組の角がそれぞれ等しい」
である。
そこで，三角形を見たら，まず等しい 2 組の角があるかどうかに着目する。

例

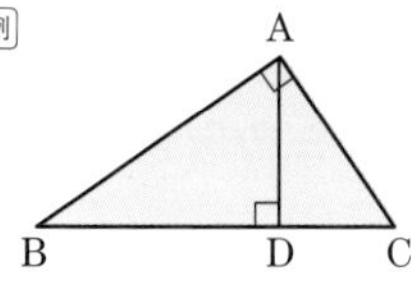

- △ABC と △DBA において，
  ∠BAC＝∠BDA（＝90°）
  ∠ABC＝∠DBA（共通）
  よって，
  △ABC∽△DBA
- △ABC と △DAC において，
  ∠BAC＝∠ADC（＝90°）
  ∠ACB＝∠DCA（共通）
  よって，
  △ABC∽△DAC

POINT ☞ 三角形の相似条件で最も利用されるのは，「2 組の角がそれぞれ等しい」。 まず，2 組の等しい角があるかどうかに着目!

範囲 中３

学習日 ／

相似な図形の計量

❶ 相似な平面図形の周の長さの比・面積の比

相似比が $m:n$ ならば，$\begin{cases} \text{周の長さの比は } m:n \\ \text{面積の比は } m^2:n^2 \end{cases}$

例　△ABC と △DEF は相似で，その相似比は 2：3 である。△ABC の面積が 20 cm² のとき，△DEF の面積を求める。

△ABC と△DEF の面積の比は，$2^2:3^2=4:9$

よって，20：△DEF＝4：9，20×9＝△DEF×4

$$\triangle\text{DEF}=\frac{20\times9}{4}=45(\text{cm}^2)$$

❷ 相似な立体の表面積の比・体積の比

相似比が $m:n$ ならば，$\begin{cases} \text{表面積の比は } m^2:n^2 \\ \text{体積の比は } m^3:n^3 \end{cases}$

例　円錐 P と円錐 Q は相似で，相似比が 2：3 である。円錐 Q の体積が 135π cm³ のとき，円錐 P の体積を求める。

円錐 P と円錐 Q の体積の比は，$2^3:3^3=8:27$

よって，(P の体積)：135π＝8：27

(P の体積)×27＝135π×8

$$(\text{P の体積})=\frac{135\pi\times8}{27}=40\pi(\text{cm}^3)$$

用語

相似な立体

1つの立体を，拡大または縮小した立体は，**もとの立体と相似である。**

相似な立体で，対応する線分の長さの比を**相似比**という。

例　下の図で，円錐 P と円錐 Q が相似であるとき，相似比は，6：9＝2：3

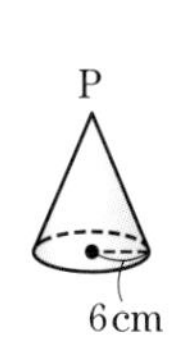

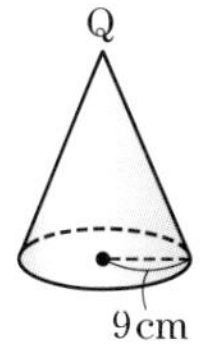

Q. 基礎力チェック問題

解答はページ下

(1)　右の図で，△ABC∽△DEF である。次の問いに答えなさい。

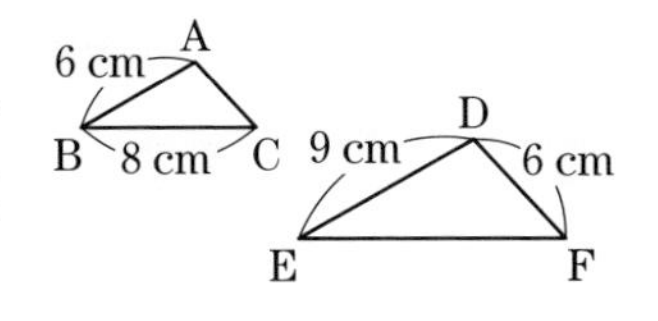

①　△ABC と△DEF の相似比を求めなさい。

［　　　］

②　EF の長さは何 cm か。

［　　　］

③　AC の長さは何 cm か。

［　　　］

(2)　右の図は，AD∥BC の台形 ABCD である。△AOD ∽ △COB であることを，次のように証明した。［　　］にあてはまるものを入れなさい。

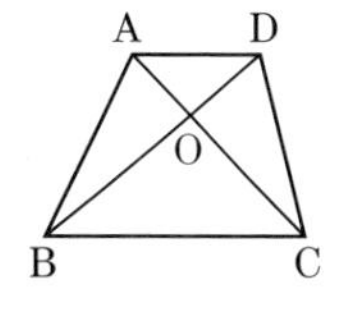

［証明］　△AOD と △COB において，

対頂角は等しいから，∠AOD＝∠［　　　］

錯角は等しいから，∠DAO＝∠［　　　］

よって，［　　　］がそれぞれ等しいから，

△AOD ∽△COB

A.　(1)①2：3　②12 cm　③4 cm　(2)(順に)COB，BCO，2組の角

高校入試実戦力アップテスト

PART 19

相似な図形

1

相似な図形の線分の長さ

次の問いに答えなさい。 （10点×3）

(1) 右の図で，△ABC∽△DEF のとき，x の値を求めなさい。 ［栃木県］

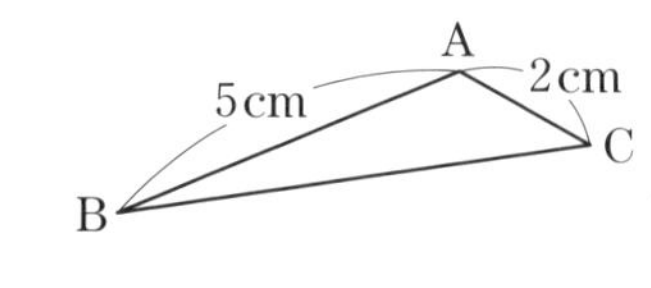

［　　　］

よく出る! (2) 図で，D は △ABC の辺 AB 上の点で，∠DBC＝∠ACD である。AB＝6 cm，AC＝5 cm のとき，線分 AD の長さは何cm か，求めなさい。 ［愛知県］

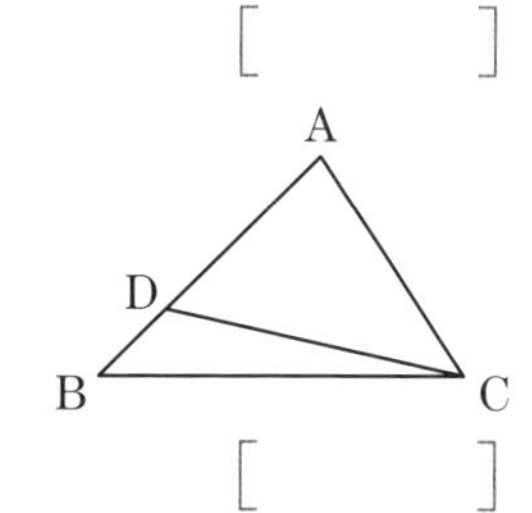

［　　　］

(3) 右の図において，AD は∠BAC の二等分線で，AB＝3，AD＝CD＝4 である。BD＝x とするとき，x の値を求めなさい。 ［成蹊高］

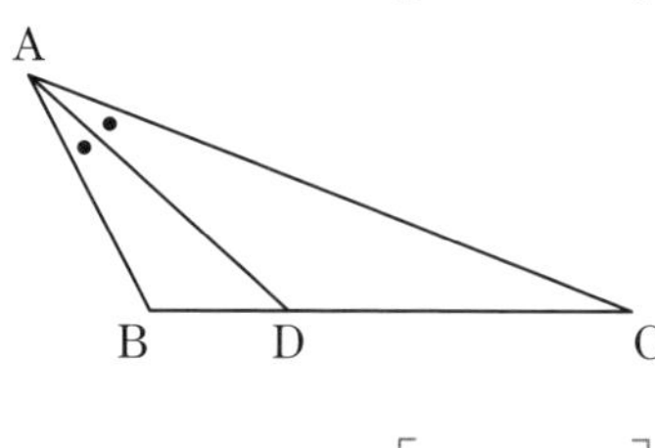

アドバイス ☞ △ABD∽△CBA で，AB：CB＝BD：BA

［　　　］

2

三角形の相似の証明

次の問いに答えなさい。 （(1)(2)15点×2，(3)20点）

(1) 右の図のように，△ABC と △CDE がある。△ABC∽△CDE で，3 点 A，C，E は，この順に一直線上にあり，2 点 B，D は直線 AE に対して同じ側にある。線分 BE と辺 CD の交点を P とするとき，△BCP∽△EDP であることを証明しなさい。 ［岩手県］

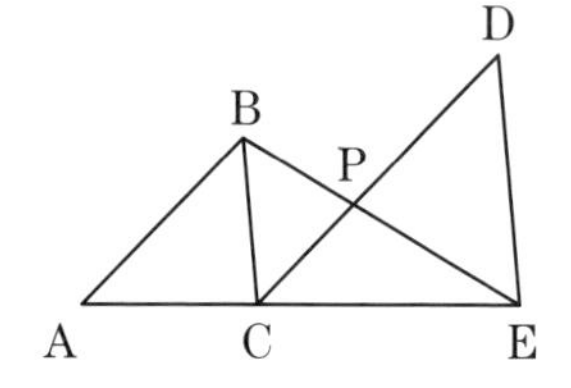

［証明］

時間： 30 分	配点： 100 点	目標： 80 点
解答： 別冊 p.25	得点： 点	

(2) 右の図のように，△ABC の辺 AB 上に点 D，辺 BC 上に点 E をとる。このとき，△ABC∽△EBD であることを証明しなさい。

［栃木県］

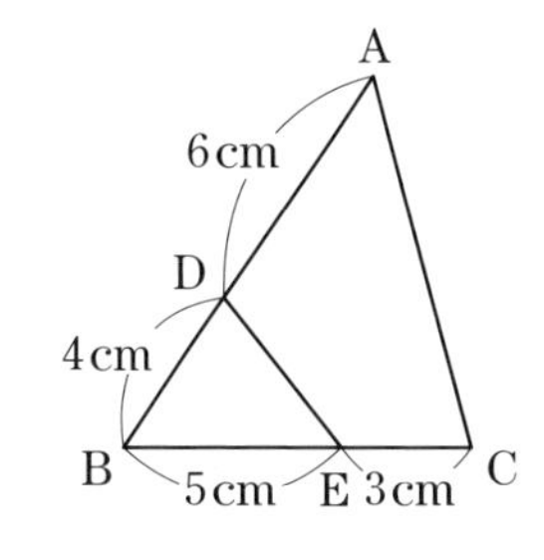

［証明］

(3) 平行四辺形 ABCD において，∠BAD，∠CDA の二等分線が線分 DC，AB の延長と交わる点をそれぞれ E，F とする。線分 AE, DF の交点を G とすると右の図のようになった。線分 AE, DF が辺 BC と交わる点をそれぞれ H，I とするとき，△GHI∽△GED であることを証明しなさい。 ［関西学院高］

ハイレベル

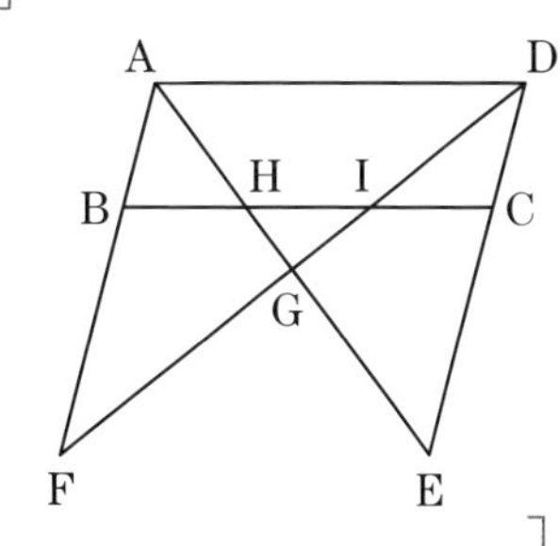

［証明］

アドバイス ☞ AD // BC より同位角が等しいことを，AF // DE より錯角が等しいことを利用する。

3 相似な図形の計量

次の問いに答えなさい。 (10点×2)

(1) 右の図のように，平行四辺形 ABCD がある。点 E は辺 CD 上にあり，CE：ED＝1：2 である。線分 AE と線分 BD の交点を F とする。このとき，△DEF の面積は，平行四辺形 ABCD の面積の何倍か，求めなさい。 ［秋田県］

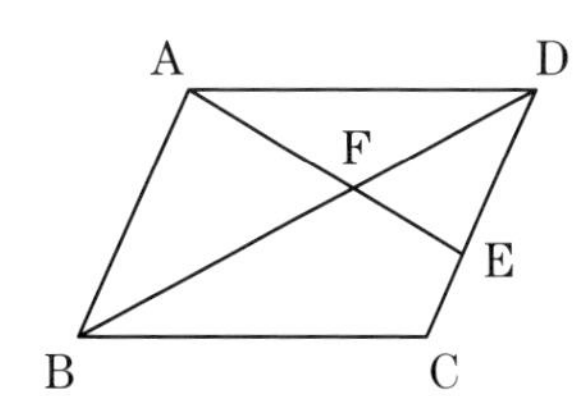

［　　　］

(2) 右の図のように，円錐を底面に平行な平面で，高さが 3 等分となるように 3 つの立体に分ける。真ん中の立体の体積が $28\pi\ cm^3$ であるとき，一番下の立体の体積を求めなさい。

［土浦日本大学高］

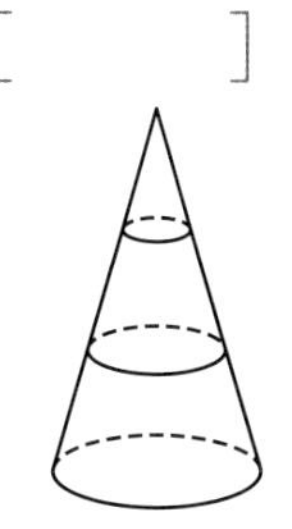

［　　　］

TEST

PART 20 平行線と線分の比

必ず出る！要点整理

三角形と比

△ABCの辺AB，AC上の点をそれぞれD，Eとするとき，

(1) **三角形と比の定理**

DE // BC ならば，

① AD：AB＝AE：AC＝DE：BC

② AD：DB＝AE：EC

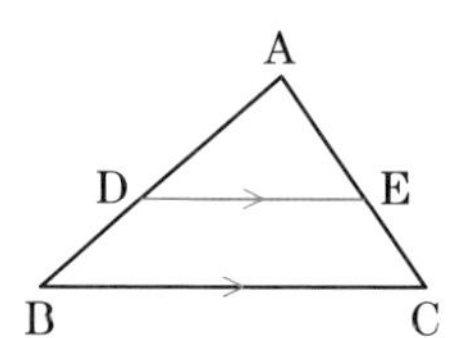

(2) **三角形と比の定理の逆**

① AD：AB＝AE：AC
② AD：DB＝AE：EC **ならば，** DE // BC

注意

三角形と比の定理の①と②を混同しないように

AD：DB＝AE：EC
＝~~DE：BC~~
としないように注意しよう。
△ADEと△ABCで，対応する辺の比を考えるとわかる。

くわしく！

下の図のように，△ABCの辺BA，CAの延長線上の点をそれぞれD，E(BC // DE)とするときも，三角形と比の定理は成り立つ。

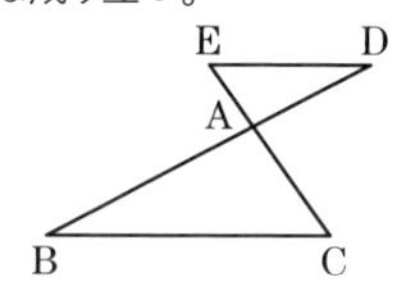

平行線と線分の比の定理

平行な3つの直線 a，b，c が，直線 ℓ とそれぞれA，B，Cで交わり，直線 m とそれぞれA′，B′，C′で交わるとき，

AB：BC＝A′B′：B′C′

また，AB：AC＝A′B′：A′C′

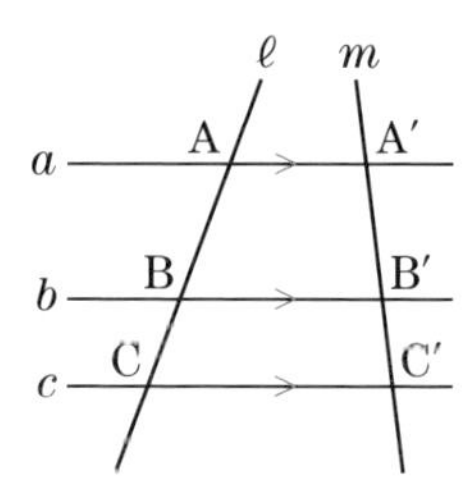

くわしく！

下の図のような場合でも，平行線と線分の比の定理は成り立つ。

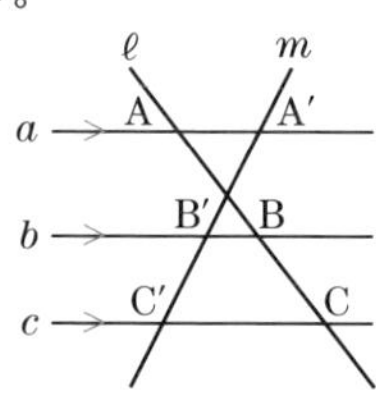

中点連結定理

△ABCの2辺AB，ACの中点をそれぞれM，Nとするとき，

MN // BC，MN＝$\frac{1}{2}$BC

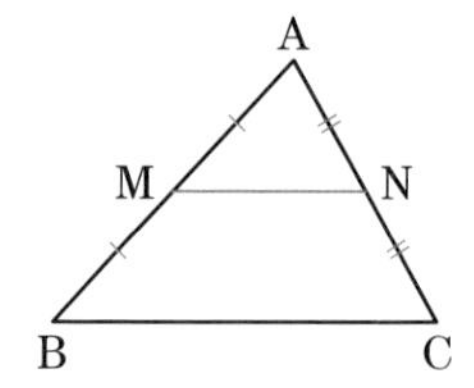

例 右の図の△ABCで，点M，Nが辺AB，ACの中点のとき，

MN // BCで，同位角は等しいから，

∠AMN＝∠ABC＝50°

MN＝$\frac{1}{2}$BCだから，MN＝$\frac{1}{2}$×6＝3（cm）

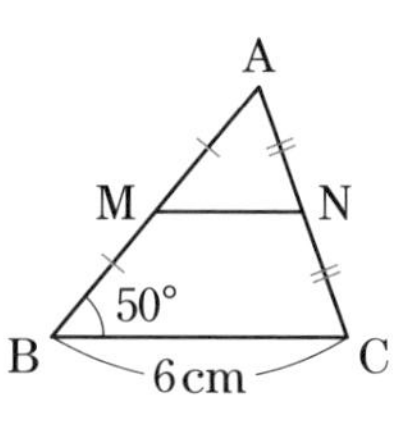

参考

△ABCの辺ABの中点Mを通りBCに平行な直線は，辺ACの中点Nを通る。

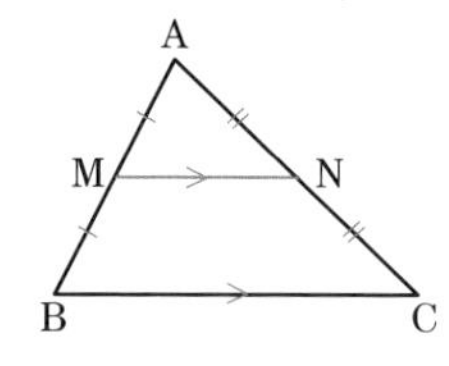

POINT ☞ 三角形の辺に平行な直線があったら，三角形と比の定理を考えよう！

範囲 中3

学習日 /

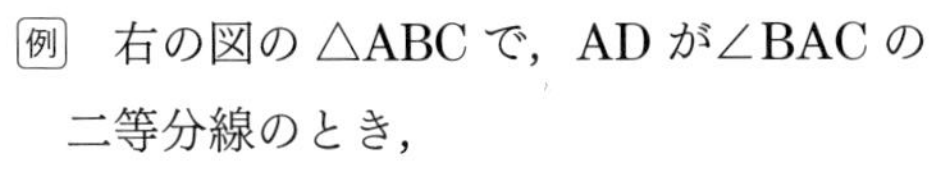

三角形の角の二等分線

△ABC で，∠A の二等分線と辺 BC との交点を D とするとき，

AB：AC＝BD：DC

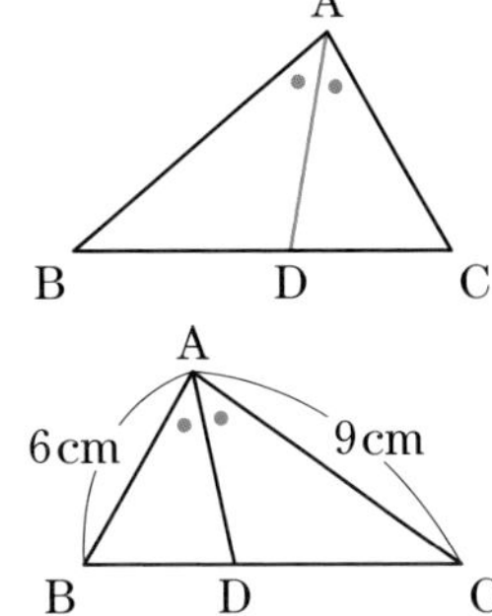

例　右の図の △ABC で，AD が∠BAC の二等分線のとき，

BD：DC＝AB：AC＝6：9＝2：3

三角形の重心（発展）

(1)　三角形の頂点とその対辺の中点を結ぶ線分を**中線**という。

例　AL，BM，CN は中線。

(2)　三角形の **3 つの中線は 1 点で交わり**，その交点を**重心**という。

例　点 G は △ABC の重心。

(3)　重心はそれぞれの**中線を 2：1 の比に分ける**。

例　AG：GL＝BG：GM＝CG：GN＝2：1

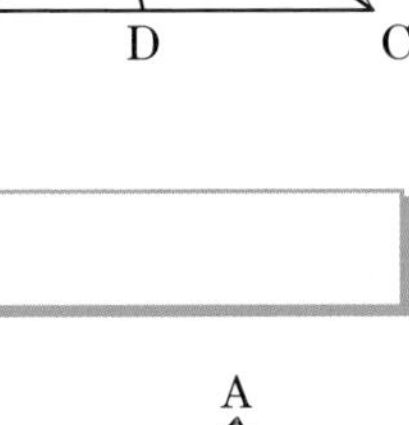

三角形の角の二等分線の証明

下の図のように，BA の延長と，点 C を通り AD に平行な直線との交点を E とする。

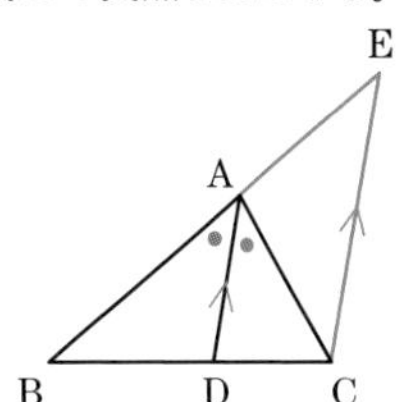

AD // EC だから，三角形と比の定理より，

BA：AE＝BD：DC　……①

AD // EC で，同位角は等しいから，

∠BAD＝∠AEC　……②

また，錯角は等しいから，

∠CAD＝∠ACE　……③

②，③より，

∠AEC＝∠ACE

よって，AE＝AC　……④

①，④より，

BA：AC＝BD：DC

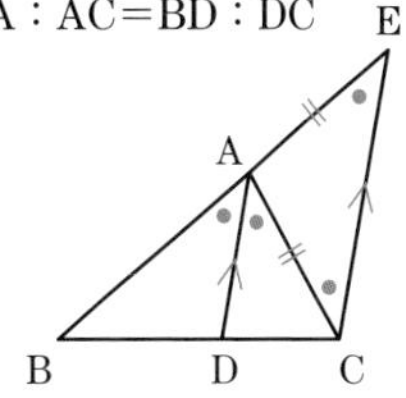

Q. 基礎力チェック問題

(1)　右の図の △ABC で，PQ // BC のとき，次の問いに答えなさい。

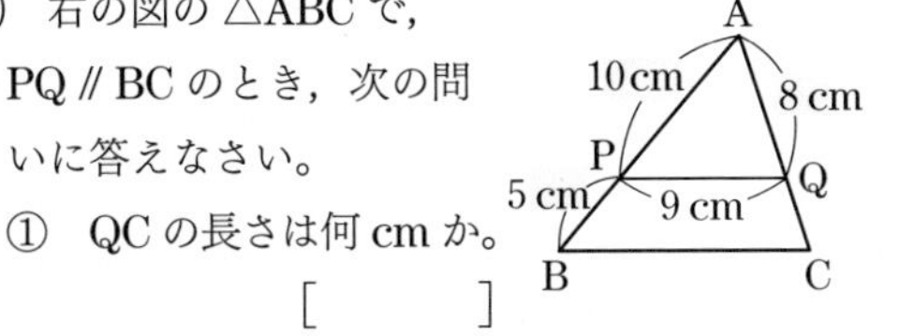

①　QC の長さは何 cm か。　[　　　]

②　BC の長さは何 cm か。　[　　　]

(2)　右の図で，3 つの直線 ℓ，m，n が平行であるとき，x の値を求めなさい。　[　　　]

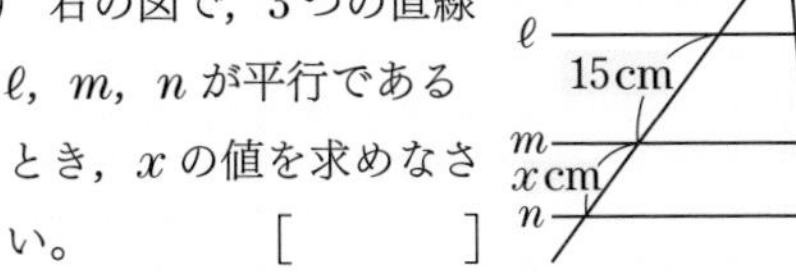

(3)　右の図の △ABC で，点 D は辺 AB の中点，点 E，F は辺 AC を 3 等分する点である。BF と CD の交点を G とする。BF＝8 cm のとき，次の問いに答えなさい。

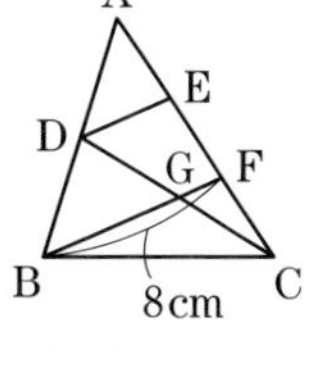

①　DE の長さは何 cm か。　[　　　]

②　BG の長さは何 cm か。　[　　　]

A. (1)①4 cm　② $\frac{27}{2}$ cm　(2) x＝10　(3)①4 cm　②6 cm

高校入試実戦力アップテスト

平行線と線分の比

1

三角形と比・平行線と線分の比

次の問いに答えなさい。 （(1)10点，(2)5点×2，(3)(4)10点×2）

(1) 右の図のような5つの直線がある。直線ℓ，m，nが$\ell /\!/ m$，$m /\!/ n$であるとき，xの値を求めなさい。 ［北海道］

［　　　　］

ミス注意 (2) 右の図において，DE // BC であるとき，x，yの値をそれぞれ求めなさい。 ［群馬県］

x=［　　　　］，y=［　　　　］

(3) 図で，△ABC の辺 AB と △DBC の辺 DC は平行である。また，E は辺 AC と DB との交点，F は辺 BC 上の点で，AB // EF である。AB=6 cm，DC=4 cm のとき，線分 EF の長さは何 cm か，求めなさい。 ［愛知県］

［　　　　］

(4) 右の図のように，AD // BC，AD：BC=2：5 の台形 ABCD がある。辺 AB 上に，AP：PB=2：1 となる点 P をとり，点 P から辺 BC に平行な直線をひき，辺 CD との交点を Q とする。PQ=16 cm のとき，xの値を求めなさい。 ［新潟県］

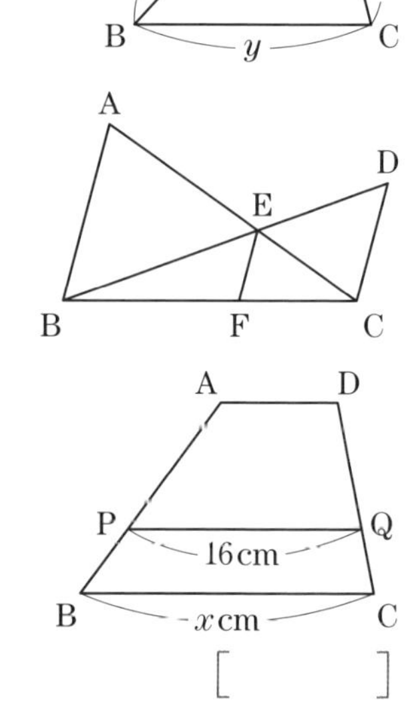

［　　　　］

2

中点連結定理

右の図は，△ABC の辺 AB，BC の中点を，それぞれ M，N とし，これらを直線で結んだものである。次の問いに答えなさい。

［長野県］（6点×2）

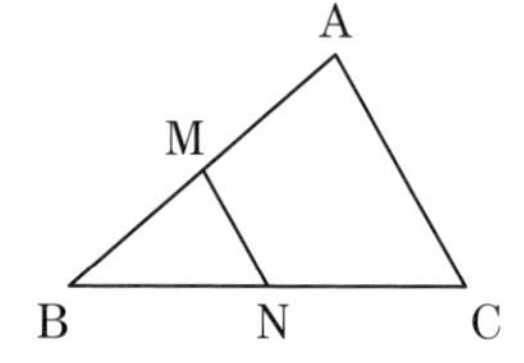

(1) ∠A=80°のとき，∠BMN の大きさを求めなさい。

［　　　　］

(2) 点 C を通り，辺 AB に平行な直線をひき，直線 MN との交点を P とし，四角形 AMPC をつくる。AB=8 cm，AC=6 cm のとき，四角形 AMPC の周の長さを求めなさい。

［　　　　］

時間： 30 分	配点： 100 点	目標： 80 点
解答： 別冊 p.26	得点： 点	

別冊 p.26

3

三角形と比・面積の比

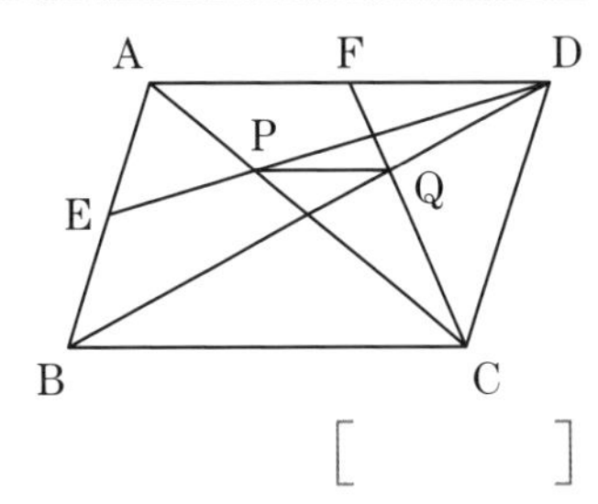

右の図で，四角形 ABCD は面積が 18 の平行四辺形である。点 E，F はそれぞれ辺 AB，辺 AD の中点である。四角形 APQF の面積を求めなさい。

［成蹊高］（12点）

［　　　］

アドバイス ☞ AP：PC＝AE：DC＝1：2，FQ：QC＝FD：BC＝1：2 で，三角形と比の定理の逆より，AF // PQ

4

ハイレベル

三角形の角の二等分線

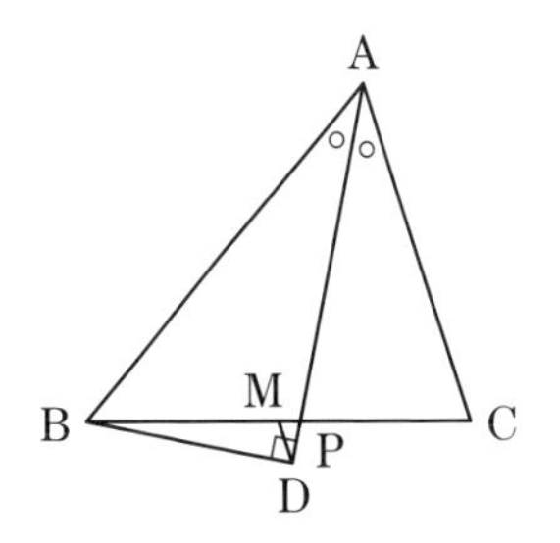

右の図のように，AB＝10，BC＝9，CA＝8 の △ABC があり，辺 BC の中点を M とする。直線 AD は∠BAC の二等分線であり，直線 AD と辺 BC との交点を P とする。AD⊥BD のとき，次の問いに答えなさい。

［明治大学付属明治高］（8点×3）

(1) MP の長さを求めなさい。

［　　　］

(2) AD：PD を最も簡単な整数の比で表しなさい。

［　　　］

(3) MD の長さを求めなさい。

アドバイス ☞ BD の延長と AC の延長の交点を E とし，△BEC で中点連結定理を利用する。

［　　　］

5

ハイレベル

三角形の重心

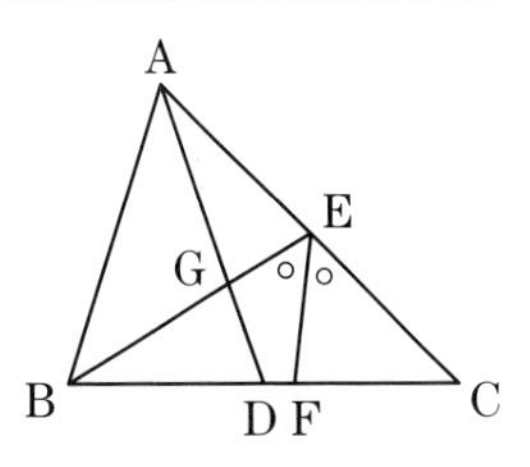

右の図で，G は △ABC の重心，BG＝CE，∠BEF＝∠CEF である。線分の比 BD：DF：FC を最も簡単な整数で求めなさい。

［城北高］

（12点）

［　　　］

アドバイス ☞ G は △ABC の重心だから，BG：GE＝2：1，BG＝CE だから，EB：EC＝(2＋1)：2＝3：2

TEST

PART 21 円

必ず出る！要点整理

円

❶ 弧と弦

(1) 円周上の2点AからBまでの円周の部分を，弧ABといい，$\overset{\frown}{AB}$と表す。

(2) 円周上の2点A，Bを結ぶ線分を，弦ABという。

(3) ∠AOBを$\overset{\frown}{AB}$に対する中心角という。

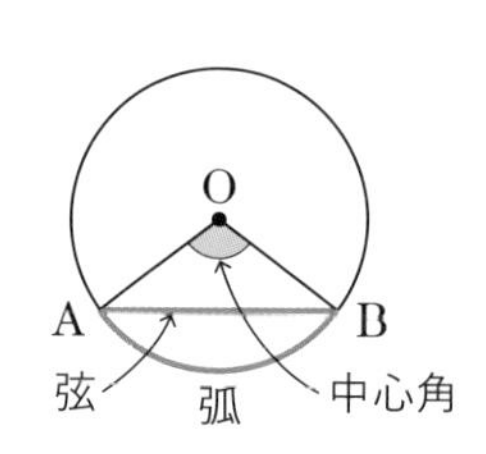

❷ 円の中心と弦

(1) 円の中心から弦にひいた垂線は，その弦を2等分する。

(2) 弦の垂直二等分線は，その円の中心を通る。

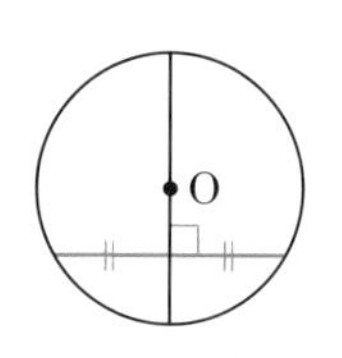

❸ 中心角と弧

(1) 1つの円で，等しい中心角に対する弧は等しい。

(2) 1つの円で，弧の長さは中心角の大きさに比例する。

円の接線

(1) 右の図のように，円Oと直線ℓが円周上の1点Aだけを共有するとき，直線ℓは円Oに接するといい，

直線ℓを円Oの接線，点Aを接点という。

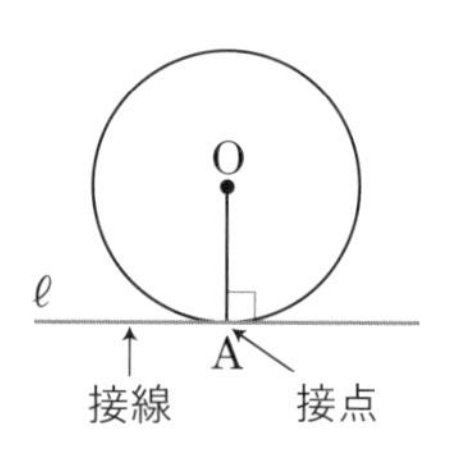

重要！

(2) 円の接線は，接点を通る半径に垂直である。

例　右上の図で，$\ell \perp OA$

(3) 円外の1点Pから円Oにひいた2つの接線PA，PBの長さは等しい。

例　右の図で，PA＝PB

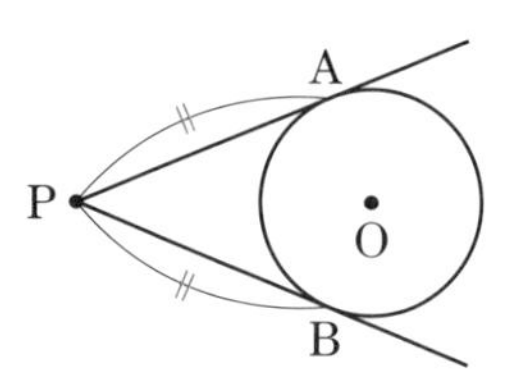

円と対称

- 円は線対称な図形で，対称の軸は直径で無数にある。
- 円は点対称な図形で，対称の中心は円の中心である。

1つの円で，弦の長さは中心角の大きさに比例しないよ。

2つの接線の長さが等しいことの証明

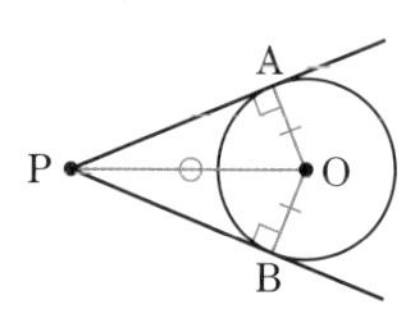

［証明］
上の図のように，点OとA，B，Pをそれぞれ結ぶ。
△PAOと△PBOにおいて，
円の接線は，接点を通る半径に垂直だから，
　∠PAO＝∠PBO＝90°　…①
共通な辺だから，
　PO＝PO　……②
OA，OBは円Oの半径だから，
　OA＝OB　……③
①，②，③より，直角三角形の斜辺と他の1辺がそれぞれ等しいから，
　△PAO≡△PBO
よって，PA＝PB

POINT

円をふくむ図形で，角の大きさを求めたり，等しい角を見つけたりするときは，円周角の定理が役立つ。

範囲　中１，中３

学習日

円周角

❶ 円周角の定理

１つの弧に対する**円周角の大きさは一定**であり，その弧に対する**中心角の大きさの半分**である。

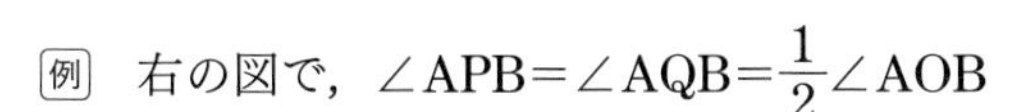

例　右の図で，$\angle APB=\angle AQB=\frac{1}{2}\angle AOB$

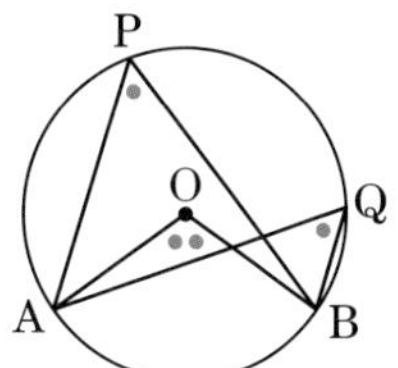

❷ 半円の弧に対する円周角

半円の弧に対する円周角は90°

例　右の図で，

$\angle APB=\angle AQB=\angle ARB=90°$

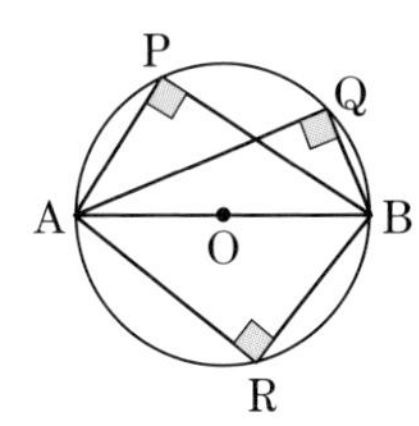

❸ 円周角の定理の逆

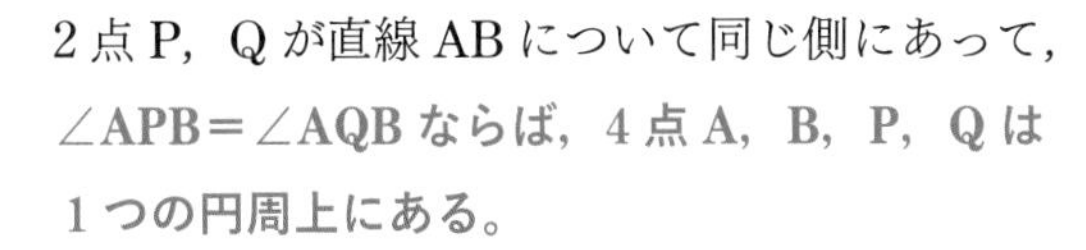

２点P，Qが直線ABについて同じ側にあって，**∠APB＝∠AQBならば，４点A，B，P，Qは１つの円周上にある。**

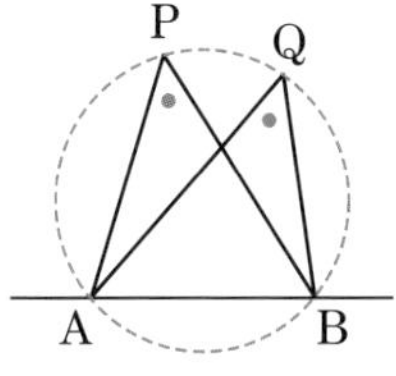

用語

下の図の円Oで，$\overset{\frown}{AB}$を除いた円周上に点Pをとるとき，∠APBを$\overset{\frown}{AB}$に対する円周角という。

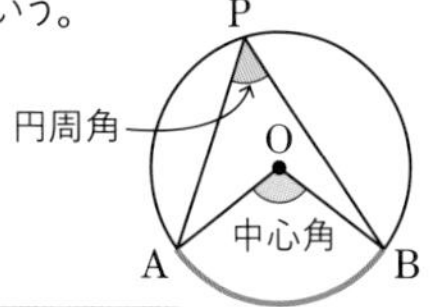

参考

円周角と弧の定理

１つの円において，

①等しい円周角に対する弧は等しい。

②等しい弧に対する円周角は等しい。

円に内接する四角形の性質

①対角の和は180°

②１つの内角は，その対角のとなりにある外角に等しい。

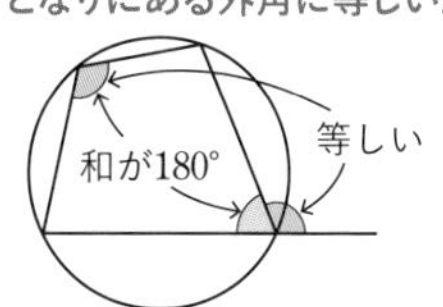

基礎力チェック問題

解答はページ下

点Oは円の中心である。

(1)　右の図で，∠APBの大きさを求めなさい。

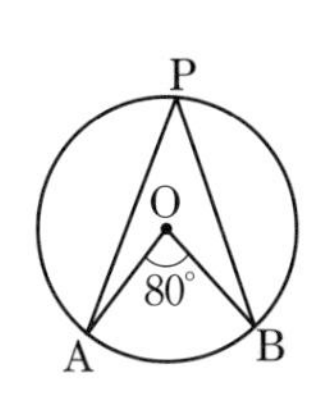

[　　　]

(2)　右の図で，∠ABDの大きさを求めなさい。

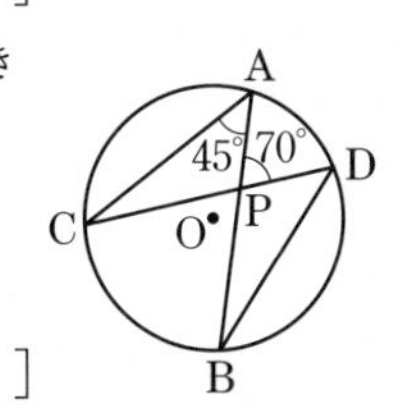

[　　　]

(3)　右の図で，

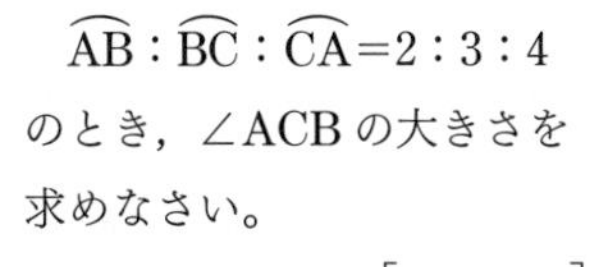

$\overset{\frown}{AB}:\overset{\frown}{BC}:\overset{\frown}{CA}=2:3:4$

のとき，∠ACBの大きさを求めなさい。

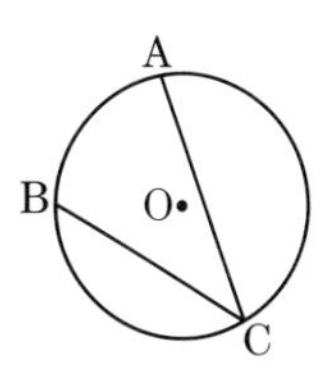

[　　　]

(4)　右の図で，∠ABDの大きさを求めなさい。

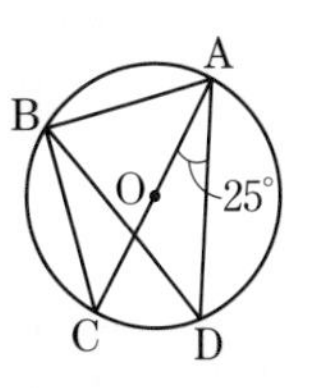

[　　　]

A　(1)40°　(2)25°　(3)40°　(4)65°

高校入試実戦力アップテスト

PART 21

円

1

円周角の定理

次の図で，$\angle x$ の大きさを求めなさい。 (7点×4)

(1) ［岩手県］

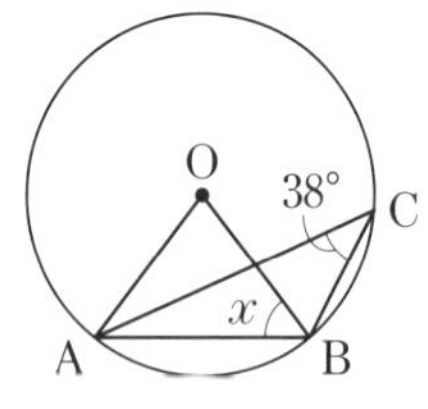

［　　　］

(2) ［神奈川県］

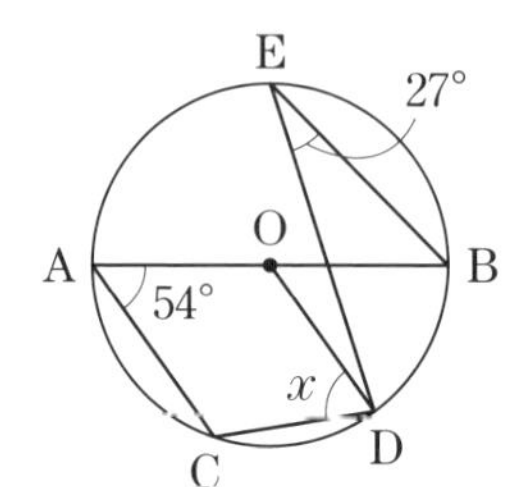

［　　　］

(3) ［群馬県］

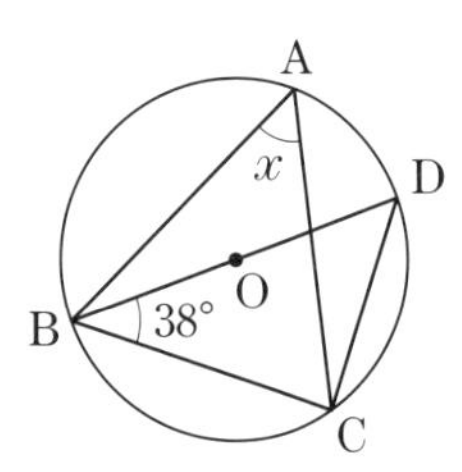

［　　　］

(4) ［京都府］

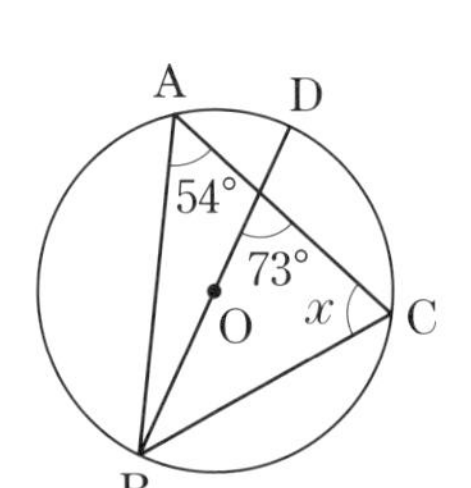

［　　　］

2

円の接線と角

右の図のように，線分 AB，CB を直径とする大小 2 つの半円があり，小さいほうの半円に点 A から接線をひき，2 つの半円との接点と交点をそれぞれ D，E とする。2 つの半円のそれぞれの中心を O，O′ とする。$\angle$AOE$=100°$ であるとき，$\angle$BDE の大きさを求めなさい。

［久留米大学附設高］（10点）

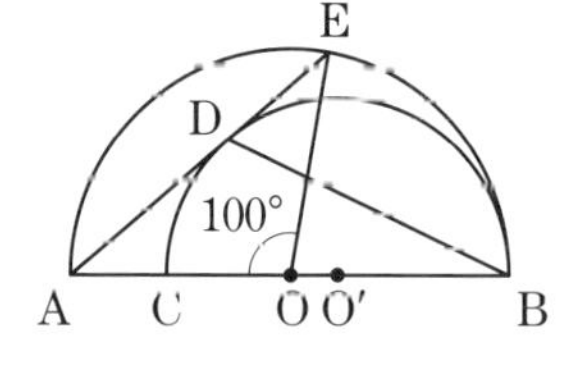

［　　　］

アドバイス ☞ 点 D と点 O′ を結ぶと，円の接線は接点を通る半径に垂直だから，$\angle$ADO′$=90°$

3

円周角の定理の逆

右の図のような四角形 ABCD があり，2 つの対角線 AC と BD の交点を E とする。$\angle$BAC$=68°$，$\angle$ACB$=52°$，$\angle$ACD$=32°$，$\angle$BEC$=100°$ であるとき，$\angle$CAD の大きさを求めなさい。

［広島大学附属高］（10点）

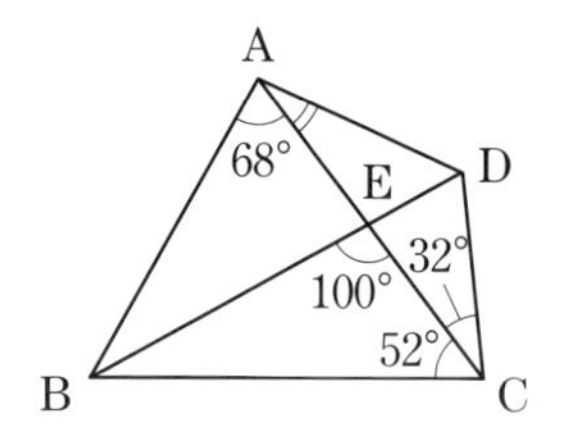

［　　　］

時間： 30 分	配点： 100 点	目標： 80 点
解答： 別冊 p.28	得点： 点	

解答：別冊 p.28

4

円と三角形の合同・相似

右の図のように，円周上に異なる点 A，B，C，D，E があり，AC＝AE，$\overset{\frown}{BC}=\overset{\frown}{DE}$ である。線分 BE と線分 AC，AD との交点をそれぞれ点 F，G とする。このとき，次の問いに答えなさい。ただし，$\overset{\frown}{BC}$，$\overset{\frown}{DE}$ は，それぞれ短いほうの弧を指すものとする。

［富山県］（(1)12点，(2)8点×2）

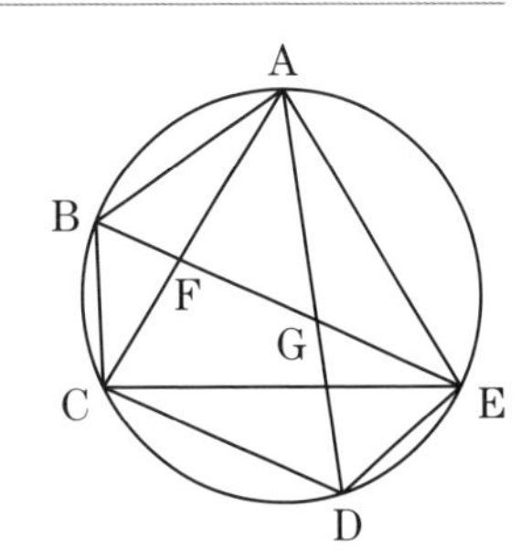

(1) △ABC≡△AGE を証明しなさい。

［証明］

［　　　　　］

(2) AB＝4 cm，AE＝6 cm，DG＝3 cm とするとき，次の問いに答えなさい。

① 線分 AF の長さを求めなさい。

［　　　　］

② △ABG と△CEF の面積比を求めなさい。

［　　　　］

アドバイス ☞ △ABG：△ACE，△CEF：△ACE をそれぞれ考える。

5

円と三角形の相似

右の図において，4 点 A，B，C，D は円 O の円周上の点であり，△ACD は AC＝AD の二等辺三角形である。また，$\overset{\frown}{BC}=\overset{\frown}{CD}$ である。$\overset{\frown}{AD}$ 上に∠ACB＝∠ACE となる点 E をとる。AC と BD との交点を F とする。このとき，次の問いに答えなさい。

［静岡県］（12点×2）

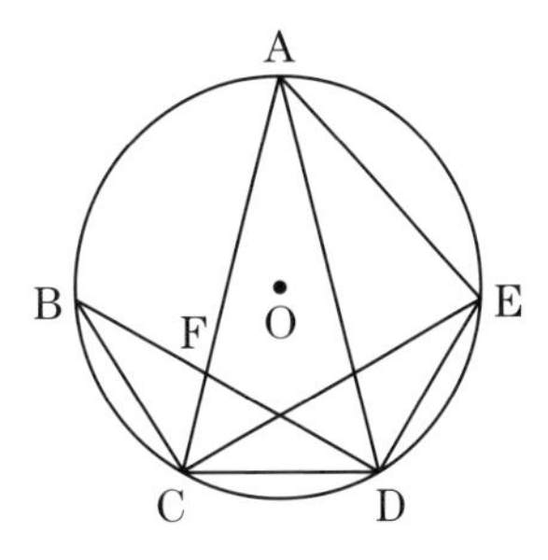

よく出る！

(1) △BCF∽△ADE であることを証明しなさい。

［証明］

［　　　　　］

ハイレベル

(2) AD＝6 cm，BC＝3 cm のとき，BF の長さを求めなさい。

［　　　　］

アドバイス ☞ △BCF∽△ADE で，相似比は，BC：AD＝3：6＝1：2

TEST

PART 22 三平方の定理①

必ず出る！要点整理

三平方の定理

❶ 三平方の定理（ピタゴラスの定理）

直角三角形の直角をはさむ2辺の長さを a, b, 斜辺の長さを c とすると，次の関係が成り立つ。

$a^2+b^2=c^2$

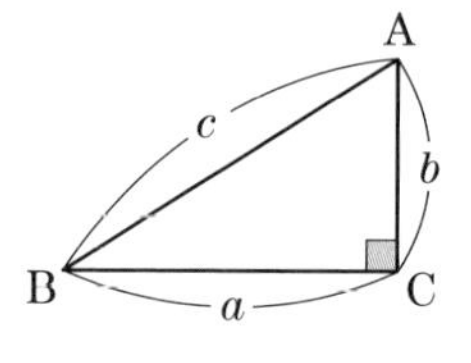

例　右の図で，x の値を求めなさい。
直角三角形ABCで，$AB^2=BC^2+AC^2$
よって，$x^2=4^2+2^2=16+4=20$
$x>0$ だから，$x=\sqrt{20}=2\sqrt{5}$

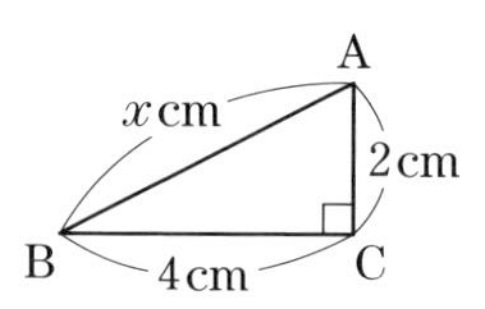

❷ 三平方の定理の逆

3辺の長さが a, b, c の三角形で，$a^2+b^2=c^2$ が成り立てば，その三角形は，**長さ c の辺を斜辺とする直角三角形である。**

特別な直角三角形の3辺の比

(1)　**3つの角が45°，45°，90°の直角二等辺三角形**

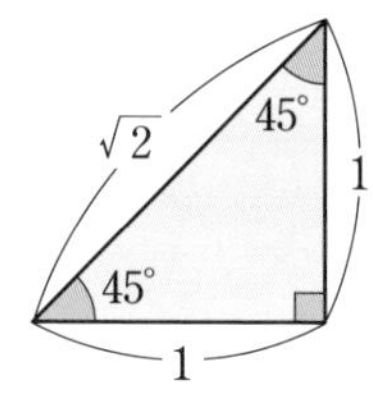

例　1辺が3 cmの正方形の対角線の長さは，$3\sqrt{2}$ cm

対角線の長さを x cm とすると，
$3:x=1:\sqrt{2}$

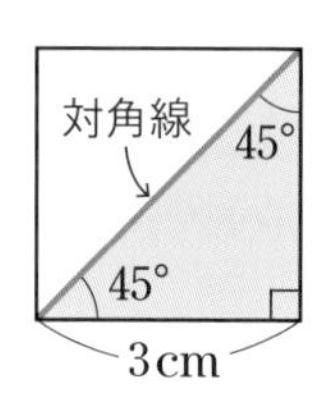

3辺の比 ➡ $1:1:\sqrt{2}$

(2)　**3つの角が30°，60°，90°の直角三角形**

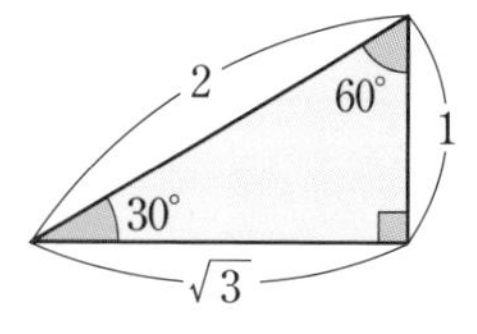

例　1辺が4 cmの正三角形の高さは，$2\sqrt{3}$ cm

高さを x cm とすると，
$2:x=1:\sqrt{3}$

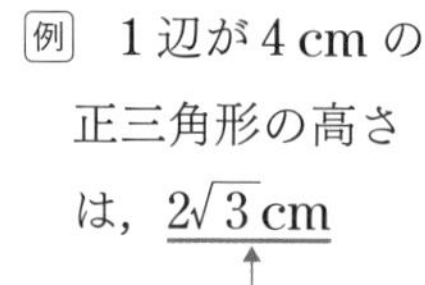
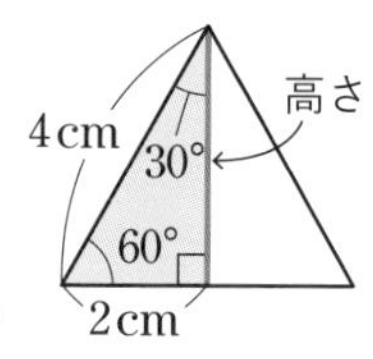

3辺の比 ➡ $2:1:\sqrt{3}$

3辺の比が整数になる直角三角形

●3：4：5

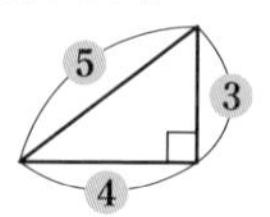

●5：12：13

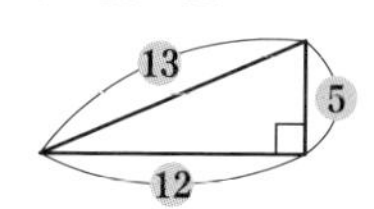

●8：15：17

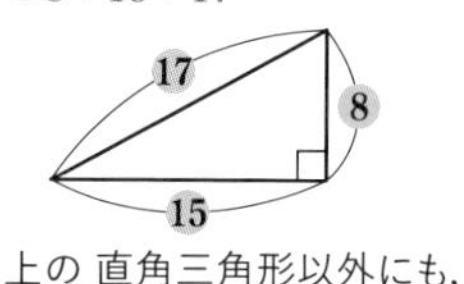

上の直角三角形以外にも，
7：24：25，20：21：29
などがある。
このように，$a^2+b^2=c^2$ という関係が成り立つ3つの自然数の組を**ピタゴラス数**という。

参考

正三角形の高さと面積

1辺の長さが a の正三角形の高さを h，面積を S とすると，

$h=\frac{\sqrt{3}}{2}a$

$S=\frac{\sqrt{3}}{4}a^2$

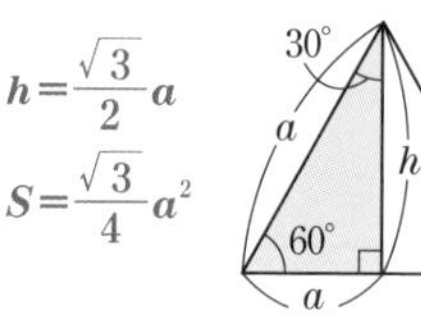

POINT

図の中に直角三角形を見つけて，三平方の定理を利用。
または，補助線をひいて直角三角形を作ろう！

範囲 中3

学習日 /

平面図形への応用

(1) 長方形の対角線の長さ

2辺の長さが a，b の長方形の対角線の長さを ℓ とすると，

$\ell=\sqrt{a^2+b^2}$

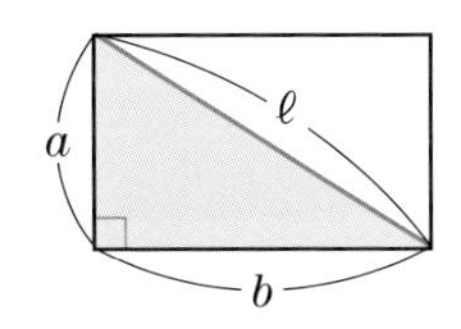

(2) 2点間の距離

2点 P$(x_1,\ y_1)$，Q$(x_2,\ y_2)$ 間の距離を d とすると，

$d=\sqrt{(x_2-x_1)^2+(y_2-y_1)^2}$

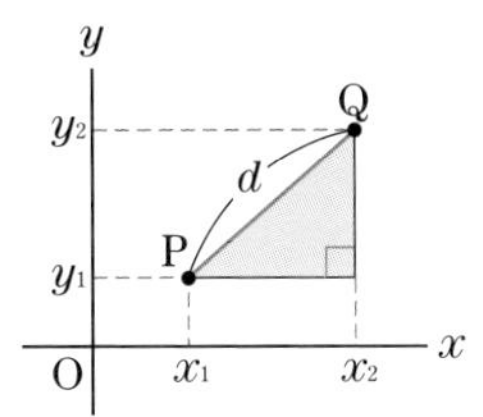

(3) 弦の長さ

半径 r の円で，中心からの距離が d であるような弦の長さを ℓ とすると，

$\ell=2\sqrt{r^2-d^2}$

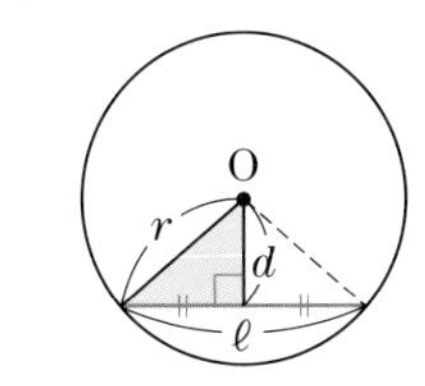

(4) 接線の長さ

円Oの外部の点Pから，この円にひいた接線PAの長さは，

$PA=\sqrt{OP^2-OA^2}$

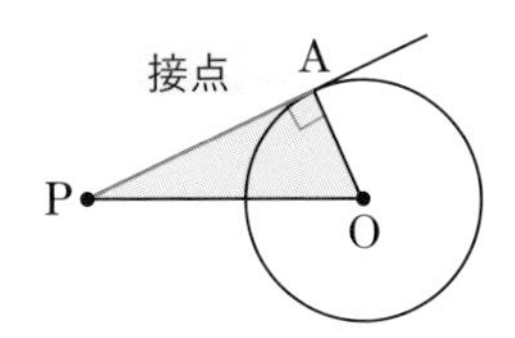

くわしく！

三平方の定理と方程式

例　下の図のように，長方形ABCDの辺BC上に点Eをとり，頂点Aが点Eに重なるように折り曲げ，折り目をFGとする。このとき，線分EFの長さを求める。

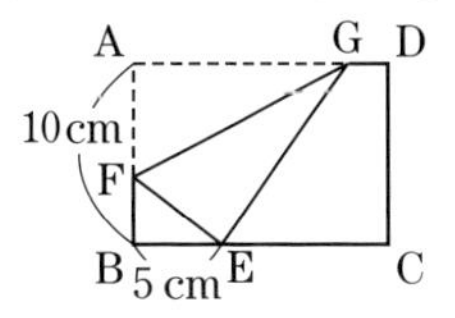

EF$=x$ cmとする。
△EFGは△AFGを折り返したものだから，
AF=EF$=x$ cmより，
FB=AB−AF$=10-x$(cm)
直角三角形FBEで，三平方の定理より，
$FB^2+BE^2=EF^2$
よって，$(10-x)^2+5^2=x^2$
これを解いて，
$100-20x+x^2+25=x^2$，
$-20x=-125$，$x=\frac{125}{20}=\frac{25}{4}$

よって，EF$=\frac{25}{4}$cm

基礎力チェック問題

解答はページ下

(1) 右の図の直角三角形で，x の値を求めなさい。

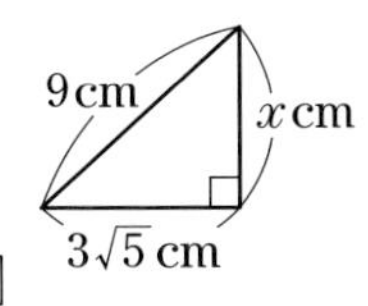
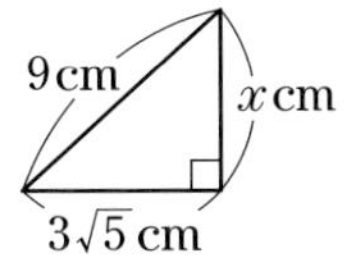

[　　　]

(2) 次の長さを3辺とする三角形のうち，直角三角形はどれか。記号で答えなさい。

ア　4 cm，6 cm，8 cm
イ　10cm，24cm，26cm
ウ　4 cm，8 cm，$4\sqrt{2}$ cm
エ　6 cm，$2\sqrt{3}$ cm，$2\sqrt{6}$ cm　　[　　　]

(3) 斜辺の長さが $6\sqrt{2}$ cmの直角二等辺三角形の面積を求めなさい。

[　　　]

(4) 1辺の長さが8 cmの正三角形の高さと面積を求めなさい。

高さ[　　　]
面積[　　　]

(5) 2点(3, −1), (−2, 4)間の距離を求めなさい。

[　　　]

A。(1)$x=6$　(2)イ，エ　(3)18 cm^2　(4)高さ…$4\sqrt{3}$ cm，面積…$16\sqrt{3}$ cm^2　(5)$5\sqrt{2}$

高校入試実戦力アップテスト

PART 22

三平方の定理①

1

三平方の定理

次の問いに答えなさい。 ((1)5点×2, (2)〜(6)8点×5)

(1) 次の図で，x の値を求めなさい。

①

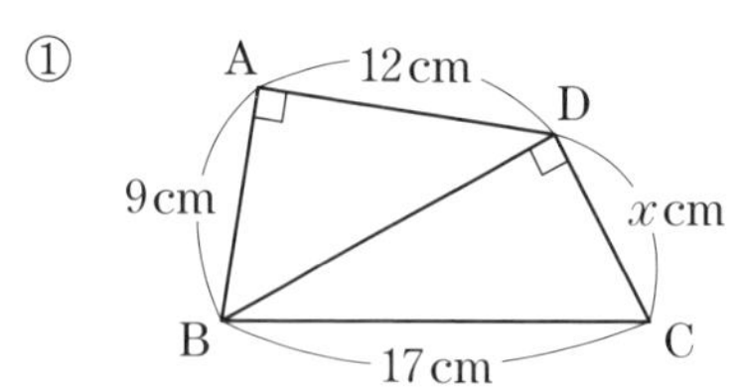

[　　　　]

②

A
6 cm
x cm
B
D
C
2 cm
7 cm

[　　　　]

(2) 右の図のように，1 辺の長さが 3 cm の正方形 ABCD と，1 辺の長さが 5 cm の正方形 ECFG があり，点 D は辺 EC 上にある。7 つの点 A，B，C，D，E，F，G から 2 点を選び，その 2 点を結んでできる線分の中で，長さが $\sqrt{73}$ cm になるものを答えなさい。 ［広島県］

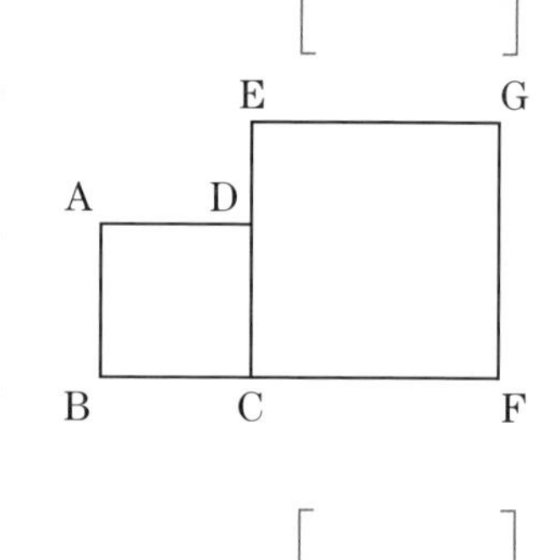

[　　　　]

(3) 2 点 A(3，−2)，B(9，7)間の距離を求めなさい。

[　　　　]

ミス注意 (4) 周囲の長さが 42 cm，対角線の長さが 15 cm の長方形がある。この長方形の縦の長さを求めなさい。ただし，縦の長さは横の長さよりも短いものとする。

[　　　　]

(5) 半径 8 cm の円 O で，中心 O から 4 cm の距離にある弦 AB の長さを求めなさい。

[　　　　]

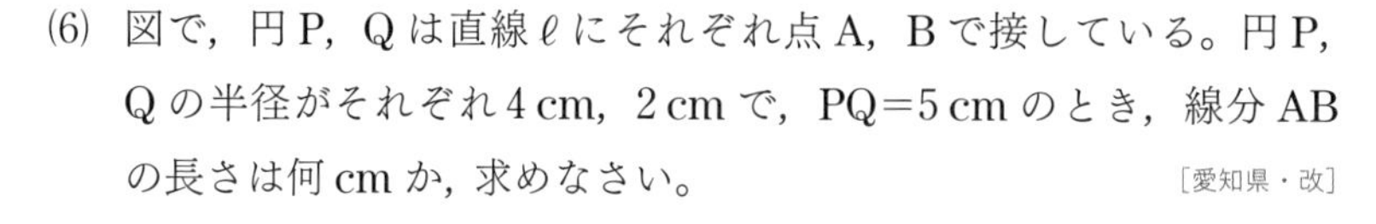

(6) 図で，円 P，Q は直線 ℓ にそれぞれ点 A，B で接している。円 P，Q の半径がそれぞれ 4 cm，2 cm で，PQ=5 cm のとき，線分 AB の長さは何 cm か，求めなさい。 ［愛知県・改］

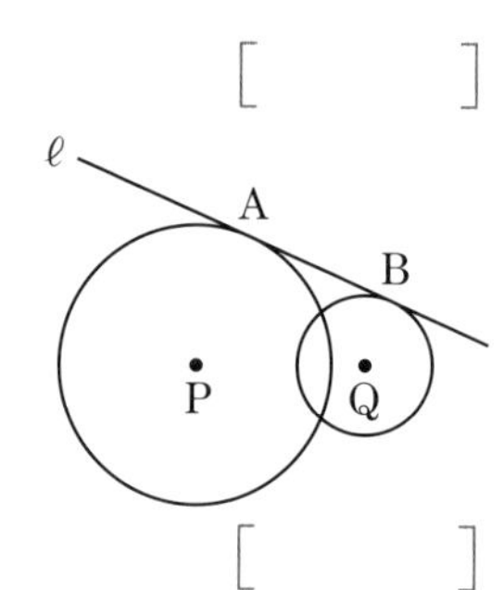

[　　　　]

時間： 30 分	配点： 100 点	目標： 80 点
解答： 別冊 p.30	得点： 点	

2 三平方の定理の逆

次の長さを3辺とする三角形のうち，直角三角形を，ア～オから2つ選びなさい。 ［北海道］ (10点)

ア 2 cm，7 cm，8 cm　　**イ** 3 cm，4 cm，5 cm

ウ 3 cm，5 cm，$\sqrt{30}$ cm　　**エ** $\sqrt{2}$ cm，$\sqrt{3}$ cm，3 cm

オ $\sqrt{3}$ cm，$\sqrt{7}$ cm，$\sqrt{10}$ cm

［　　　］

3 特別な直角三角形の3辺の比

次の問いに答えなさい。 (8点×2)

(1) 右の図の三角形の面積を求めなさい。 ［桐蔭学園高］

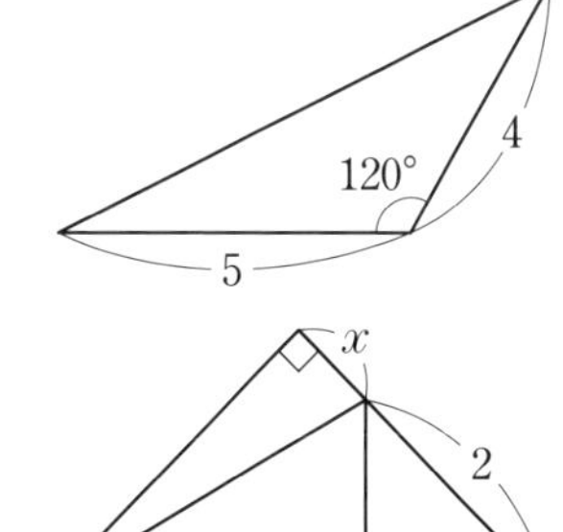

［　　　］

よく出る！

(2) 右の図の x の値を求めなさい。 ［東海大附属浦安高］

［　　　］

4 三平方の定理と方程式

ハイレベル

右の図のような，1辺の長さが8の正方形ABCDがある。辺CDの中点をMとし，線分AMに関する点Dの対称点をD′とする。辺BC上の点Nについて，線分ANに関する点Bの対称点がD′と一致するとき，線分BNの長さを求めなさい。 ［久留米大学附設高］ (12点)

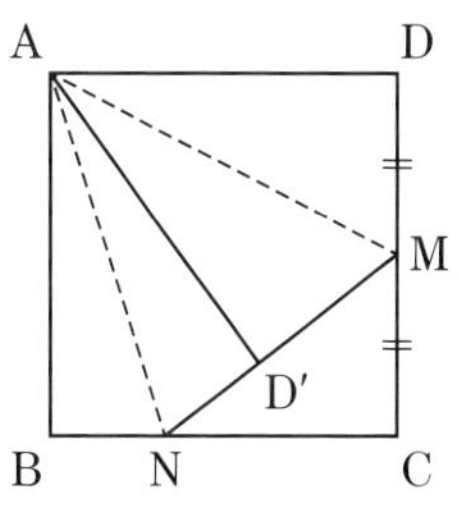

［　　　］

アドバイス ☞ BN=x とおいて，MN，NC の長さをそれぞれ x を使って表す。

5 円と三平方の定理

右の図のような，四角形ABCDがあり，辺DA，AB，BC，CDは，それぞれ点P，Q，R，Sで円Oに接している。
∠ABC=∠BCD=90°，BC=12 cm，DS=3 cm のとき，線分AOの長さを求めなさい。 ［秋田県］ (12点)

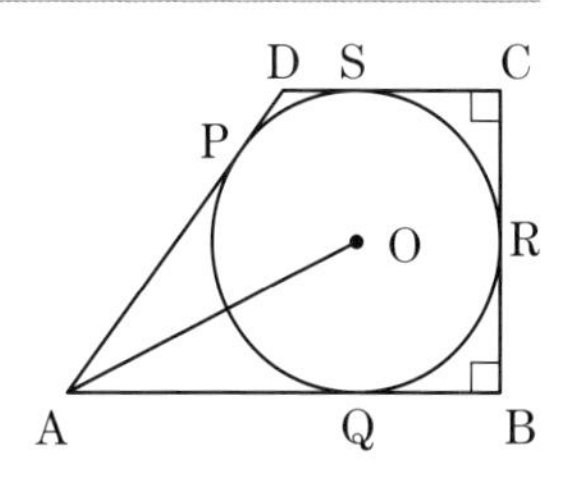

［　　　］

TEST

23 三平方の定理②

必ず出る！ 要点整理

対角線の長さ

(1) **直方体の対角線**

3辺の長さが a, b, c の直方体の対角線の長さを ℓ とすると，

$\ell=\sqrt{a^2+b^2+c^2}$

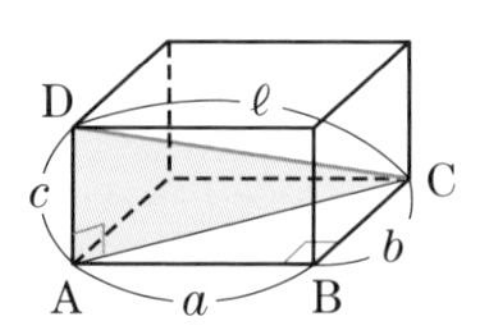

(2) **立方体の対角線**

1辺の長さが a の立方体の対角線の長さを ℓ とすると，

$\ell=\sqrt{a^2+a^2+a^2}=\sqrt{3}a$

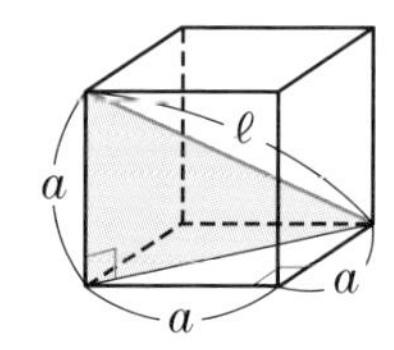

くわしく！

直方体の対角線の求め方

左の図の直角三角形 ABC で，
$AC^2=AB^2+BC^2$
$=a^2+b^2$ ……①
直角三角形 ACD で，
$DC^2=AC^2+AD^2$
$=AC^2+c^2$ ……②
①，②より，
$DC^2=a^2+b^2+c^2$
DC>0 だから，
$DC=\sqrt{a^2+b^2+c^2}$

角錐・円錐への応用

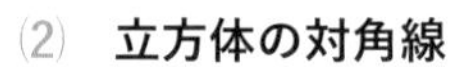

❶ 正四角錐の計量

例 右の図の正四角錐の表面積と体積を求める。

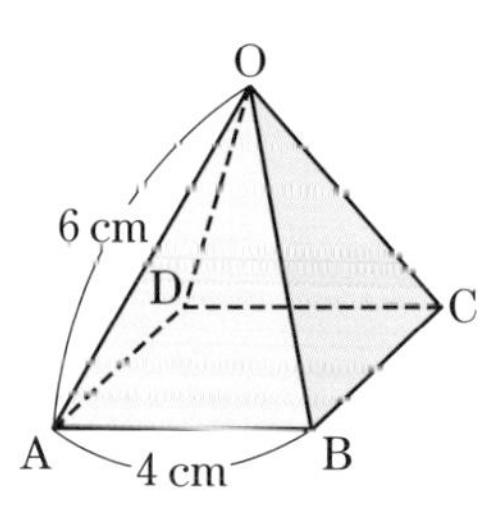

● **表面積**

頂点 O から辺 AB に垂線 OE をひき，直角三角形 OAE で三平方の定理を利用する。

$OE=\sqrt{OA^2-AE^2}=\sqrt{6^2-2^2}=4\sqrt{2}$ (cm)

$\triangle OAB=\frac{1}{2}\times4\times4\sqrt{2}=8\sqrt{2}$ (cm^2)

よって，$8\sqrt{2}\times4+4\times4=32\sqrt{2}+16$ (cm^2)
（$8\sqrt{2}\times4$：側面積，4×4：底面積）

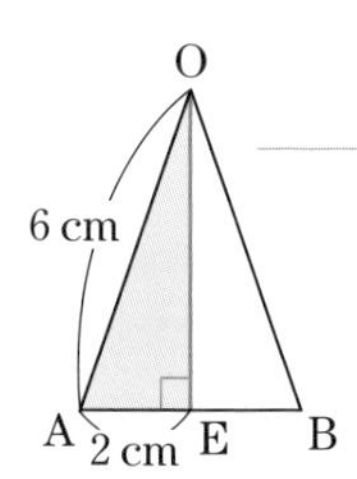

くわしく！

正四角錐の側面

正四角錐の側面は，すべて合同な二等辺三角形で，その数は底面の辺の数に等しく4つである。

● **体積**

頂点 O から底面 ABCD に垂線 OH をひき，直角三角形 OAH で三平方の定理を利用する。

$AC=4\sqrt{2}$ cm だから，$AH=2\sqrt{2}$ cm

$OH=\sqrt{OA^2-AH^2}=\sqrt{6^2-(2\sqrt{2})^2}$
$=2\sqrt{7}$ (cm)

よって，$\frac{1}{3}\times4\times4\times2\sqrt{7}=\frac{32\sqrt{7}}{3}$ (cm^3)

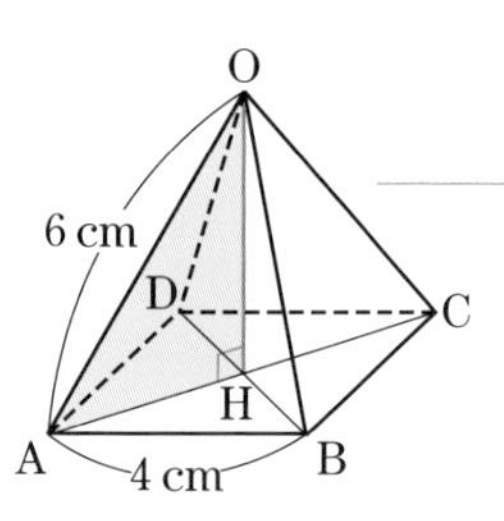

くわしく！

頂点から底面にひいた垂線

正四角錐の頂点から底面にひいた垂線は，底面の正方形の対角線の交点を通る。

POINT 空間図形の場合も，平面図形と同じように，
立体の中に直角三角形を見つけて，三平方の定理を利用。

範囲 中3

学習日 /

② 円錐の計量

底面の円の半径がr，母線の長さがℓの円錐の高さをhとすると，

$h=\sqrt{\ell^2-r^2}$

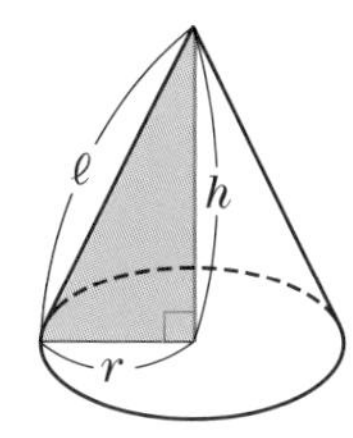

参考

円錐の表面積

底面の円の半径がr，母線の長さがℓの円錐の表面積は，

$\underbrace{\frac{1}{2}\times 2\pi r\times \ell}_{\text{側面積}}+\underbrace{\pi r^2}_{\text{底面積}}$

$=\pi r\ell+\pi r^2$

このように，円錐では，底面の円の半径と母線の長さがわかれば，表面積が求められる。

立体の表面を通る糸の最短の長さ

例　右の図のように，直方体の頂点Aから辺BF，CGを通りHまで糸をかける。糸の長さが最も短くなるとき，その長さを求める。

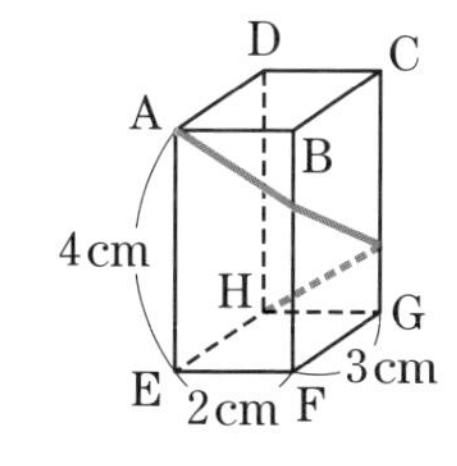

側面の展開図の一部は，右の図のようになる。**この展開図上で，糸の最短の長さは，線分AHで表される。**

直角三角形AEHで，

$AH=\sqrt{4^2+(2+3+2)^2}=\sqrt{65}$(cm)

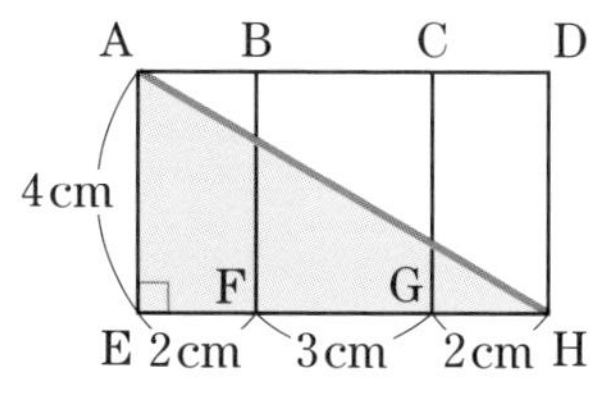

例　底面の円の半径が3 cm，母線の長さが5 cmの円錐の高さと体積を求める。

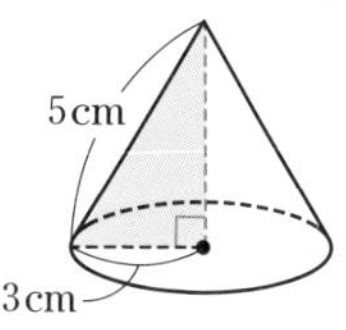

高さは，

$\sqrt{5^2-3^2}=\sqrt{16}=4$(cm)

体積は，

$\frac{1}{3}\pi\times 3^2\times 4=12\pi$(cm^3)

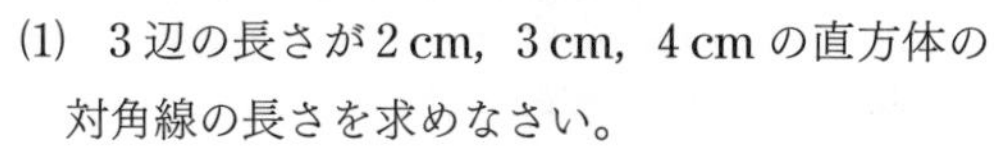

解答はページ下

(1)　3辺の長さが2 cm，3 cm，4 cmの直方体の対角線の長さを求めなさい。

[　　　]

(2)　1辺の長さが5 cmの立方体の対角線の長さを求めなさい。

[　　　]

(3)　底面の円の半径が5 cmで，母線の長さが13 cmの円錐について，次の問いに答えなさい。

①　高さを求めなさい。　[　　　]

②　体積を求めなさい。　[　　　]

(4)　右の図の正四角錐について，次の問いに答えなさい。

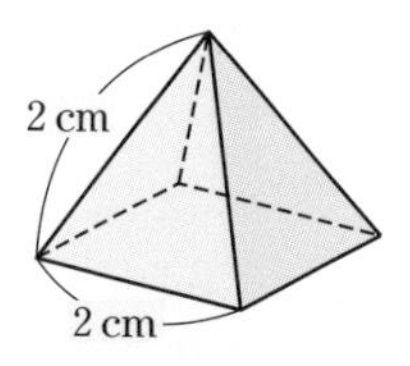

①　表面積を求めなさい。

[　　　]

②　高さを求めなさい。

[　　　]

③　体積を求めなさい。

[　　　]

A。(1)$\sqrt{29}$ cm　(2)$5\sqrt{3}$ cm　(3)①12 cm　②$100\pi$ cm^3　(4)①$(4\sqrt{3}+4)$cm^2　②$\sqrt{2}$ cm　③$\frac{4\sqrt{2}}{3}$cm^3

高校入試実戦力アップテスト

三平方の定理②

1

直方体と三平方の定理

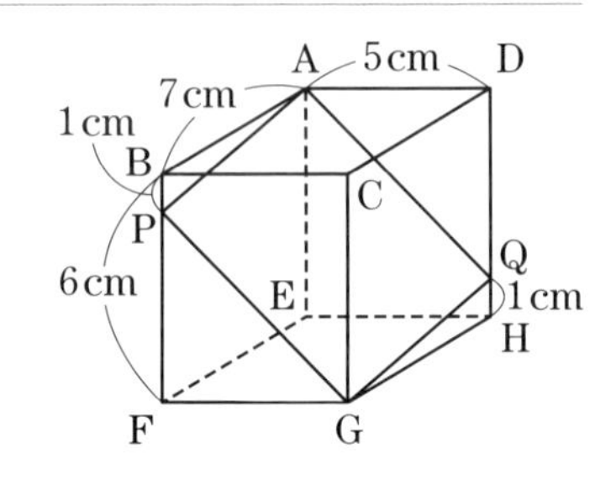

右の図は，AB＝7 cm，AD＝5 cm，BF＝6 cm の直方体 ABCD－EFGH である。辺 BF，DH 上にそれぞれ点 P，Q を，BP＝HQ＝1 cm となるようにとる。この直方体を，4 点 A，P，G，Q を通る平面で切ると，切り口はひし形になる。このとき，次の問いに答えなさい。 ［岩手県］（10点×2）

(1) AP の長さを求めなさい。

［　　　］

(2) ひし形 APGQ の面積を求めなさい。

［　　　］

2

立体の表面を通る糸の最短の長さ

図 I の直方体 ABCD－EFGH は，AB＝2 m，AD＝4 m，AE＝3 m である。次の問いに答えなさい。 ［群馬県］（(1)10点，(2)10点×2）

図 I

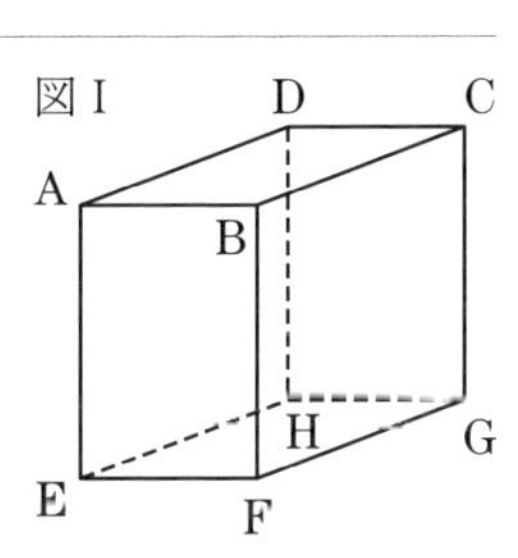

(1) この直方体の対角線 AG の長さを求めなさい。

［　　　］

(2) 図 I の直方体の面に沿って，図IIのように点 A から点 G まで次のア，イの 2 通りの方法で糸をかける。

ア　点 A から辺 BC 上の 1 点を通って点 G までかける。

イ　点 A から辺 BF 上の 1 点を通って点 G までかける。

次の問いに答えなさい。

図II

よく出る！ ① ア，イの方法のそれぞれにおいて，糸の長さが最も短くなるように糸をかける。かけた糸の長さが短いほうをア，イから選び，記号で答えなさい。また，そのときの点 A から点 G までの糸の長さを求めなさい。

［　　　］

② ア，イの方法のそれぞれにおいて，糸の長さが最も短くなるように糸をかけたときに，かけた糸の長さが長いほうを考える。そのかけた糸が面 BFGC を通る直線を ℓ とするとき，点 C と直線 ℓ との距離を求めなさい。

［　　　］

時間： 30 分	配点： 100 点	目標： 80 点
解答： 別冊 p.31	得点： 点	

3

円錐と三平方の定理

次の問いに答えなさい。 (10点×2)

(1) 右の図は，底面の半径が 3 cm，側面になるおうぎ形の半径が 5 cm の円錐の展開図である。これを組み立ててできる円錐の体積を求めなさい。
［大分県］

［　　　］

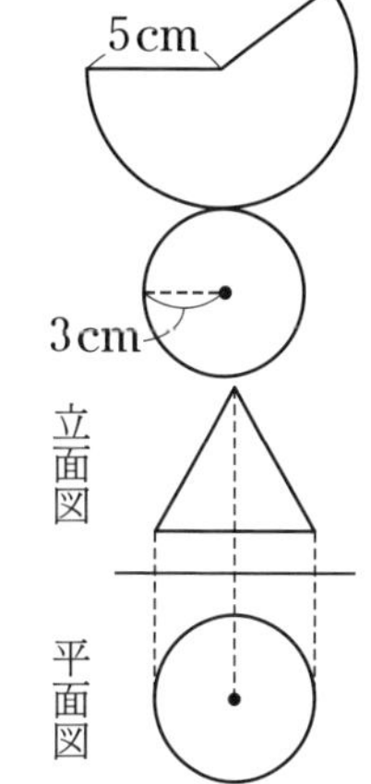

(2) 右の図は，円錐の投影図である。この円錐の立面図は 1 辺の長さが 6 cm の正三角形である。このとき，この円錐の体積を求めなさい。［和歌山県］

［　　　］

TEST

4

正四角錐と三平方の定理

右の図のように，1 辺の長さが 6 cm の正方形を底面とし，AB＝AC＝AD＝AE＝6 cm の正四角錐 ABCDE がある。辺 AC 上に∠BPC＝90° となる点 P をとり，辺 AB 上に∠BQP＝90° となる点 Q をとる。また，点 Q から △APE にひいた垂線と，△APE との交点を H とする。このとき，次の問いに答えなさい。

［新潟県］ ((1)5点×2，(2)10点，(5)5点×2)

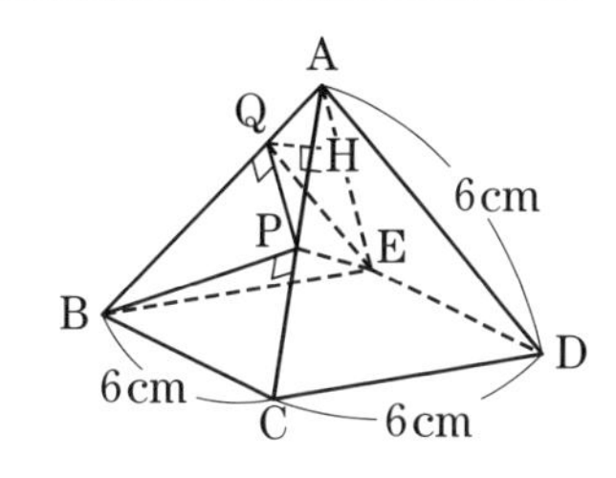

(1) 次の①，②の問いに答えなさい。

① 線分 BP の長さを答えなさい。

［　　　］

② △ABC の面積を答えなさい。

［　　　］

(2) 線分 AQ の長さを求めなさい。

［　　　］

(3) 次の①，②の問いに答えなさい。

① 線分 QH の長さを求めなさい。

［　　　］

ハイレベル ② 四面体 APEQ の体積を求めなさい。

［　　　］

アドバイス ☞ **四面体 APEQ の体積＝$\frac{1}{3}$×△APE×QH**

PART 24 確　率

必ず出る！ 要点整理

確率の求め方

重要！

起こりうるすべての場合が全部でn通りあり，そのどれが起こることも同様に確からしいとする。
そのうち，ことがらAが起こる場合の数がa通りあるとき，

Aの起こる確率p ➡ $p=\frac{a}{n}$

例　ジョーカーを除く52枚のトランプから1枚ひくとき，ハートのカードをひく確率を求める。
①カードのひき方は全部で52通り。
②どのカードをひくことも同様に確からしいといえる。
③ハートのカードのひき方は13通り。
④よって，ハートのカードをひく確率は，$\frac{13}{52}=\frac{1}{4}$

確率の性質

❶ 確率の範囲

(1)　ことがらAが必ず起こるとき ➡ **Aの起こる確率は1**
　　ことがらAが決して起こらないとき ➡ **Aの起こる確率は0**
(2)　Aの起こる確率をpとするとき，pの値の範囲は，$0 \leqq p \leqq 1$

❷ 起こらない確率

重要！

Aの起こる確率をpとすると，**Aの起こらない確率$=1-p$**

例　ジョーカーを除く52枚のトランプから1枚ひくとき，エース以外のカードをひく確率を求める。

エースのカードをひく確率は，$\frac{4}{52}=\frac{1}{13}$

エース以外のカードをひく確率＝1－エースのカードをひく確率
だから，エース以外のカードをひく確率は，

$1-\frac{1}{13}=\frac{12}{13}$

用語

場合の数
あることがらの起こり方が全部でn通りあるとき，nをそのことがらの起こる場合の数という。

確率
あることがらの起こることが期待される程度を表す数を，そのことがらの起こる確率という。

同様に確からしい
起こる場合の1つ1つについて，**そのどれが起こることも同じ程度に期待できるとき**，どの結果が起こることも同様に確からしいという。

くわしく！

1から6の目が出る1つのさいころを投げるとき，
●1，2，3，4，5，6の目が出る確率は，$\frac{6}{6}=1$
●7の目が出る確率は，$\frac{0}{6}=0$

7の目はないから，出ることはない！

くわしく！

①カードのひき方は全部で52通り。
②どのカードをひくことも同様に確からしいといえる。
③エースのひき方は4通り。

POINT

場合の数をもれなく，重なりなく数え上げるには，樹形図や表を利用。

範囲 中2

学習日 /

いろいろな場合の数の求め方

場合の数を求めるときは，**樹形図**（(1)，(2)）や**表**，**図**（(3)，(4)）を**利用**して，もれなく，重なりなく数え上げる。

(1) 並べ方の場合の数

例 A，B，Cの3人の並び方の場合の数は6通り。

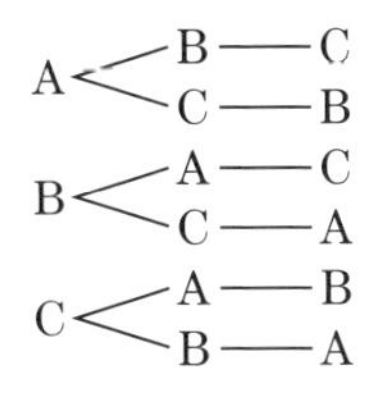

(2) 3枚の硬貨の表と裏の出方

例 3枚の硬貨A，B，Cの表と裏の出方は8通り。

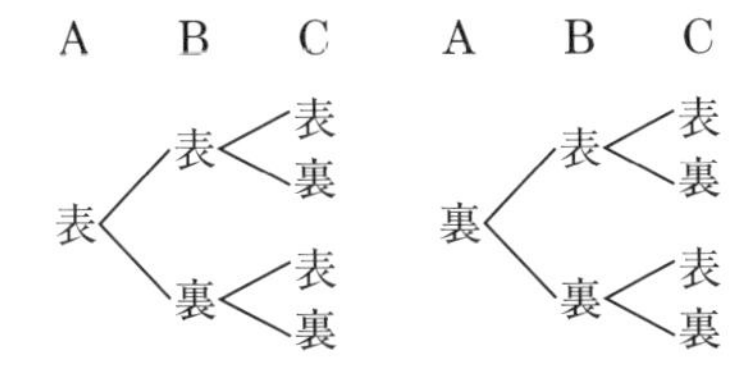

(3) さいころの目の出方

例 大小2つのさいころの目の出方は，6×6＝36（通り）

目の和が5になるのは，下の表の○の数で4通り。

大＼小	1	2	3	4	5	6
1				○		
2			○			
3		○				
4	○					
5						
6						

(4) 組み合わせの場合の数

例 A，B，C，Dの4人から2人を選ぶ選び方は，

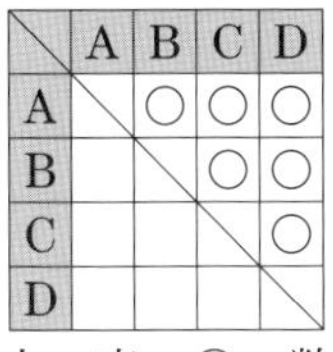

	A	B	C	D
A	＼	○	○	○
B		＼	○	○
C			＼	○
D				＼

上の表の○の数で6通り。

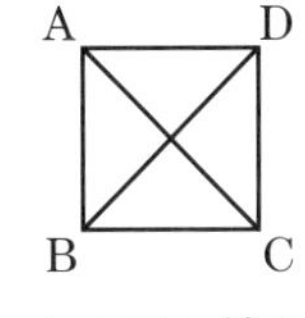

上の図の線分の数で6通り。

参考

n 枚の硬貨の表裏の出方

n 枚の硬貨を投げたとき，表裏の出方は全部で，2^n 通り。

例 4枚の硬貨を投げたときの硬貨の表裏の出方は全部で，
$2^4=2\times2\times2\times2=16$(通り)

n 個のさいころの目の出方

n 個のさいころを投げたとき，さいころの目の出方は全部で，6^n 通り。

例 3つのさいころを投げたときのさいころの目の出方は全部で，
$6^3=6\times6\times6=216$(通り)

注意

AとAのような同じ人どうしの組み合わせはないので，斜線で消す。

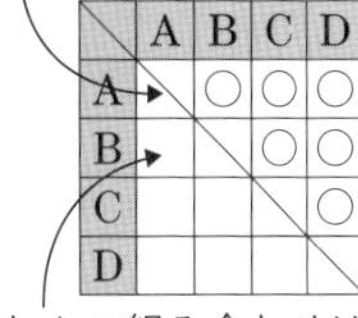

	A	B	C	D
A	＼	○	○	○
B		＼	○	○
C			＼	○
D				＼

BとAの組み合わせは，AとBの組み合わせと同じなので○は書かない。

Q. 基礎力チェック問題

解答はページ下

(1) 1から20まで番号が書かれた20枚のカードをよくきって，1枚を取り出すとき，4の倍数が出る確率を求めなさい。

［　　　］

(2) 3枚の硬貨を同時に投げるとき，次の確率を求めなさい。

① 3枚とも表が出る確率。

［　　　］

② 2枚が表，1枚が裏が出る確率。

［　　　］

(3) 大小2つのさいころを同時に投げるとき，次の確率を求めなさい。

① 目の数が同じになる確率。

［　　　］

② 目の数の和が4になる確率。

［　　　］

(4) 袋の中に，赤玉が2個，白玉が3個入っている。この中から同時に2個の玉を取り出すとき，赤玉を1個，白玉を1個取り出す確率を求めなさい。

［　　　］

A. (1) $\frac{1}{4}$ (2)① $\frac{1}{8}$ ② $\frac{3}{8}$ (3)① $\frac{1}{6}$ ② $\frac{1}{12}$ (4) $\frac{3}{5}$

高校入試実戦力アップテスト

PART 24

確　率

くじのひき方，硬貨の表裏の出方，じゃんけんの手の出し方，さいころの目の出方，玉やカードの取り出し方など，どれも同様に確からしいとする。

1

くじ・硬貨・じゃんけんの確率

次の問いに答えなさい。 (8点×3)

ミス注意 (1) 箱の中に4本のくじがあり，そのうち3本が当たりくじである。箱の中から，Aさんが1本ひく。ひいたくじを箱の中にもどした後，同様にBさんが1本ひく。このとき，2人とも当たりくじをひく確率を求めなさい。 [山梨県]

[　　　]

よく出る! (2) 3枚の硬貨を同時に投げるとき，少なくとも1枚は表となる確率を求めなさい。 [岡山県]

[　　　]

(3) 2人でじゃんけんをしたとき，2人の出した手の指の本数の合計が奇数になる確率を求めなさい。ただし，出した手の指の本数は，グーの場合0本，チョキの場合2本，パーの場合5本とする。 [近畿大学附属高]

[　　　]

2

さいころの確率

1から6までの目が出る大小1つずつのさいころを同時に1回投げ，大きいさいころの出た目の数を a，小さいさいころの出た目の数を b とする。 (7点×4)

よく出る! (1) 和 $a+b$ の値が8である確率を求めなさい。 [大阪府・改]

[　　　]

(2) 積 $a\times b$ の値が25以下となる確率を求めなさい。 [新潟県・改]

[　　　]

(3) $\dfrac{\sqrt{ab}}{2}$ の値が有理数となる確率を求めなさい。 [千葉県・改]

[　　　]

(4) $\dfrac{a}{b}$ の値が $\dfrac{1}{3}\leqq\dfrac{a}{b}\leqq 3$ になる確率を求めなさい。 [20 埼玉県・改]

アドバイス ☞ まず，$\dfrac{a}{b}<\dfrac{1}{3}$ と $\dfrac{a}{b}>3$ となる a，b の値の組の数を求めるとよい。

[　　　]

時間： 30 分	配点： 100 点	目標： 80 点
解答： 別冊 p.33	得点： 点	

3

カード・玉の取り出し方の確率

次の問いに答えなさい。 (10点×3)

(1) 1から5までの数字を1つずつ書いた5枚のカード 1 2 3 4 5 が，袋の中に入っている。この袋の中からカードを1枚取り出して，そのカードの数字を十の位の数とし，残った4枚のカードから1枚取り出して，そのカードの数字を一の位の数として，2けたの整数をつくる。このとき，つくった整数が偶数になる確率を求めなさい。 [岐阜県]

[　　　　]

(2) 1，2，4の数字が1つずつ書かれた3枚のカードが入っている箱Aと，1，2，3，5，5の数字が1つずつ書かれた5枚のカードが入っている箱Bがある。2つの箱A，Bから同時にそれぞれ1枚のカードを取り出す。このとき，取り出したカードに書かれた2つの数の平均値が自然数となる確率を求めなさい。 [東京都立青山高]

[　　　　]

(3) 右の図のように，Aの箱の中には，赤玉1個と白玉1個，Bの箱の中には，赤玉2個と白玉1個，Cの箱の中には，赤玉1個と白玉2個が，それぞれ入っている。A，B，Cの箱の中から，それぞれ玉を1個ずつ取り出すとき，少なくとも1個は白玉が出る確率を求めなさい。 [山形県]

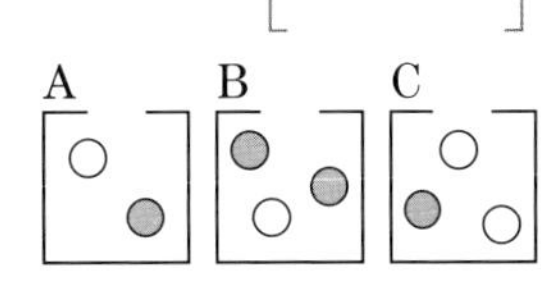

[　　　　]

4

図形と確率

右の図のように，縦，横が等しい間隔の座標平面上に2点A(6，0)，B(6，6)がある。大小2つのさいころを同時に1回投げるとき，大きいさいころの目をa，小さいさいころの目をbとし，点Pの座標を(a，b)とする。例えば，右の図の点Pは，大きいさいころの目が2，小さいさいころの目が4のときを表したものである。このとき，次の問いに答えなさい。 [富山県] (6点×3)

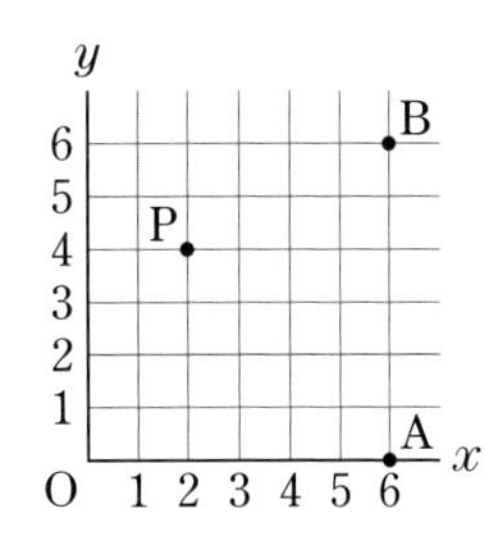

(1) 点Pが線分OB上にある確率を求めなさい。

[　　　　]

(2) △OAPが直角二等辺三角形となる確率を求めなさい。

[　　　　]

(3) 線分OPの長さが4以下となる確率を求めなさい。

[　　　　]

TEST

25 データの活用と標本調査

必ず出る！要点整理

データの整理と分析

❶ 累積度数とヒストグラム

(1) **累積度数**…最初の階級からその階級までの度数の合計。

重要！

(2) **相対度数**$=\dfrac{\text{その階級の度数}}{\text{度数の合計}}$

例　10 m 以上 14 m 未満の階級の相対度数は，$\dfrac{2}{25}=0.08$

(3) **累積相対度数**…最初の階級からその階級までの相対度数の合計。

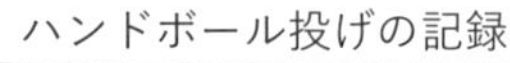

階級(m)	度数(人)	累積度数(人)
以上　未満 10 ～ 14	2	2
14 ～ 18	5	7
18 ～ 22	8	15
22 ～ 26	6	21
26 ～ 30	4	25
計	25	

(4) **ヒストグラム(柱状グラフ)**
…階級の幅を横，度数を縦とする長方形を順にかいて，度数の分布のようすを表したグラフ。

(5) **度数折れ線(度数分布多角形)**
…ヒストグラムの各長方形の上の辺の中点を順に線分で結んでできた折れ線。

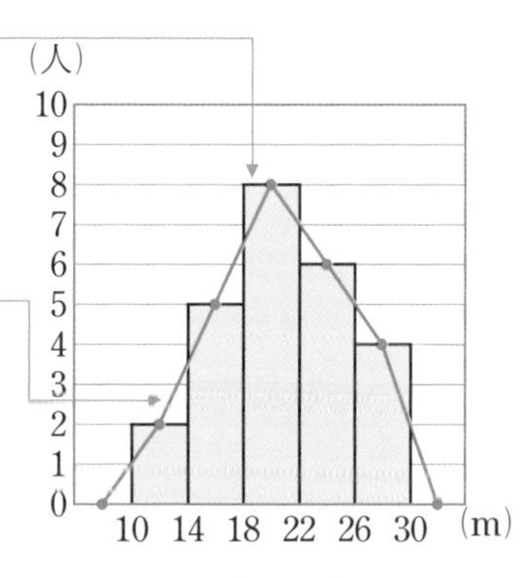

❷ 代表値

(1) 度数分布表から平均値を求める方法

平均値$=\dfrac{\text{(階級値×度数)の合計}}{\text{度数の合計}}$

例　上のハンドボール投げの記録で，各階級の(階級値)×(度数)は，右の度数分布表のようになるから，

平均値は，$\dfrac{24+80+160+144+112}{25}=\dfrac{520}{25}=20.8\text{(m)}$

階級(m)	階級値(m)	度数(人)	階級値×度数
以上　未満 10 ～ 14	12	2	24
14 ～ 18	16	5	80
18 ～ 22	20	8	160
22 ～ 26	24	6	144
26 ～ 30	28	4	112
計		25	520

(2) **中央値(メジアン)**…データを大きさの順に並べたときの中央の値。

(3) **最頻値(モード)**…データの中で，最も多く出てくる値。
度数分布表では，度数が最も多い階級の階級値。

例　上のハンドボール投げの記録の度数分布表で，最頻値は，18 m 以上 22 m 未満の階級の階級値だから，20 m

用語

階級…データを整理するための区間。
階級の幅…区間の幅。
度数…階級に入るデータの個数。
階級値…階級のまん中の値。
例　左の度数分布表で，
階級の幅は，4 m
10 m 以上 14 m 未満の階級の階級値は，
(10+14)÷2=12(m)

相対度数と累積相対度数

左のハンドボール投げの記録で，相対度数と累積相対度数は，次のようになる。

階級(m)	相対度数	累積相対度数
以上　未満 10 ～ 14	0.08	0.08
14 ～ 18	0.20	0.28
18 ～ 22	0.32	0.60
22 ～ 26	0.24	0.84
26 ～ 30	0.16	1.00
計	1.00	

データの個数と中央値の決め方

- **資料の個数が奇数のとき**
中央値は中央にくる値。
- **資料の個数が偶数のとき**
中央値は，中央にある2つの値の平均値。

学習日 ／

POINT

データの活用ではいろいろな用語が登場する。
まずは用語の意味をしっかり理解しておくことが大切!

範囲
中1, 中2, 中3

四分位数と箱ひげ図

重要!

(1) **四分位数**…データを小さい順に並べて4等分したときの3つの区切りの値。

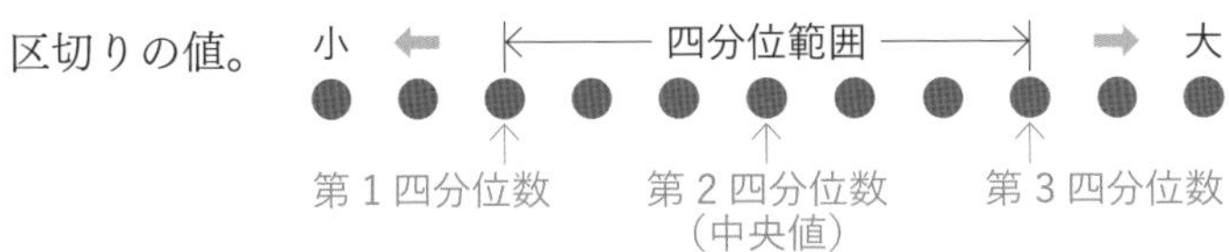

(2) **箱ひげ図**

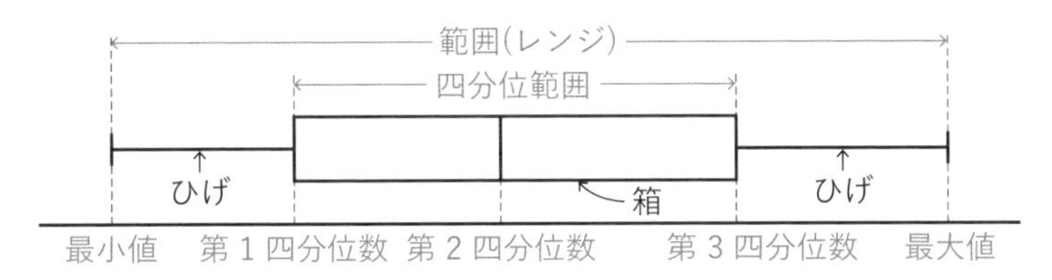

標本調査

ある集団が**標本の中にしめる数の割合は，母集団の中にしめる数の割合とほぼ等しい**と考えられる。

標本調査を使った推定の手順

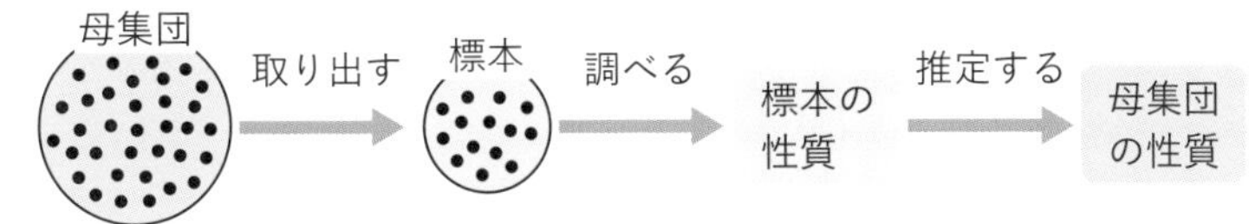

用語

範囲(レンジ)と四分位範囲

- **範囲＝最大値－最小値**
- **四分位範囲＝第3四分位数－第1四分位数**

箱ひげ図

データの最小値，第1四分位数，第2四分位数(中央値)，第3四分位数，最大値を，箱と線分(ひげ)を用いて表した図を箱ひげ図という。

用語

全数調査…調べる対象となる集団全部について調べること。
例 国勢調査，学校での身体測定
標本調査…集団の一部を調べて，集団全体の傾向を推定する方法。
例 世論調査，電球の耐久時間の検査
母集団…標本調査で，調査の対象となる集団全体。
標本…母集団から取り出した一部分。

基礎力チェック問題

解答はページ下

右の表は，生徒40人の通学時間を調べ，度数分布表に整理したものである。次の問いに答えなさい。

通学時間

階級(分)	度数(人)	累積度数(人)
以上 未満 5 ～ 10	4	4
10 ～ 15	8	**ア**
15 ～ 20	10	**イ**
20 ～ 25	12	**ウ**
25 ～ 30	6	40
計	40	

(1) **ア**～**ウ**にあてはまる数を求めなさい。
ア[ ], **イ**[ ], **ウ**[ ]

(2) 15分以上20分未満の階級の相対度数を求めなさい。 [ ]

(3) 通学時間が25分未満の生徒の人数は，全体の何％か求めなさい。 [ ]

下のデータは，13人の計算テスト(10点満点)の得点である。次の問いに答えなさい。

2 3 4 4 5 6 6 7 7 7 8 8 9

(4) 四分位数を求めなさい。
第1四分位数[ ], 第2四分位数[ ],
第3四分位数[ ]

(5) 四分位範囲を求めなさい。 [ ]

A (1)ア12, イ22, ウ34 (2)0.25 (3)85％ (4)第1四分位数…4点，第2四分位数…6点，第3四分位数…7.5点 (5)3.5点

高校入試実戦力アップテスト

PART 25

データの活用と標本調査

1

度数分布表と代表値

右の表は，男子 50 人のハンドボール投げの記録を度数分布表に整理したものである。次の問いに答えなさい。

((1)4点×4，(2)(3)(4)5点×3，(5)5点×2)

階級(m)	度数(人)	相対度数
以上　未満		
8 ～12	4	0.08
12～16	**ア**	0.20
16～20	12	**ウ**
20～24	**イ**	**エ**
24～28	8	0.16
28～32	3	0.06
計	50	1.00

(1) **ア**～**エ**にあてはまる数を求めなさい。

ア[　　　]，**イ**[　　　]，**ウ**[　　　]，**エ**[　　　]

よく出る!
(2) 最頻値を求めなさい。

[　　　]

(3) 20 m 以上 24 m 未満の階級の累積度数を求めなさい。

[　　　]

(4) 記録が 24 m 未満の人数は，全体の何%かを求めなさい。

[　　　]

ミス注意
(5) 度数分布表をヒストグラムに表しなさい。また，ヒストグラムをもとにして，度数折れ線をかきなさい。

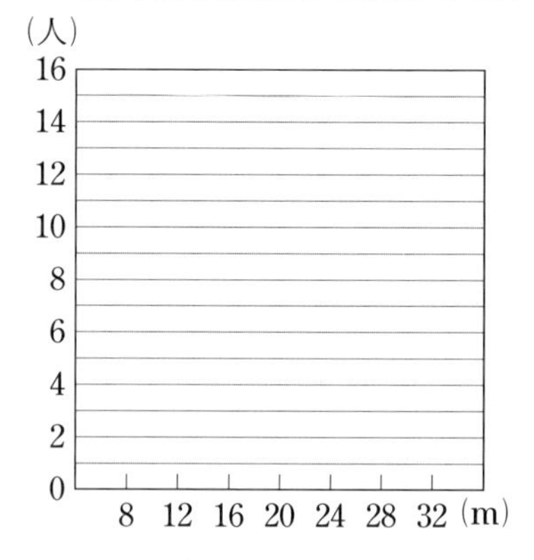

2

ヒストグラムと代表値

右の図は，あるクラスの生徒 30 人が 4 月と 5 月に図書室で借りた本の冊数をそれぞれヒストグラムに表したものである。例えば，借りた本の冊数が 0 冊以上 2 冊未満の生徒は，4 月では 6 人，5 月では 3 人であることを示している。次の問いに答えなさい。

[和歌山県] ((1)10点，(2)9点)

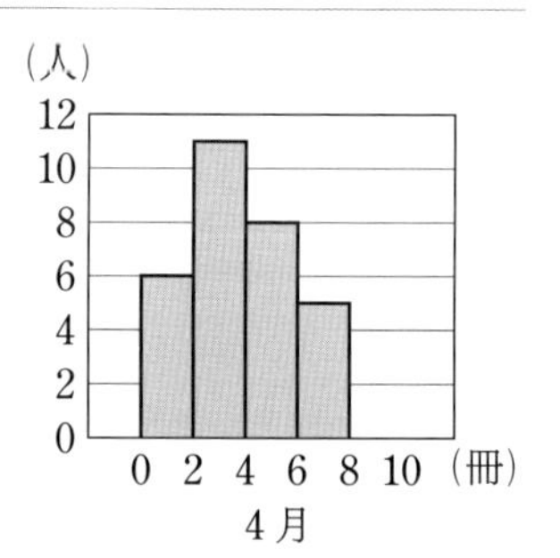

4月

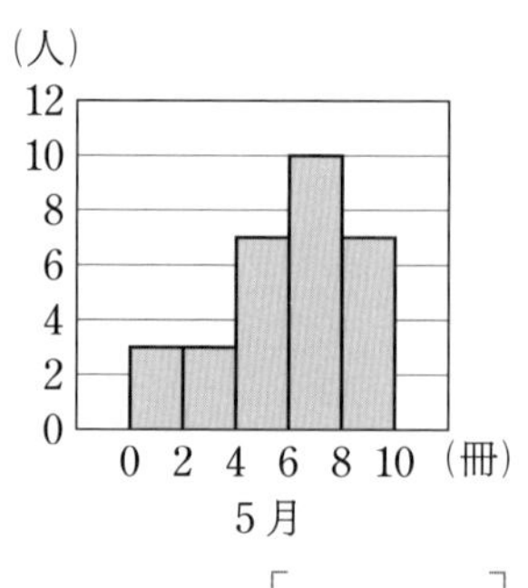

5月

よく出る!
(1) 4 月と 5 月のヒストグラムを比較した内容として正しいものを，次の**ア**～**オ**の中からすべて選び，その記号を書きなさい。

ア　階級の幅は等しい。

イ　最頻値は 4 月のほうが大きい。

ウ　中央値は 5 月のほうが大きい。

エ　4 冊以上 6 冊未満の階級の相対度数は 5 月のほうが大きい。

オ　借りた冊数が 6 冊未満の人数は等しい。

[　　　]

(2) 5 月に借りた本の冊数の平均値を求めなさい。

[　　　]

時間： 30 分	配点： 100 点	目標： 80 点
解答： 別冊 p.35	得点： 点	

3 ヒストグラムの比較

陸上競技部のAさんとBさんは100 m競走の選手である。下の図1，図2は，2人が最近1週間の練習でそれぞれ100 mを18回走った記録をヒストグラムに表したものである。これらのヒストグラムをもとに，次の1回でより速く走れそうな選手を1人選ぶとする。

図1 Aさんの記録

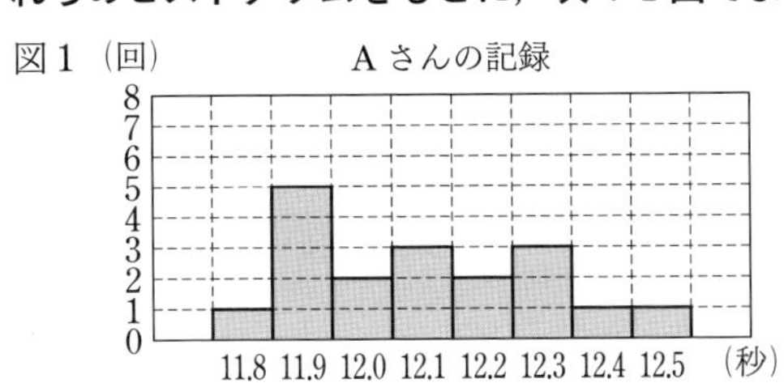

図2 Bさんの記録

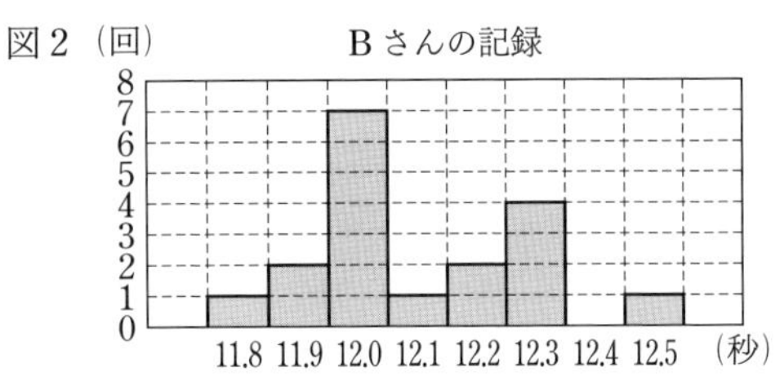

このとき，あなたならどちらの選手を選ぶか。Aさん，Bさんのどちらか一方を選び，その理由を，2人の中央値(メジアン)または最頻値(モード)を比較して説明しなさい。 ［茨城県］(10点)

［説明］

4 四分位数と箱ひげ図

右の図は，ある中学校の3年生の生徒100人の英語，数学，国語のテストの得点を表したものである。(　)には英語，数学，国語を，□には数を書きなさい。 (4点×5)

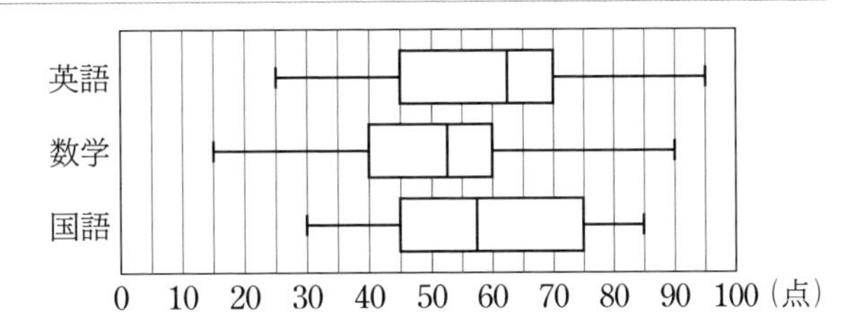

(1) 範囲がいちばん大きいのは(　　　　)のテストで，□点である。

(2) 四分位範囲がいちばん大きいのは(　　　　)のテストで，□点である。

(3) 60点以上の生徒がかならず50人以上いるのは(　　　　)のテストである。

5 標本調査の利用

箱の中に同じ大きさの白玉がたくさん入っている。そこに同じ大きさの黒玉を100個入れてよくかき混ぜた後，その中から34個の玉を無作為に取り出したところ，黒玉が4個入っていた。この結果から，箱の中にはおよそ何個の白玉が入っていると考えられるか，求めなさい。

［青森県］(10点)

［　　　］

TEST

1　数と式の性質の問題

1　**右の表のように，連続する自然数を 1 から順に，次の規則にしたがって並べていく。**

規則

① 1段目には，自然数1，2，3，4をA列→B列→C列→D列の順に並べる。

② 2段目以降は，1つ前の段に並べた自然数に続く，連続する4つの自然数を次の順に並べる。

1つ前の段で最後に並べた自然数が

・D列にあるときは，D列→A列→B列→C列の順

・C列にあるときは，C列→D列→A列→B列の順

・B列にあるときは，B列→C列→D列→A列の順

・A列にあるときは，A列→B列→C列→D列の順

表

	A列	B列	C列	D列
1段目	1	2	3	4
2段目	6	7	8	5
3段目	11	12	9	10
4段目	16	13	14	15
5段目	17	18	19	20
⋮				

このとき，次の問いに答えなさい。　［千葉県］

(1) 下の説明は，各段に並べた数について述べたものである。［ア］，［イ］にあてはまる式を書きなさい。

説明

各段の最大の数は4の倍数となっていることから，n 段目の最大の数は n を用いて，［ア］と表される。したがって，n 段目の最小の数は n を用いて，［イ］と表される。

ア［　　　］，イ［　　　］

(2) m 段目の最小の数と，n 段目の2番目に大きい数の和が4の倍数となることを，m，n を用いて説明しなさい。

［**説明**］

(3) m，n を20未満の自然数とする。m 段目の最小の数と，n 段目の2番目に大きい数がともにB列にあるとき，この2数の和が12の倍数となる m，n の値の組み合わせは何組あるか求めなさい。

［　　　］

アドバイス ☞ **最小の数がB列にある段は，4段目，8段目，12段目，16段目，2番目に大きい数がB列にある段は，2段目，6段目，10段目，14段目，18段目。**

POINT

規則的に数が並ぶ問題は，数がどのように変化していくかを考え，n 番目の数を n を使った式で表す。

解答 別冊 p.37

2 **150 枚のカードがある。これらのカードは右の図のように，表には，1 から 150 までの自然数が 1 つずつ書いてあり，裏には，表の数の，正の平方根の整数部分が書いてある。次の問いに答えなさい。**

表	1	2	3	4	5	…,	150
裏	1	1	1	2	2		$\sqrt{150}$ の整数部分

［岐阜県］

(1) 表の数が 10 であるカードの裏の数を求めなさい。

［　　　］

(2) 次の文章は，裏の数が n であるカードの枚数について，花子さんが考えたことをまとめたものである。**ア**，**イ**には数を，**ウ**～**オ**には n を使った式を，それぞれあてはまるように書きなさい。

表の数が 150 であるカードの裏の数は［ア］であるので，裏の数は［ア］以下の自然数になる。

① n が［ア］のとき
裏の数が［ア］であるカードは，全部で［イ］枚ある。

② n が［ア］未満の自然数のとき
裏の数が n であるカードの表の数のうち，最も小さい数は［ウ］であり，最も大きい数は［エ］である。
よって，裏の数が n であるカードは，全部で（［オ］）枚ある。

② n が［ア］未満の自然数のとき
【裏の数が n であるカード】

表	ウ	…,	エ
裏	n		n

全部で（［オ］）枚

ア［　　　］，イ［　　　］，ウ［　　　］，エ［　　　］，オ［　　　］

(3) 裏の数が 9 であるカードは全部で何枚あるかを求めなさい。

［　　　］

(4) 150 枚のカードの裏の数をすべてかけ合わせた数を P とする。P を 3^m でわった数が整数になるとき，m にあてはまる自然数のうちで最も大きい数を求めなさい。

［　　　］

アドバイス ☞ 裏の数が 3 の倍数である 3，6，9，12 のカードがそれぞれ何枚ずつあるかを求め，その中にふくまれる 3 の個数を調べる。

3 **プログラミング教室で，規則的に数を表示するプログラムを作った。右の図1は，スマートフォンでこのプログラムを実行すると，はじめに表示される画面の一部を表している。上の段から順に1段目，2段目，3段目，…とし，1段目には2個，2段目には3個，3段目には4個，…というように，n段目には$(n+1)$個の正方形のマスが，左右対称となるように表示されている。1段目の左のマスをマスA，1段目の右のマスをマスBとする。マスAとマスBに数をそれぞれ入力すると，次の〈規則〉にしたがって，2段目以降のマスに数が表示される。**

図1

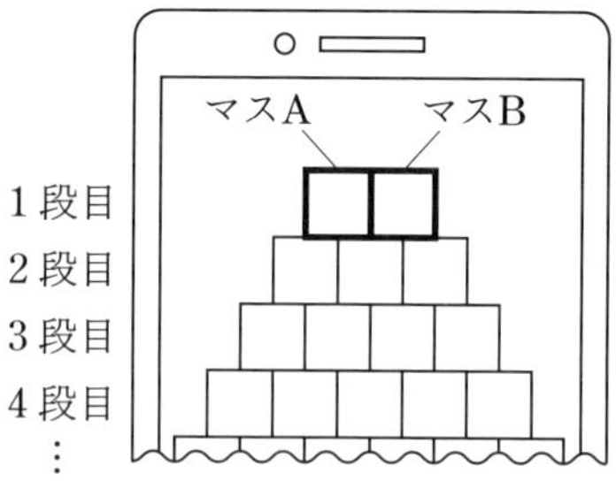

マスA　マスB
1段目
2段目
3段目
4段目
⋮

規則

・2段目以降の左端のマスには，マスAに入力した数と同じ数が表示される。
・2段目以降の右端のマスには，マスBに入力した数と同じ数が表示される。
・同じ段の隣り合う2つのマスに表示されている数の和が，その両方が接している1つ下の段のマスに表示される。

右の図2のように，例えば，マスAに2，マスBに3を入力すると，4段目の左から3番目のマスには，3段目の左から2番目のマスに表示されている7と，3段目の左から3番目のマスに表示されている8の和である15が表示される。このとき，次の問いに答えなさい。ただし，すべてのマスにおいて，マスに表示された数字を画面上で確認することができるものとする。 ［京都府］

図2

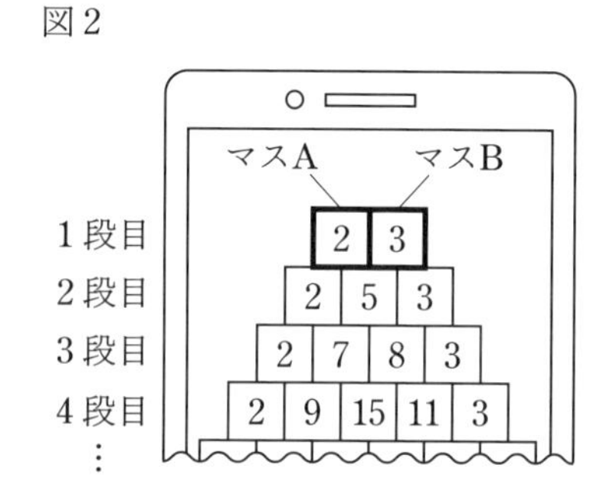

(1) マスAに3，マスBに4を入力すると，4段目の左から2番目のマスに表示される数を求めなさい。

［　　　　］

(2) 3段目の左から2番目のマスに32，3段目の左から3番目のマスに-8が表示されているとき，マスAに入力した数と，マスBに入力した数をそれぞれ求めなさい。

マスA［　　　　］，マスB［　　　　］

(3) マスAに22，マスBに-2を入力したとき，m段目の左からm番目のマスに表示されている数の2乗が，$2m$段目の左から2番目のマスに表示されている数と一致した。このときのmの値をすべて求めなさい。

［　　　　］

アドバイス ☞ **マスAにa，マスBにbを入力すると，m段目の左からm番目のマスの数は，$a+(m-1)b$，また，$2m$段目の左から2番目のマスの数は，$(2m-1)a+b$と表される。**

4 **x についての方程式 $ax+4=2a$……① を考える。**
以下の操作をくり返して，ある数 p から次々に数を求めていこう。
〈1 回目の操作〉　$a=p$ として，x についての方程式①を解く。
〈2 回目の操作〉　1 回目の操作で得られた解を a として，x についての方程式①を解く。
〈3 回目の操作〉　2 回目の操作で得られた解を a として，x についての方程式①を解く。
同様にして，この操作をくり返していく。例えば，$p=1$ のときは，次のようになる。
〈1 回目の操作〉　$a=1$ として，方程式① $1\times x+4=2\times 1$ を解くと，解は -2 である。
〈2 回目の操作〉　1 回目の操作で得られた解は -2 であるから，$a=-2$ として，方程式①
$(-2)\times x+4=2\times(-2)$ を解くと，解は 4 である。
このとき，次の問いに答えなさい。　［東京工業大学附属科学技術高］

(1) $p=1$ のとき，3 回目の操作で得られる解を求めなさい。

［　　　　］

(2) $p=3$ のとき，2020 回目の操作で得られる解を求めなさい。

［　　　　］

アドバイス ☞ 1 回目の操作で得られた解を x_1，2 回目の操作で得られた解を x_2，3 回目の操作で得られた解を x_3，…とすると，$x_1=x_4=x_7=\cdots$，$x_2=x_5=x_8=\cdots$，$x_3=x_6=x_9=\cdots$となり，同じ解が規則的にくり返される。

(3) $p=3$ のとき，1 回目から10回目までの操作で得られた解について，それら 10 個の解の積を求めなさい。

［　　　　］

5 **自然数 x の正の約数の個数を〈x〉と定める。例えば，〈6〉$=4$ であり，〈13〉$=2$ である。**
$1\leqq x\leqq 50$ とするとき，次の問いに答えなさい。　［大阪星光学院高］

(1) 〈x〉$=2$ を満たす x の個数を求めなさい。

［　　　　］

(2) 〈x〉$=3$ を満たす x の個数を求めなさい。

［　　　　］

(3) 〈x〉$=4$ を満たす x の個数を求めなさい。

［　　　　］

アドバイス ☞ k を素数とすると，k^3の正の約数は，1，k，k^2，k^3の 4 個。次に，m，n を素数とすると，mn の正の約数は，1，m，n，mn の 4 個。

2 動く点や図形の問題

1 **図1のように，4点O(0, 0)，A(6, 0)，B (6, 6)，C (0, 6)を頂点とする正方形OABCがある。2点P，Qは，それぞれOを同時に出発し，Pは毎秒3 cmの速さで，辺OC，CB，BA上をAまで動き，Qは毎秒1 cmの速さで，辺OA上をAまで動く。ただし，原点Oから点(1, 0)までの距離，および原点Oから点(0, 1)までの距離は1 cmとする。次の問いに答えなさい。** ［和歌山県］

図1

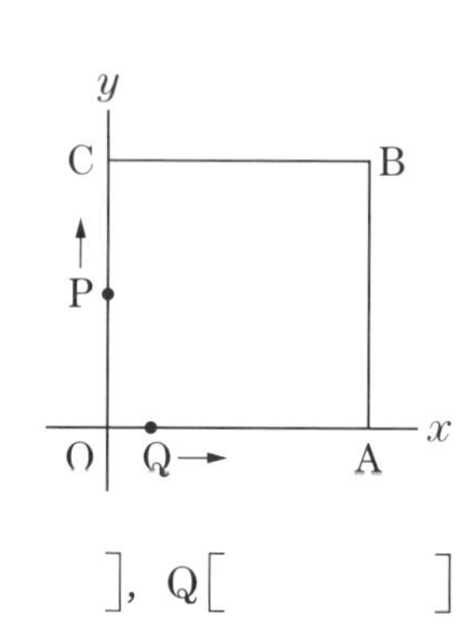

(1) P，Qが出発してからAに到着するのはそれぞれ何秒後か，求めなさい。

P［　　　　］，Q［　　　　］

(2) P，Qが出発してから1秒後の直線PQの式を求めなさい。

［　　　　］

(3) △OPQがPO＝PQの二等辺三角形となるのは，P，Qが出発してから何秒後か，求めなさい。

［　　　　］

図2

(4) 図2のように，P，Qが出発してから5秒後のとき，△OPQと△OPDの面積が等しくなるように点Dを線分AP上にとる。このとき，点Dの座標を求めなさい。

アドバイス ☞ △OPQ＝△OPDのとき，OP // QD

［　　　　］

2 **右の図のように，点A(a, $2a$)がある。ただし，$a>0$とする。Aからx軸にひいた垂線とx軸の交点をBとし，線分ABを1辺とする正方形ABCDをABの右側につくる。また，直線ODと線分ABの交点をEとし，線分EBを1辺とする正方形EFGBをEBの左側につくる。さらに，直線ODと線分FGの交点をHとする。このとき，次の問いに答えなさい。**

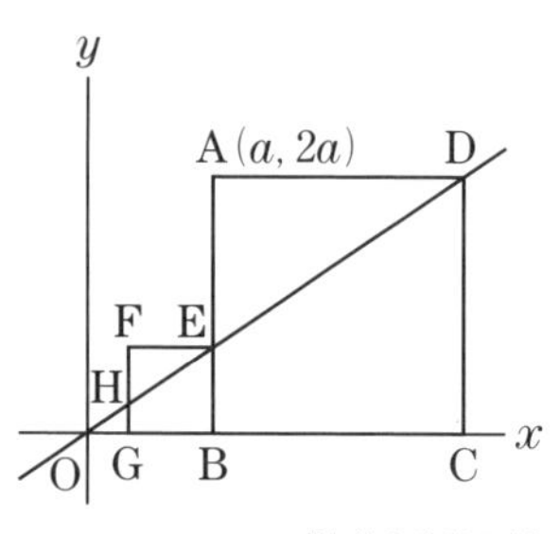

［専修大学附属高］

(1) 直線ODの傾きを求めなさい。

［　　　　］

(2) OH：HE：EDを最も簡単な整数の比で表しなさい。

アドバイス ☞ HGとEBとDCは平行だから，OH：HE：ED＝OG：GB：BC

［　　　　］

(3) 四角形BCDEの面積が216のとき，aの値を求めなさい。

［　　　　］

POINT

点や図形が動く問題では，点や図形の位置によって，場合分けして考える。

解答　別冊 p.38

3　座標平面上に3点 A$(-1,\ 2)$，B$(1,\ 1)$，C$(2,\ 3)$をとる。このとき，3点A，B，Cを通る円の中心の座標を求めなさい。
［明治大学付属中野高］

アドバイス　☞ 線分AB，BC，ACの長さの関係から△ABCはどんな三角形になるかを確認する。［　　　］

4　右の図のように，円周の長さが24 cmである円Oの円周上に，点Aがある。点P，Qは，点Aを同時に出発し，点Pは毎秒1 cmの速さで⬅の向きに，点Qは毎秒3 cmの速さで➡の向きに，それぞれ円周上を動き，いずれも出発してから10秒後に止まるものとする。点P，Qが，点Aを出発してから，x秒後の$\overset{\frown}{PQ}$の長さをy cmとする。このとき，次の問いに答えなさい。ただし，$\overset{\frown}{PQ}$は，180°以下の中心角∠POQに対する弧とする。また，中心角∠POQ＝180°のとき，$\overset{\frown}{PQ}$＝12 cmとする。
［新潟県］

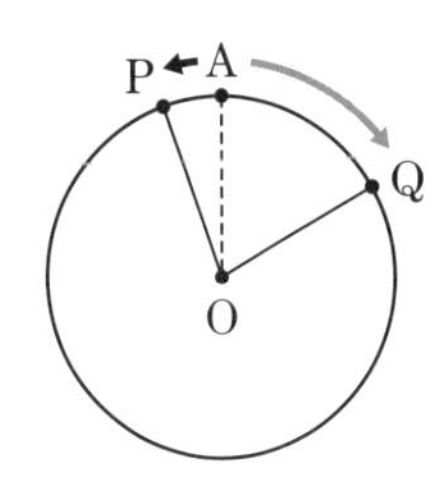

(1) 点P，Qを結んだ線分PQが円Oの直径となるとき，xの値をすべて答えなさい。

［　　　］

(2) 次の①，②の問いに答えなさい。

① 点P，Qが，点Aを同時に出発してから初めて重なるときのxの値を答えなさい。

［　　　］

② 点P，Qを結んだ線分PQがはじめて円Oの直径となるときから，点P，Qが重なるときまでのyをxの式で表しなさい。

［　　　］

(3) $0 \leqq x \leqq 10$のとき，yの値が10以下となるのは何秒間か，グラフを用いて求めなさい。求め方も書きなさい。

［　　　］

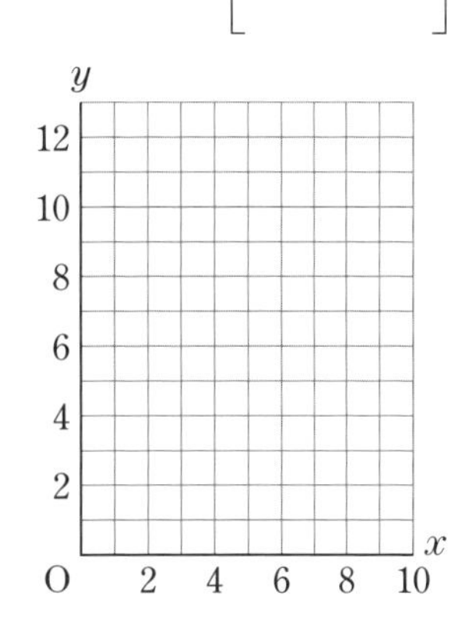

アドバイス　☞ xとyの関係を表すグラフをかいて，そのグラフがy＝10の下にあるときのxの値の範囲を考える。

5 **右の図のような△ABC があり，AB＝10 cm，BC＝20 cm で，△ABC の面積は 90 cm² である。点 P は，点 A を出発して，毎秒 1 cm の速さで，辺 AB 上を点 B まで動く点である。点 Q は，点 P が点 A を出発するのと同時に点 B を出発して，毎秒 2 cm の速さで，辺 BC 上を点 C まで動く点である。次の問いに答えなさい。** ［香川県］

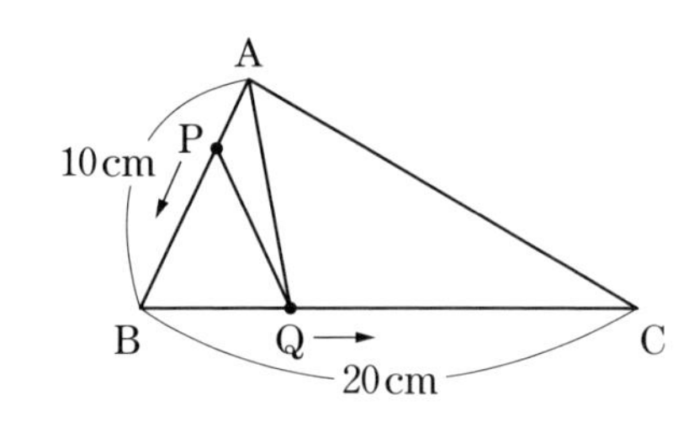

(1) 点 P が点 A を出発してから 3 秒後にできる△ABQ の面積は何 cm^2 か。

［　　　　］

(2) 点 P が点 A を出発してから x 秒後にできる△APQ の面積は何 cm^2 か。x を使った式で表しなさい。

［　　　　］

アドバイス ☞ **△APQ：△ABQ＝AP：AB＝x：10，△ABQ：△ABC＝BQ：BC＝$2x$：20**

(3) $0<x\leqq 9$ とする。点 P が点 A を出発してから x 秒後にできる△APQ の面積に比べて，その 1 秒後にできる△APQ の面積が 3 倍になるのは，x の値がいくらのときか。x の値を求める過程も，式と計算をふくめて書きなさい。

［　　　　　　　　　　　　　　　　　　　　　　　　］

6 **右の図のように，三角錐 ABCD があり，AB＝$2\sqrt{7}$ cm，BC＝BD＝6 cm，CD＝2 cm，∠ABC＝∠ABD＝90° である。点 P は頂点 A を出発し，辺 AC 上を毎秒 1 cm の速さで頂点 A から頂点 C まで移動する。このとき，次の問いに答えなさい。** ［京都府］

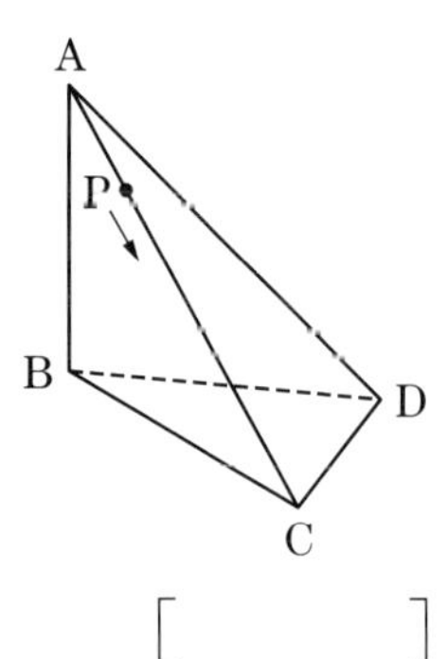

(1) 点 P が頂点 A を出発してから頂点 C に到着するまでにかかる時間は何秒か求めなさい。

［　　　　］

(2) △BCD の面積を求めなさい。また，三角錐 ABCD の体積を求めなさい。

△BCD の面積［　　　　］，三角錐 ABCD の体積［　　　　］

(3) 点 Q は，頂点 A を点 P と同時に出発し，辺 AB 上を頂点 B に向かって，BC∥QP が成り立つように進む。このとき，三角錐 AQPD の体積が $\frac{24\sqrt{5}}{7}$ cm^3 となるのは，点 P が頂点 A を出発してから何秒後か求めなさい。

［　　　　］

アドバイス ☞ **三角錐 ABCD と三角錐 AQPD で，それぞれ底面を△ABC，△AQP とみると高さは等しいから，体積の比は底面積の比に等しい。**

7

図1のように，1辺の長さが4 cmの正方形ABCDと，縦の長さが6 cm，横の長さが10 cmの長方形PQRSがあり，直線ℓと直線mは点Oで垂直に交わっている。また，正方形ABCDの辺ADと長方形PQRSの辺QRは直線ℓ上にあって，頂点Aと頂点Rは点Oと同じ位置にある。いま，正方形ABCDを直線mにそって，長方形PQRSを直線ℓにそって，それぞれ矢印の方向に移動する。
図2のように，正方形ABCDをOA＝x cm，長方形PQRSをOR＝x cmとなるようにそれぞれ移動したとき，正方形ABCDと長方形PQRSが重なっている部分の面積をy cm^{2}とする。このとき，次の問いに答えなさい。 ［山形県］

(1) 頂点Bと頂点Pが同じ位置にくるまでそれぞれ移動したときのxとyの関係を表に書き出したところ，表1のようになった。次の問いに答えなさい。

表1

x	0	…	4	…	10
y	0	…	16	…	0

① x=3のときのyの値を求めなさい。

［　　　］

② 表2は，頂点Bと頂点Pが同じ位置にくるまでそれぞれ移動したときのxとyの関係を式に表したものである。**ア～ウ**にあてはまる数または式を，それぞれ書きなさい。また，このときのxとyの関係を表すグラフを，図3にかきなさい。

表2

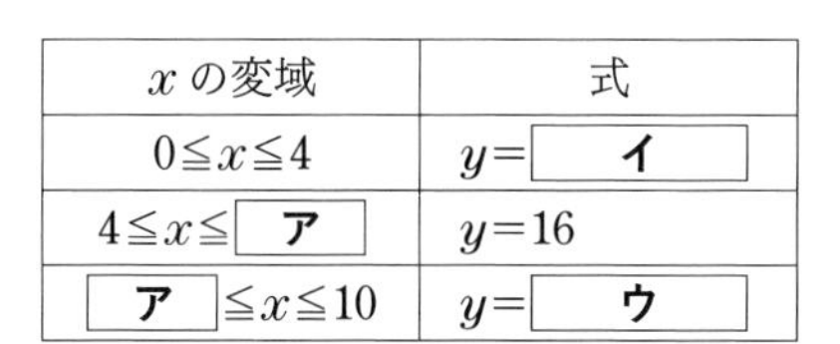

xの変域	式
$0 \leqq x \leqq 4$	y＝ **イ**
$4 \leqq x \leqq$ **ア**	y=16
ア $\leqq x \leqq 10$	y＝ **ウ**

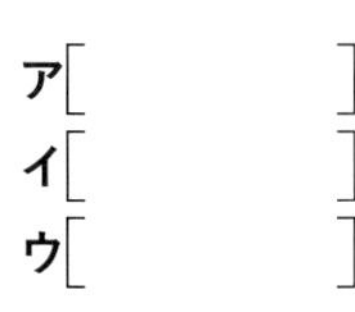

ア［　　　］
イ［　　　］
ウ［　　　］

アドバイス ☞ **xの変域を，線分ABと線分QRが交わるとき，線分ABが長方形PQRSの内部にあるとき，線分ABと線分PSが交わるときの3つの場合に分けて考える。**

図3

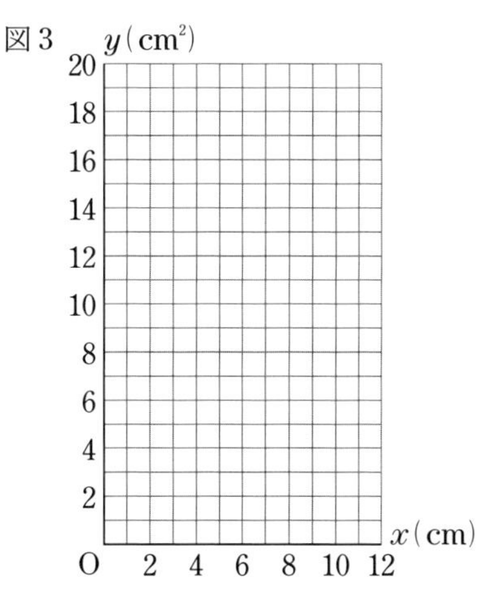

(2) 正方形ABCDと長方形PQRSが重なっている部分の面積が，△APQの面積と等しくなるときのxの値を求めなさい。ただし，直線mと辺PQが重なるときは考えないものとする。

［　　　］

③ 確率とデータの活用の問題

さいころの目の出方，玉やカードの取り出し方など，どれも同様に確からしいとする。

1　**1から6までの目が出る大小2つのさいころと，1から6までの数字が1つずつ書かれた6枚のカードがある。このとき，次の問いに答えなさい。**

図　1 2 3 4 5 6

［石川県］

(1) 図のように，6枚のカードを1列に並べる。大きいさいころを1回投げた後，　　　の中の規則①にしたがって，カードを操作する。

〈規則①〉・出た目の数の約数と同じ数字が書かれたカードをすべて取り除く。

このとき，残っているカードが4枚になるさいころの目をすべて書きなさい。

［　　　　］

(2) 図のように，6枚のカードを1列に並べる。大小2つのさいころを同時に1回投げた後，　　　の中の規則②にしたがって，カードを操作する。

〈規則②〉・出た目の数が異なるときは，大小2つのさいころの目と同じ数字が書かれたカードどうしを入れかえる。
・出た目の数が同じときは何もしない。

このとき，右端のカードの数字が偶数となる確率を求めなさい。また，その考え方を説明しなさい。説明においては，図や表，式などを用いてよい。

［　　　　］

2　**右の図のような正六角形ABCDEFがある。大小2つのさいころを同時に投げ，1の目が出たら点A，2の目が出たら点B，3の目が出たら点C，4の目が出たら点D，5の目が出たら点E，6の目が出たら点Fをそれぞれ選ぶ。選んだ2点と点Aを頂点とする三角形をつくりたい。例えば，2，3の目が出たら△ABCができ，1，2の目が出たら三角形はできない。このとき，次の問いに答えなさい。**

［長崎県］

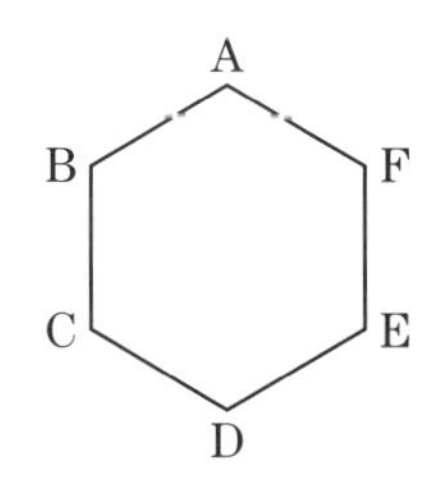

(1) 三角形ができない確率を求めなさい。

［　　　　］

(2) 直角三角形ができる確率を求めなさい。

アドバイス ☞ **直角三角形ができるのは，できた三角形がAD，BE，CFを辺にもつ場合である。**

［　　　　］

POINT

データの活用では，データから代表値を求め，その数値を使って理由を説明できるようにする。

解答 別冊 p.41

3 **袋の中に，1から5までの数字が1つずつ書かれた5個の球が入っている。袋の中から球を1個ずつ2回続けて取り出すとき，1回目に取り出した球に書かれた数をa，2回目に取り出した球に書かれた数をbとする。1回目に取り出した球は，袋にもどさないものとするとき，次の問いに答えなさい。** ［中央大学杉並高］

(1) xについての1次方程式$ax+b=0$の解が整数となる確率を求めなさい。

［　　　］

(2) $a^2=4b$となる確率を求めなさい。

［　　　］

(3) xについての2次方程式$x^2+ax+b=0$の解が整数となる確率を求めなさい。

［　　　］

4 **さいころを3回投げ，出た目の数を順にa，b，cとし，直線$y=ax+b$ ……①と放物線$y=cx^2$ ……②のグラフを考える。次の問いに答えなさい。** ［久留米大附設高］

(1) 直線①が点（-1，2）を通るようなa，bの組は何通りあるか。

［　　　］

(2) P(-2，8)，Q(2，16)とするとき，放物線②と線分PQが共有点をもつcの値は何通りあるか。

［　　　］

(3) 点(2，8)で直線①と放物線②が交わる確率を求めなさい。

［　　　］

(4) 直線$x=2$上の点で直線①と放物線②が交わる確率を求めなさい。

［　　　］

(5) 直線①と放物線②は，必ず$x<0$の部分と$x>0$の部分で1回ずつ交わる。$c=1$のとき，直線①と放物線②の2つの交点のx座標がともに整数となるようなa，bの組は何通りあるか。

アドバイス ☞ **直線①と放物線②の2つの交点のx座標は，方程式$x^2=ax+b$の解。**

［　　　］

5 美咲さんの住む地域では，さくらんぼの種飛ばし大会が行われている。この大会では，台の上に立ち，さくらんぼの実の部分を食べ，口から種を吹き飛ばして，台から最初に種が着地した地点までの飛距離を競う。下の図は，知也さんと公太さんが種飛ばしの練習を20回したときの記録を，それぞれヒストグラムに表したものである。これらのヒストグラムから，例えば，2人とも，1 m以上2 m未満の階級に入る記録は1回であることがわかる。また，ヒストグラムから2人の記録の平均値を求めると，ともに5 mで同じであることがわかる。美咲さんは，2人の記録のヒストグラムから，本番では知也さんのほうが公太さんよりも種を遠くに飛ばすと予想した。美咲さんがそのように予想した理由を，平均値，中央値，最頻値のいずれか1つを用い，数値を示しながら説明しなさい。 ［山形県］

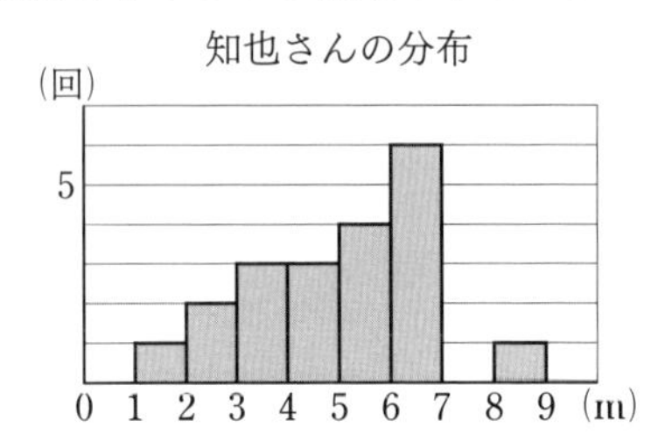

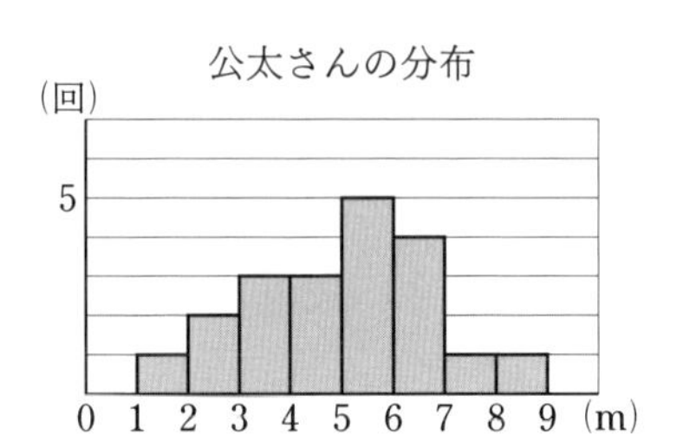

［　　　　　　　　］

6 右の図は，A中学校の生徒100人とB中学校の生徒150人のハンドボール投げを行ったときの記録をそれぞれまとめ，その相対度数の分布を折れ線グラフに表したものである。なお，階級は，5 m以上10 m未満，10 m以上15 m未満などのように，階級の幅を5 mにとって分けている。図のグラフから読み取れることがらを，あとのア～エの中から2つ選び，その記号を書きなさい。 ［神奈川県］

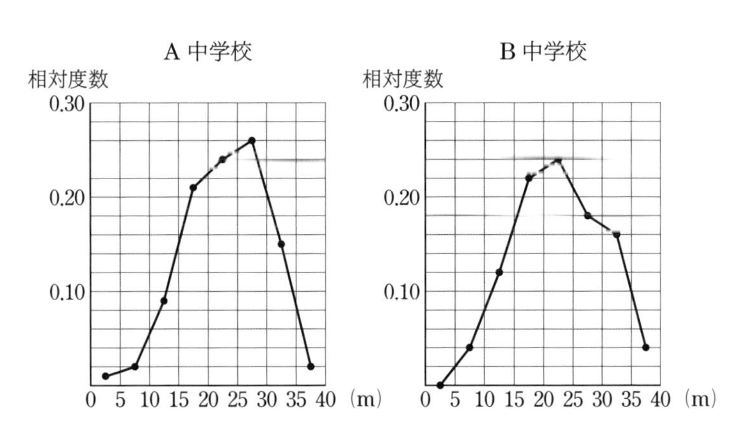

ア　中央値をふくむ階級の階級値は，A中学校とB中学校で同じである。

イ　記録が20 m未満の生徒の割合は，A中学校よりB中学校のほうが小さい。

ウ　記録が20 m以上25 m未満の生徒の人数は，A中学校よりB中学校のほうが多い。

エ　A中学校とB中学校ともに，記録が30 m以上の生徒の人数より記録が25 m以上30 m未満の生徒の人数のほうが多い。

アドバイス ☞ 相対度数の折れ線グラフを，度数分布表に表して考えるとわかりやすい。

［　　　］

7 太郎さんのクラス生徒全員について，ある期間に図書館から借りた本の冊数を調べ，表にまとめた。しかし，表の一部が右のように破れてしまい，いくつかの数値がわからなくなった。このとき，このクラスの生徒がある期間に借りた本の冊数の平均値を求めなさい。

［石川県］

冊数(冊)	度数(人)	相対度数
0	6	0.15
1	6	0.15
2	12	0.30
3		0.25
4		
計		

アドバイス ☞（生徒全員の人数）×0.15＝6 より，生徒全員の人数を求める。

［　　　　］

8 神奈川県のある地点における1日の気温の寒暖差（最高気温と最低気温の差）を1年間毎日記録し，月ごとの特徴を調べるため，ヒストグラムを作成した。次の図のA～Fのヒストグラムは，1日の気温の寒暖差の記録を月ごとにまとめたものであり，1月と11月をふくむ6つの月のヒストグラムのいずれかを表している。なお，階級は，2℃以上4℃未満，4℃以上6℃未満などのように，階級の幅を2℃にとって分けられている。これらの6つの月に関するあとの説明から，①1月のヒストグラムと，②11月のヒストグラムとして最も適するものをA～Fの中からそれぞれ1つ選び，その記号を答えなさい。

［神奈川県］

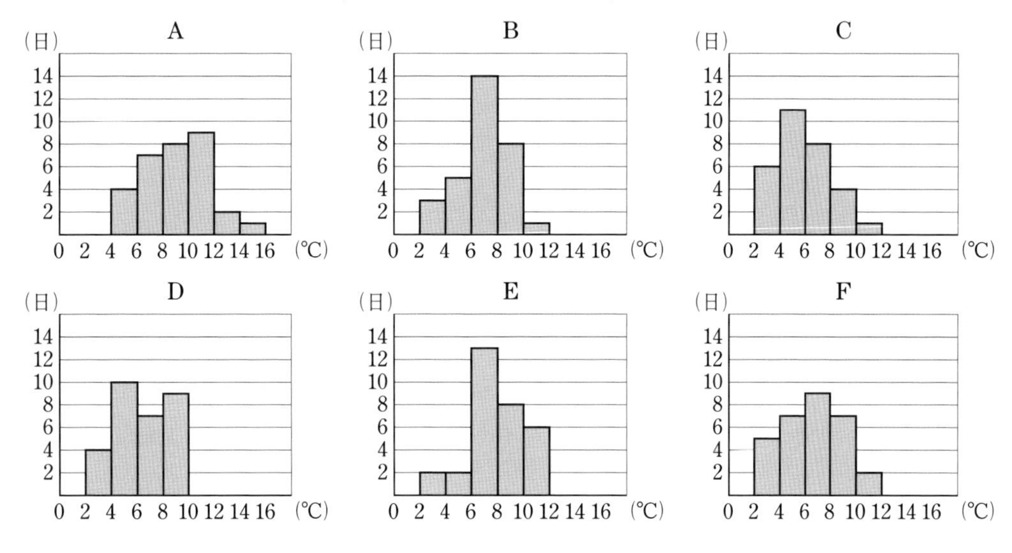

説明

・1月には，寒暖差が10℃以上の日はあったが，寒暖差が12℃以上の日はなかった。
・1月の寒暖差の中央値は，6℃以上8℃未満の階級にあった。
・1月の寒暖差の平均値は，6つの月のヒストグラムから読み取れる寒暖差の平均値の中で2番目に大きかった。
・1月，11月ともに，寒暖差が4℃未満の日は4日以内であった。
・11月には，寒暖差が2.1℃の日があった。
・11月の寒暖差の最頻値は，4℃以上6℃未満の階級の階級値であった。

①1月［　　　　］，②11月［　　　　］

高校入試

模擬学力検査問題

第 1 回

制限時間：	配点：	目標：
40 分	100 点	80 点

得点：

点

答えは決められた解答欄に書き入れましょう。

1 次の計算をしなさい。

(2点×6)

(1) $10+15\div(-5)$

(2) $3\times(-2^2)-(-2)^3$

(3) $\sqrt{24}-\dfrac{18}{\sqrt{6}}$

(4) $(\sqrt{3}+4)(\sqrt{3}-2)-\sqrt{12}$

(5) $\dfrac{2a+b}{4}-\dfrac{a+3b}{5}$

(6) $(x-4)^2-(x-3)(x-6)$

(1)	(2)	(3)	(4)
(5)	(6)		

2 次の問いに答えなさい。

(4点×4)

(1) $2x^3y-12x^2y^2+18xy^3$ を因数分解しなさい。

(2) 比例式 $x:9=(x-2):6$ を解きなさい。

(3) y は x に反比例し，$x=2$ のとき $y=-9$ である。$x=-3$ のときの y の値を求めなさい。

(4) 右の図で，$\ell /\!/ m$，AB＝AC のとき，$\angle x$ の大きさを求めなさい。

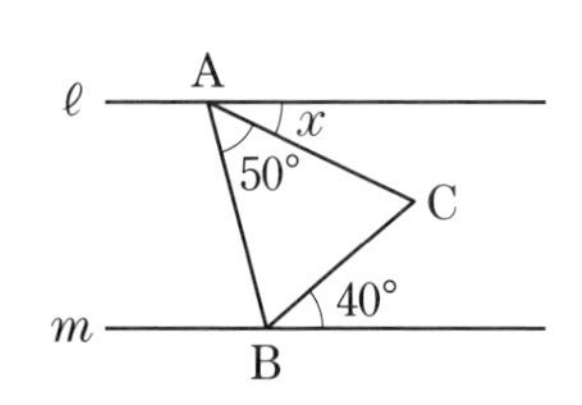

(1)	(2)	(3)	(4)

解答　別冊 p.44

3

ある洋菓子店で，昨日は，シュークリームとショートケーキが合わせて 200 個売れた。今日売れた個数は，昨日に比べて，シュークリームが 20 %増え，ショートケーキが 30 %減り，シュークリームとショートケーキの売れた個数の合計は，昨日と同じであった。この店の，今日売れたシュークリームとショートケーキの個数をそれぞれ求めなさい。求める過程も式と計算をふくめて書きなさい。 (8点)

4

右の表は，1 組の生徒 40 人と 2 組の生徒 40 人の通学時間を度数分布表に整理したものである。次の問いに答えなさい。 ((1)2点×4，(2)(3)3点×2，(4)4点)

1 組と 2 組の通学時間

階級(分)	1 組		2 組	
	度数(人)	相対度数	度数(人)	相対度数
以上　未満 0～ 5	4	0.10	0	0.00
5～10	8	**ア**	4	0.10
10～15	**イ**	0.25	14	0.35
15～20	**ウ**	**エ**	10	0.25
20～25	4	0.10	8	0.20
25～30	2	0.05	4	0.10
計	40	1.00	40	1.00

(1) **ア**～**エ**にあてはまる数を求めなさい。

(2) 1 組について，15 分以上 20 分未満の階級の累積度数を求めなさい。

(3) 2 組について，通学時間が 20 分未満の生徒は全体の何%か求めなさい。

(4) 1 組と 2 組では，どちらが通学時間が長いと考えられるか。1 組，2 組のどちらか一方を選び，その理由を，それぞれの組の中央値または最頻値を比較して説明しなさい。

(1) **ア**	**イ**	**ウ**	**エ**
(2)	(3)		

(4) ［**選んだ組**］

［**説明**］

5

右の図1は，関数$y=\frac{1}{4}x^2$のグラフで，点A，Bはこのグラフ上の点であり，点A，Bのx座標はそれぞれ-4，6である。このとき，次の問いに答えなさい。　(6点×2)

図1

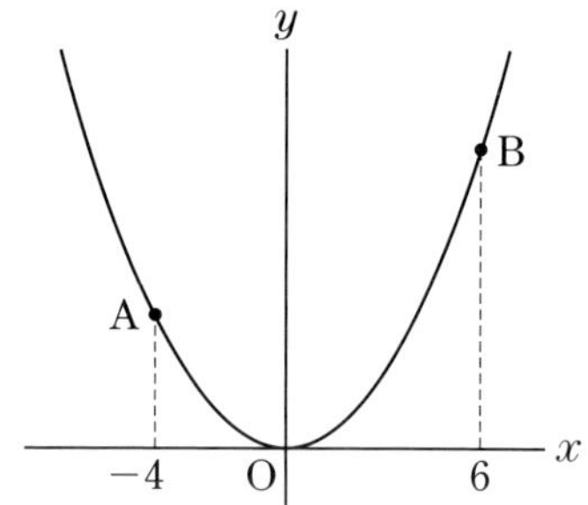

(1) 右の図2のように，y軸上に点Cをとり，点Aと点C，点Bと点Cをそれぞれ結ぶ。線分ACと線分BCの長さの和AC+CBが最小となるような点Cの座標を求めなさい。

図2

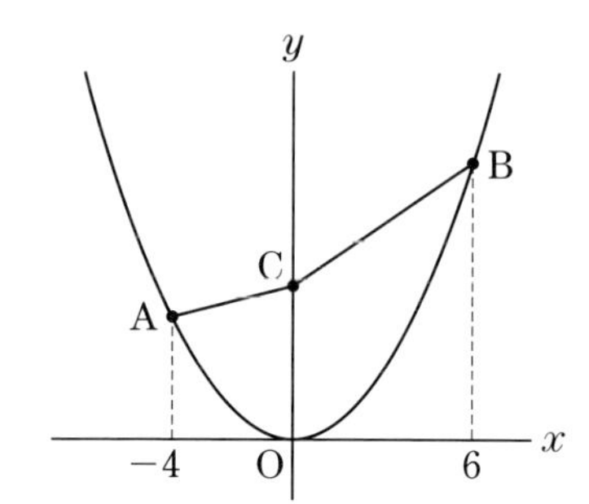

(2) 点A，Bからy軸へそれぞれ垂線をひき，y軸との交点をそれぞれD，Eとして，△ACDと△BCEをそれぞれy軸を軸として1回転させる。△ACDを1回転させてできる立体の体積と△BCEを1回転させてできる立体の体積の比が4：9のとき，点Cの座標を求めなさい。ただし，点Cは線分DE上の点とする。

(1)	(2)

6

右の図のように，円Oの周上に3つの頂点A，B，Cがある△ABCがある。点Aから点Oを通る直線をひき，円Oとの交点をDとする。また，点Aから辺BCへ垂線をひき，BCとの交点をEとする。AB=4 cm，BC=$3\sqrt{2}$ cm，AC=$\sqrt{10}$ cmのとき，次の問いに答えなさい。　((1)6点，(2)(3)(4)4点×3)

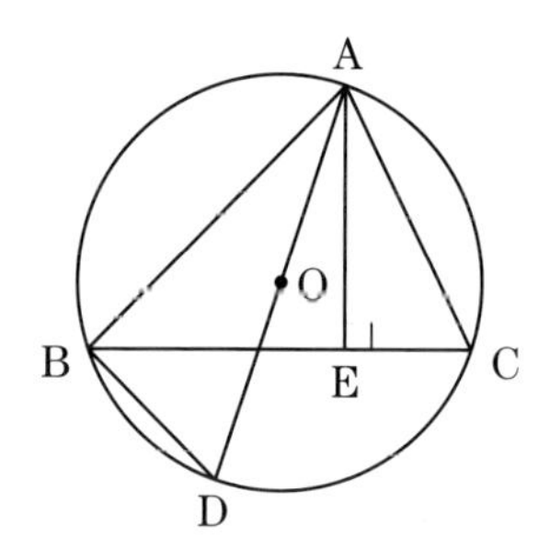

(1) △ABD∽△AECであることを証明しなさい。

(2) ECの長さを求めなさい。

(3) 円Oの面積を求めなさい。

(4) ∠ABCの大きさを求めなさい。

(1)［証明］		
(2)	(3)	(4)

7

右の図の四角錐 OABCD は，すべての辺が $4\sqrt{3}$ cm の正四角錐である。辺 OC の中点を Q として，点 A から辺 OB を通って Q までひもをかける。ひもが最も短くなるようにひもをかけるとき，ひもが通過する OB 上の点を P とする。このとき，次の問いに答えなさい。

（4点×4）

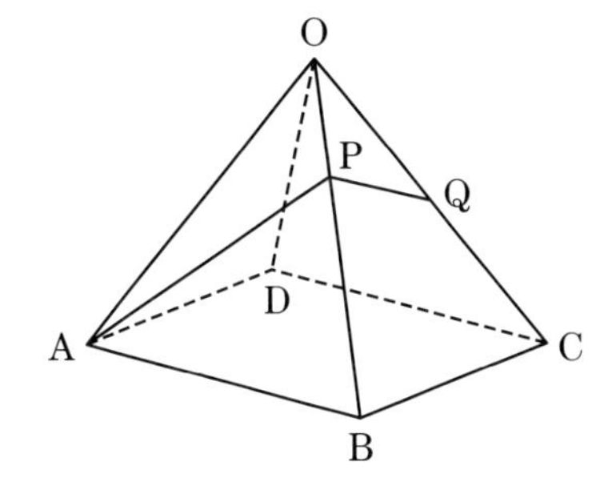

(1) 正四角錐 OABCD の体積を求めなさい。

(2) OP：PB を求めなさい。

(3) ひもの長さを求めなさい。

(4) 正四角錐 OABCD を，3 点 A，C，P を通る平面で 2 つに分けたとき，点 D をふくむ立体の体積を求めなさい。

(1)	(2)	(3)	(4)

高校入試

模擬学力検査問題　第2回

制限時間：	配点：	目標：
40 分	100 点	80 点
得点：		点

答えは決められた解答欄に書き入れましょう。

1

次の計算をしなさい。　(2点×6)

(1) $\frac{2}{3}+\frac{1}{6}\times\left(-\frac{3}{2}\right)$

(2) $(-3)^2-12\div\frac{3}{4}$

(3) $\sqrt{8}-\sqrt{18}+\sqrt{50}$

(4) $(\sqrt{5}-3)^2-\frac{10}{\sqrt{5}}$

(5) $(-2a)^3\div4a^2b\times(-3ab^2)$

(6) $(x-y+2)(x-y-3)$

(1)	(2)	(3)	(4)
(5)	(6)		

2

次の問いに答えなさい。　(4点×4)

(1) $a=6$, $b=-\frac{1}{3}$ のとき，$2ab\times(3ab)^2\div6a^2b$ の値を求めなさい。

(2) 2次方程式 $x^2-2x=3(x-2)$ を解きなさい。

(3) 関数 $y=ax^2$ について，x の値が2から6まで増加するときの変化の割合が-4である。このとき，a の値を求めなさい。

(4) 右の図で，AB＝AC のとき，$\angle x$ の大きさを求めなさい。

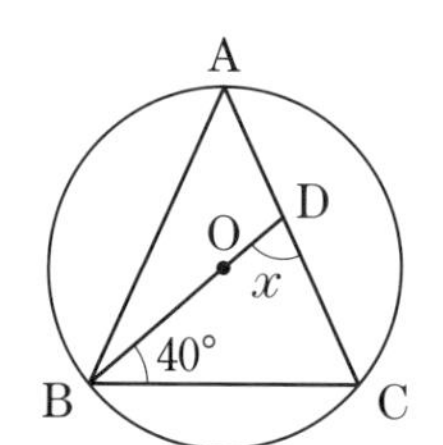

(1)	(2)	(3)	(4)

解答　別冊 p.46

3

5と7のように，連続する2つの奇数について，大きい奇数の2乗から小さい奇数の2乗をひいた差は8の倍数となる。例えば，7^2-5^2 を計算すると，$7^2-5^2=49-25=24$ となり，8の倍数となる。このことを証明しなさい。 (8点)

［証明］

4

右の図のように，3点 A$(-2,\ 8)$，B$(2,\ 8)$，C$(2,\ 2)$と関数 $y=\frac{b}{a}x^2$ のグラフがある。

いま，大小2つのさいころを同時に投げ，大きいさいころの出た目の数を a，小さいさいころの出た目の数を b として，関数 $y=\frac{b}{a}x^2$ のグラフを決めるとき，次の問いに答えなさい。ただし，さいころのどの目が出ることも同様に確からしいとする。

((1)4点，(2)(3)6点×2)

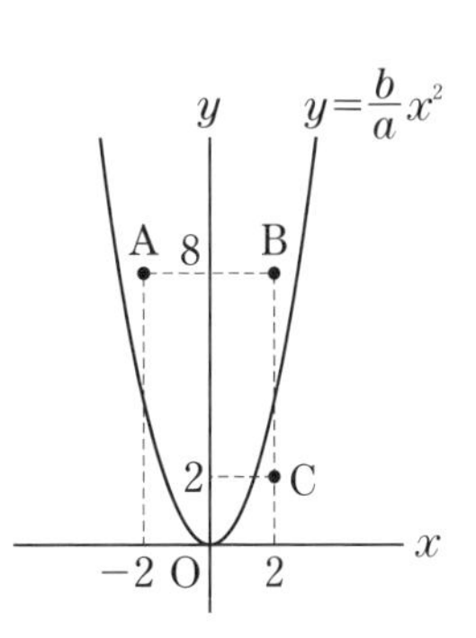

(1) 関数 $y=\frac{b}{a}x^2$ のグラフが線分AB上を通るとき，$\frac{b}{a}$ の値はいくつ以上ですか。

(2) 関数 $y=\frac{b}{a}x^2$ のグラフが線分AB上を通る確率を求めなさい。ただし，点A，B上を通る場合もふくむものとする。

(3) 関数 $y=\frac{b}{a}x^2$ のグラフが，線分BC上を通る確率を求めなさい。ただし，点B，C上を通る場合もふくむものとする。

(1)	(2)	(3)

5

右の図のように，AB=8 cm，AD=16 cm の長方形 ABCD がある。点 P は頂点 A から毎秒 1 cm の速さで辺 AD 上を頂点 D に向かって移動する。点 Q は頂点 A から毎秒 2 cm の速さで辺 AB，辺 BC，辺 CD の順に頂点 D に向かって辺上を移動する。ただし，点 P，点 Q が頂点 A を同時に出発し，頂点 D に到着したときに止まるものとする。このとき，次の問いに答えなさい。

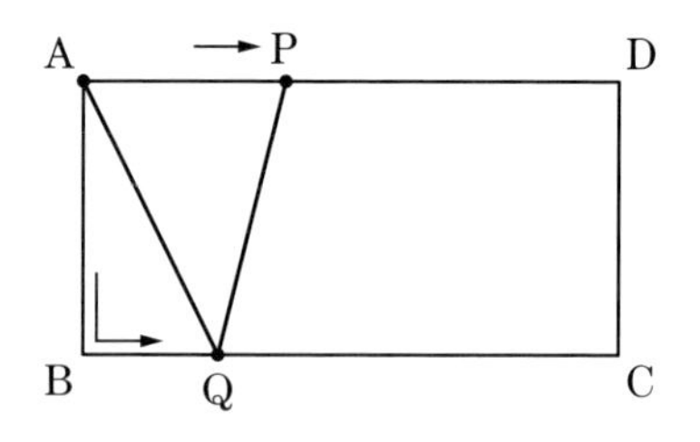

((1)3点×2，(2)3点×2，(3)6点)

(1) 点 P，点 Q が頂点 A を出発してから 3 秒後と 6 秒後の △APQ の面積をそれぞれ求めなさい。

(2) 点 P，点 Q が頂点 A を出発してから 10 秒後と 13 秒後の線分 PQ の長さをそれぞれ求めなさい。

(3) △APQ の面積が 28 cm^2 になるのは，点 P，点 Q が頂点 A を出発して何秒後か，すべて求めなさい。

(1) 3 秒後	6 秒後	
(2) 10 秒後	13 秒後	(3)

6

右の図のように，頂点を O とし，母線 OA の長さが 9 cm，底面の円の直径 AB が 6 cm の円錐と，この円錐の中にぴったり入った球がある。母線 OA と球との接点を P とする。また，円錐の底面の中心を H とすると，底面と線分 OH は垂直に交わっている。このとき，次の問いに答えなさい。

((1)4点，(2)6点)

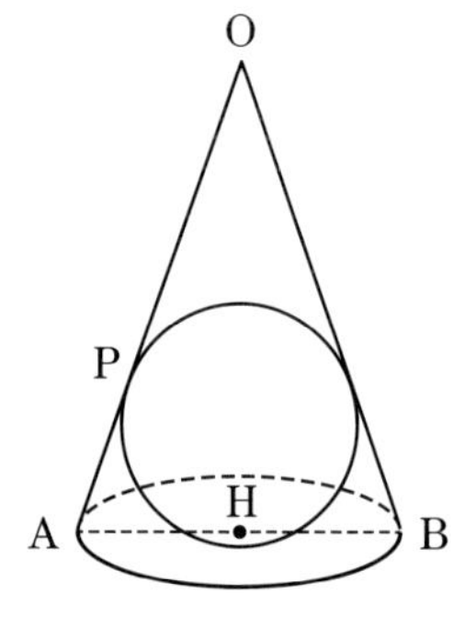

(1) 円錐の高さ OH を求めなさい。

(2) 円錐の体積と球の体積の比を，最も簡単な整数の比で表しなさい。

(1)	(2)

7 図1のように，点Oを中心，線分ABを直径とする半径6 cmの半円がある。$\overset{\frown}{AB}$上に点C，Dをとり，線分BCと線分ODの交点をEとする。このとき，次の問いに答えなさい。 ((1)(2)4点×2，(3)6点×2)

図1
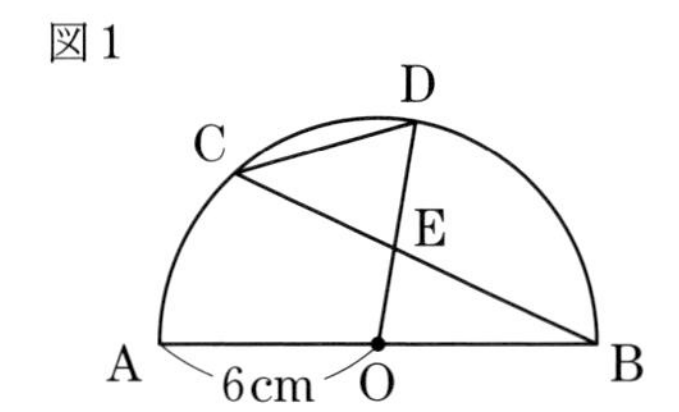

(1) ∠DCB＝40°のとき，おうぎ形OBDの面積を求めなさい。

(2) 図2のように，CD＝OB，CD // OBのとき，四角形COBDの面積を求めなさい。

図2
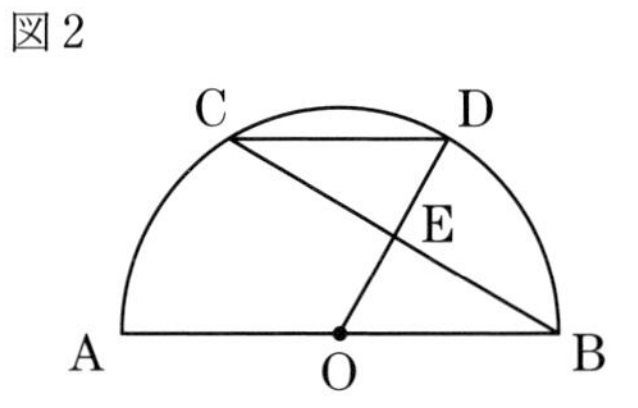

(3) 図3のように，∠DOB＝60°のとき，点Aと点Dを結び，ADとBCとの交点をFとする。AF＝FDのとき，次の①，②の問いに答えなさい。

① 線分BEの長さを求めなさい。

② △FOEの面積を求めなさい。

図3
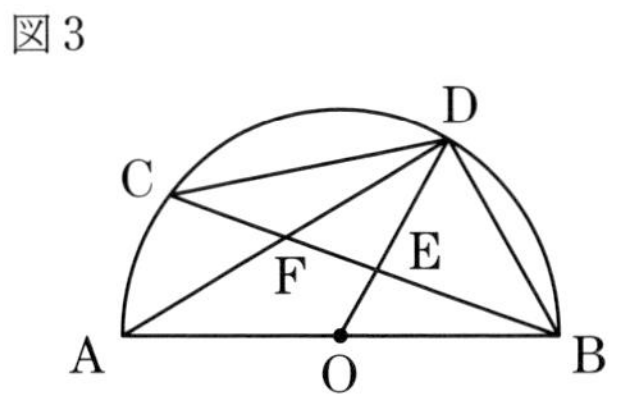

(1)	(2)	(3)①	②

高校入試 合格BON!

わかるまとめと
よく出る問題で
合格力が上がる

数学

編集協力：(有)アズ　勉強法協力：梁川由香　カバー・キャラクターイラスト：茂苅 恵
アートディレクター：北田進吾　デザイン：畠中脩大・山田香織（キタダデザイン）・堀 由佳里
DTP：(株)明昌堂 データ管理コード 20-1772-3728(CC2020)

この本は下記のように環境に配慮して製作しました。
・製版フィルムを使用しないCTP方式で印刷しました。
・環境に配慮して作られた紙を使っています。

①

高校入試 合格

GOUKAKU

BON!

わかるまとめと
よく出る問題で
合格力が上がる

別冊

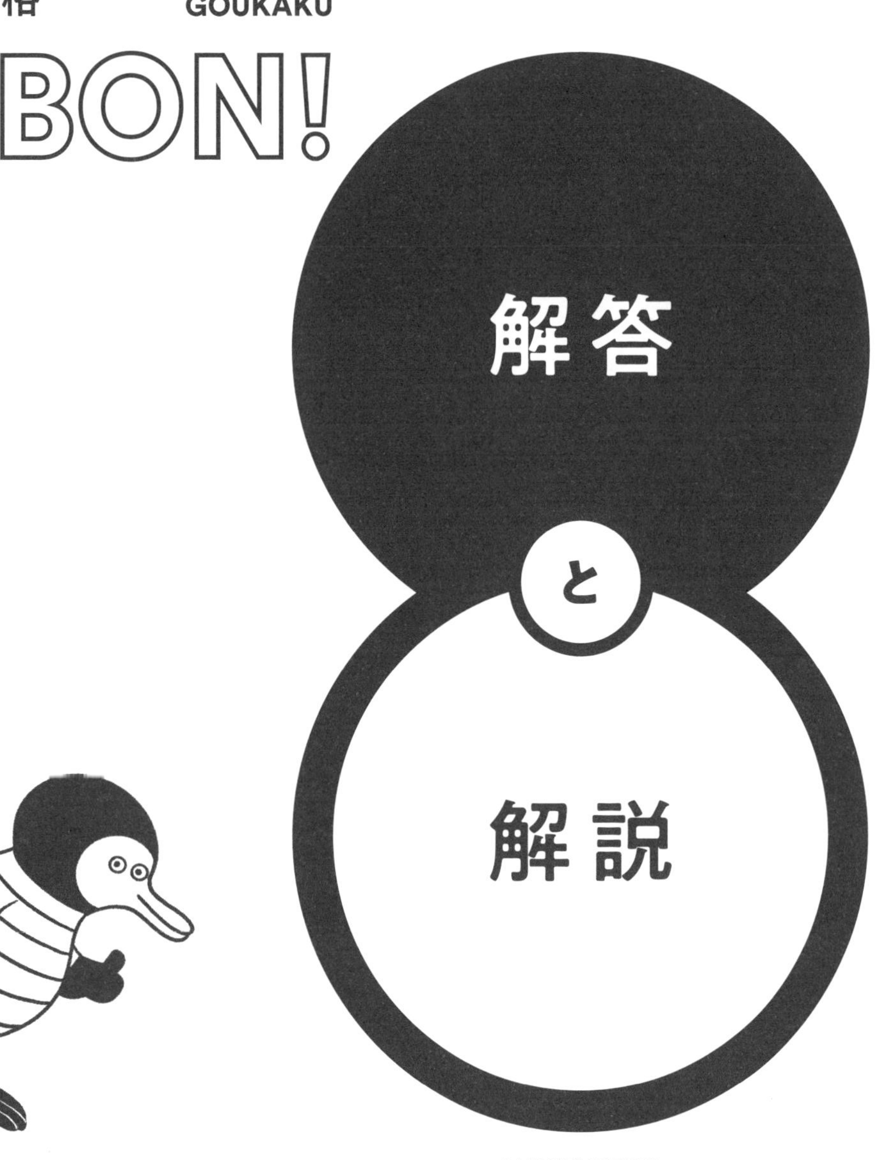

MATHEMATICS

数学

＊軽くのりづけされているので、外してお使いください。

Gakken

高校入試実戦力アップテスト

解答

1章　数と式

PART 1　正負の数

p.10 - 11

1 (1) -3　(2) -17　(3) 2　(4) $-\frac{1}{3}$

(5) -2　(6) -1

2 (1) -63　(2) $-\frac{9}{2}$　(3) 6　(4) -5

(5) $-\frac{1}{3}$　(6) $-\frac{7}{4}$　(7) 12　(8) $\frac{9}{2}$

(9) 24　(10) $\frac{3}{8}$

3 (1) -19　(2) -7　(3) -5　(4) $\frac{5}{12}$

(5) -25　(6) -13　(7) $\frac{1}{4}$　(8) 2

4 (1) 7個　(2) エ　(3) ア，ウ

解説

1 (1) $-5+2=-(5-2)=-3$

(2) $-9+(-8)=-(9+8)=-17$

(3) $-5-(-7)=-5+(+7)=+(7-5)=2$

(4) $\frac{1}{2}-\frac{5}{6}=\frac{3}{6}-\frac{5}{6}=-\left(\frac{5}{6}-\frac{3}{6}\right)=-\frac{2}{6}=-\frac{1}{3}$

(5) $-5-4+7=-9+7=-2$

(6) $6-9-(-2)=6-9+2=6+2-9=8-9=-1$

2 (1) $(-9)\times7=-(9\times7)=-63$

(2) $-15\times\frac{3}{10}=-\left(\frac{\overset{3}{\cancel{15}}\times3}{\underset{2}{\cancel{10}}}\right)=-\frac{9}{2}$

(3) $(-18)\div(-3)=+(18\div3)=6$

(4) $\frac{2}{3}\div\left(-\frac{2}{15}\right)=\frac{2}{3}\times\left(-\frac{15}{2}\right)=-\left(\frac{\overset{1}{\cancel{2}}}{\underset{1}{\cancel{3}}}\times\frac{\overset{5}{\cancel{15}}}{\underset{1}{\cancel{2}}}\right)=-5$

(5) **小数を分数に直して**計算する。

$\frac{5}{6}\times(-0.4)=\frac{5}{6}\times\left(-\frac{4}{10}\right)=-\left(\frac{\overset{1}{\cancel{5}}}{\underset{3}{\cancel{6}}}\times\frac{\overset{\cancel{2}1}{\cancel{4}}}{\underset{\cancel{2}1}{\cancel{10}}}\right)=-\frac{1}{3}$

(6) $(-0.5)\div\frac{2}{7}=\left(-\frac{5}{10}\right)\div\frac{2}{7}=\left(-\frac{5}{10}\right)\times\frac{7}{2}$

$=-\left(\frac{\overset{1}{\cancel{5}}}{\underset{2}{\cancel{10}}}\times\frac{7}{2}\right)=-\frac{7}{4}$

(7) $-3\times(-2^2)=-3\times(-4)=+(3\times4)=12$

ミス対策　-2^2は，2^2に$-$の符号をつけたものだから，$-2^2=-(2\times2)=-4$

$(-2)^2$は，-2を2個かけ合わせたものだから，

$(-2)^2=(-2)\times(-2)=+(2\times2)=4$

(8) $6^2\div8=36\div8=\overset{9}{\cancel{36}}\times\frac{1}{\underset{2}{\cancel{8}}}=\frac{9}{2}$

(9) $\frac{2}{3}\times(-6)^2=\frac{2}{\underset{1}{\cancel{3}}}\times\overset{12}{\cancel{36}}=24$

(10) $\frac{2}{3}\div\left(-\frac{4}{3}\right)^2=\frac{2}{3}\div\frac{16}{9}=\frac{\overset{1}{\cancel{2}}}{\underset{1}{\cancel{3}}}\times\frac{\overset{3}{\cancel{9}}}{\underset{8}{\cancel{16}}}=\frac{3}{8}$

3 (1) $5+\underline{(-3)\times8}=5+\underline{(-24)}=5-24=-19$

(2) $9-\underline{8\div\frac{1}{2}}=9-\underline{8\times\frac{2}{1}}=9-\underline{16}=-7$

(3) $\left(\frac{1}{4}-\frac{2}{3}\right)\times12=\frac{1}{\underset{1}{\cancel{4}}}\times\overset{3}{\cancel{12}}-\frac{2}{\underset{1}{\cancel{3}}}\times\overset{4}{\cancel{12}}=3-8=-5$

別解　**かっこの中を先**に計算する。

$\underline{\left(\frac{1}{4}-\frac{2}{3}\right)}\times12=\underline{\left(\frac{3}{12}-\frac{8}{12}\right)}\times12=\underline{-\frac{5}{12}}\times12=-5$

(4) $-\frac{1}{4}+\underline{\frac{4}{9}\div\frac{2}{3}}=-\frac{1}{4}+\underline{\frac{\overset{2}{\cancel{4}}}{\underset{3}{\cancel{9}}}\times\frac{\overset{1}{\cancel{3}}}{\underset{1}{\cancel{2}}}}=-\frac{1}{4}+\underline{\frac{2}{3}}$

$=-\frac{3}{12}+\frac{8}{12}=\frac{5}{12}$

(5) $7+(-2^3)\times4=7+(-8)\times4=7+(-32)=-25$

(6) $\underline{-5^2}+18\div\frac{3}{2}=\underline{-25}+\overset{6}{\cancel{18}}\times\frac{2}{\underset{1}{\cancel{3}}}=-25+12=-13$

(7) $\left\{\left(\frac{1}{2}\right)^3-\frac{1}{3}\right\}\times\frac{6}{2^2-3^2}=\left(\frac{1}{8}-\frac{1}{3}\right)\times\frac{6}{4-9}$

$=\left(\frac{3}{24}-\frac{8}{24}\right)\times\left(-\frac{6}{5}\right)=\left(-\frac{5}{24}\right)\times\left(-\frac{6}{5}\right)$

$=+\left(\frac{\overset{1}{\cancel{5}}}{\underset{4}{\cancel{24}}}\times\frac{\overset{1}{\cancel{6}}}{\underset{1}{\cancel{5}}}\right)=\frac{1}{4}$

(8) $(-4)\times(-5)+2\times(-3^2)$

$=(-4)\times(-5)+2\times(-9)=20+(-18)$

$=20-18=2$

4 (1) 絶対値が4より小さい整数は，-4と4の間にある整数だから，-3，-2，-1，0，1，2，3の7個。

-4　-3　-2　-1　0　$+1$　$+2$　$+3$　$+4$

(2) $ab<0$より，aとbは異符号になるから，**イ**または**エ**。abの符号は$-$で，$abc>0$より，cの符号は$-$だから，**エ**。

(3) **イ**…□$=2$，△$=3$のとき，□$-$△$=2-3=-1$となり，計算の結果は自然数にならない。

エ…□$=2$，△$=3$のとき，□$\div$△$=2\div3=\frac{2}{3}$となり，計算の結果は自然数にならない。

ア，ウ…加法と乗法は，□と△にどんな自然数を入れても，計算の結果がつねに自然数になる。

PART 2　平方根　p.14 - 15

1 (1) $8<5\sqrt{3}<\sqrt{79}$
(2) $-3\sqrt{3}<-5<-2\sqrt{6}$

2 (1) 1，6，9　(2) $a=5$
(3) 4 個

3 (1) 10 個　(2) $n=67$，68，69

4 (1) 2　(2) $5\sqrt{2}$　(3) $2\sqrt{5}$　(4) $2\sqrt{3}$
(5) $4\sqrt{2}$　(6) $\sqrt{7}-\sqrt{5}$

5 (1) $11\sqrt{3}$　(2) $\sqrt{3}$　(3) $7\sqrt{3}$
(4) $6-9\sqrt{6}$　(5) 0

6 a の範囲…$3465 \leqq a < 3475$
月の直径…3.5×10^3 km

（解説）

1 (1) $(5\sqrt{3})^2=75$，$8^2=64$，$(\sqrt{79})^2=79$
$64<75<79$ より，$\sqrt{64}<\sqrt{75}<\sqrt{79}$
よって，$8<5\sqrt{3}<\sqrt{79}$

(2) $5^2=25$，$(2\sqrt{6})^2=24$，$(3\sqrt{3})^2=27$
$24<25<27$ より，$\sqrt{24}<\sqrt{25}<\sqrt{27}$
よって，$2\sqrt{6}<5<3\sqrt{3}$
負の数は，絶対値が大きいほど小さいから，
$-3\sqrt{3}<-5<-2\sqrt{6}$

2 (1) $10-n$ が平方数になるような自然数 n の値を求める。
$10-n=1$ のとき，$n=10-1=9$
$10-n=4$ のとき，$n=10-4=6$
$10-n=9$ のとき，$n=10-9=1$

(2) 180 を素因数分解すると，$2^2\times3^2\times5$ だから，
$180a=2^2\times3^2\times5\times a$
これより，$a=5$ のとき，
$180a=2^2\times3^2\times5^2=(2\times3\times5)^2=30^2$ となり，
$\sqrt{180a}$ は自然数になる。
よって，最も小さい自然数 a の値は 5

(3) $A=\sqrt{120+a^2}$ とおく。ただし，A は自然数。
両辺を 2 乗すると，$A^2=120+a^2$
a^2 を移項して，左辺を因数分解すると，
$A^2-a^2=120$，$(A+a)(A-a)=120$
$A+a=120$，$A-a=1$ のとき，これを満たす自然数 A，a の値はない。
$A+a=60$，$A-a=2$ のとき，$A=31$，$a=29$
$A+a=40$，$A-a=3$ のとき，これを満たす自然数 A，a の値はない。
$A+a=30$，$A-a=4$ のとき，$A=17$，$a=13$
$A+a=24$，$A-a=5$ のとき，これを満たす自然数 A，a の値はない。
$A+a=20$，$A-a=6$ のとき，$A=13$，$a=7$
$A+a=15$，$A-a=8$ のとき，これを満たす自然数 A，a の値はない。
$A+a=12$，$A-a=10$ のとき，$A=11$，$a=1$
よって，a の値は，1，7，13，29 の 4 個。

3 (1) 不等式のそれぞれの数を 2 乗すると，
$5^2<(\sqrt{n})^2<6^2$，$25<n<36$
n にあてはまる自然数は，26，27，28，29，30，31，32，33，34，35 の 10 個。

(2) 不等式のそれぞれの数を 2 乗すると，
$8.2^2<(\sqrt{n+1})^2<8.4^2$，$67.24<n+1<70.56$，
$66.24<n<69.56$
n にあてはまる自然数は，67，68，69

4 (1) $\sqrt{12}\times\sqrt{2}\div\sqrt{6}=\dfrac{\sqrt{12}\times\sqrt{2}}{\sqrt{6}}=\sqrt{\dfrac{12\times2}{6}}=\sqrt{4}$
$=2$

(2) $\sqrt{8}+\sqrt{18}=2\sqrt{2}+3\sqrt{2}=5\sqrt{2}$

(3) $\sqrt{45}+\sqrt{5}-\sqrt{20}=3\sqrt{5}+\sqrt{5}-2\sqrt{5}=2\sqrt{5}$

(4) $\sqrt{75}-\dfrac{9}{\sqrt{3}}=5\sqrt{3}-\dfrac{9\times\sqrt{3}}{\sqrt{3}\times\sqrt{3}}=5\sqrt{3}-\dfrac{9\sqrt{3}}{3}$
$=5\sqrt{3}-3\sqrt{3}=2\sqrt{3}$

(5) $\sqrt{50}+6\sqrt{2}-\dfrac{14}{\sqrt{2}}=5\sqrt{2}+6\sqrt{2}-\dfrac{14\times\sqrt{2}}{\sqrt{2}\times\sqrt{2}}$
$=5\sqrt{2}+6\sqrt{2}-\dfrac{14\sqrt{2}}{2}=5\sqrt{2}+6\sqrt{2}-7\sqrt{2}=4\sqrt{2}$

(6) $2\sqrt{7}-\sqrt{20}+\sqrt{5}-\dfrac{7}{\sqrt{7}}$
$=2\sqrt{7}-2\sqrt{5}+\sqrt{5}-\dfrac{7\times\sqrt{7}}{\sqrt{7}\times\sqrt{7}}$
$=2\sqrt{7}-2\sqrt{5}+\sqrt{5}-\dfrac{7\sqrt{7}}{7}$
$=2\sqrt{7}-2\sqrt{5}+\sqrt{5}-\sqrt{7}=\sqrt{7}-\sqrt{5}$

5 (1) $\sqrt{27}+\sqrt{24}\times\sqrt{8}=3\sqrt{3}+2\sqrt{6}\times2\sqrt{2}$
$=3\sqrt{3}+2\times\sqrt{2}\times\sqrt{3}\times2\times\sqrt{2}$
$=3\sqrt{3}+2\times2\times2\times\sqrt{3}=3\sqrt{3}+8\sqrt{3}=11\sqrt{3}$
（ミス対策）**$\sqrt{27}$，$\sqrt{24}$，$\sqrt{8}$ をそれぞれ $a\sqrt{b}$ の形に直してから計算する。また，平方根の計算でも，四則の混じった計算の順序に注意する。**

(2) $\sqrt{12}-3\sqrt{2}\div\sqrt{6}=2\sqrt{3}-\dfrac{3\sqrt{2}}{\sqrt{6}}=2\sqrt{3}-\dfrac{\sqrt{18}}{\sqrt{6}}$
$=2\sqrt{3}-\sqrt{\dfrac{18}{6}}=2\sqrt{3}-\sqrt{3}=\sqrt{3}$

(3) $\dfrac{6}{\sqrt{3}}+\sqrt{15}\times\sqrt{5}=\dfrac{6\times\sqrt{3}}{\sqrt{3}\times\sqrt{3}}+\sqrt{3}\times\sqrt{5}\times\sqrt{5}$
$=\dfrac{6\sqrt{3}}{3}+5\sqrt{3}=2\sqrt{3}+5\sqrt{3}=7\sqrt{3}$

(4) $\sqrt{6}(\sqrt{6}-7)-\sqrt{24}=\sqrt{6}\times\sqrt{6}-\sqrt{6}\times 7-2\sqrt{6}$
$=6-7\sqrt{6}-2\sqrt{6}=6-9\sqrt{6}$

(5) $\left(\frac{5}{7}-\frac{1}{21}\right)\times\frac{3}{\sqrt{6}}-\frac{\sqrt{3}}{2}\div\sqrt{\frac{9}{8}}$
$=\left(\frac{15}{21}-\frac{1}{21}\right)\times\frac{3\times\sqrt{6}}{\sqrt{6}\times\sqrt{6}}-\frac{\sqrt{3}}{2}\div\frac{\sqrt{9}}{\sqrt{8}}$
$=\frac{14}{21}\times\frac{3\sqrt{6}}{6}-\frac{\sqrt{3}}{2}\div\frac{3}{2\sqrt{2}}$
$=\frac{2}{3}\times\frac{\sqrt{6}}{2}-\frac{\sqrt{3}}{2}\times\frac{2\sqrt{2}}{3}=\frac{\sqrt{6}}{3}-\frac{\sqrt{6}}{3}=0$

6 3470 km を，十の位を四捨五入して上から 2 けたの数で表すと，3500 km
有効数字は 3，5 だから，3.5×10^3 km

PART 3 式の計算 | p.18 - 19

1 (1) $\frac{1}{20}x$ (2) $\frac{5}{12}a$
(3) $3a+6$ (4) $2x+3y$
(5) $5a+2b$ (6) $5x$
(7) $3a+2b$ (8) $\frac{11}{15}x$

2 (1) $\frac{7a-b}{6}$ (2) $\frac{5x+9y}{8}$
(3) $\frac{9x+2y}{12}$ (4) $\frac{x-y}{6}$
(5) $\frac{-16x+13y}{6}$ (6) $\frac{a-5b}{12}$

3 (1) $-9a^2b$ (2) $8x^3$
(3) $2y$ (4) $\frac{15}{2}b$
(5) $2y^2$ (6) $-\frac{2a}{b^2}$
(7) $-24a^4b$ (8) $\frac{3}{2}ab$

4 (1) $-36a^2+4ab$ (2) $6x-4$
(3) $5a-2b$ (4) $2a+1$

5 $2xy$

解説

1 (1) $\frac{4}{5}x-\frac{3}{4}x=\frac{16}{20}x-\frac{15}{20}x=\left(\frac{16}{20}-\frac{15}{20}\right)x=\frac{1}{20}x$

(2) $\frac{1}{4}a-\frac{5}{6}a+a=\frac{3}{12}a-\frac{10}{12}a+\frac{12}{12}a$
$=\left(\frac{3}{12}-\frac{10}{12}+\frac{12}{12}\right)a=\frac{5}{12}a$

(3) $-2a+7-(1-5a)=-2a+7-1+5a=3a+6$

(4) $(3x-2y)-(x-5y)=3x-2y-x+5y=2x+3y$

(5) $2(a+4b)+3(a-2b)=2a+8b+3a-6b=5a+2b$

(6) $4(2x-3y)+3(-x+4y)=8x-12y-3x+12y$
$=5x$

(7) $2(3a-2b)-3(a-2b)=6a-4b-3a+6b=3a+2b$

(8) $\frac{2}{3}(2x-3)-\frac{1}{5}(3x-10)=\frac{4}{3}x-2-\frac{3}{5}x+2$
$=\frac{20}{15}x-\frac{9}{15}x=\frac{11}{15}x$

2 (1) $\frac{2a+b}{3}+\frac{a-b}{2}=\frac{2(2a+b)}{6}+\frac{3(a-b)}{6}$
$=\frac{2(2a+b)+3(a-b)}{6}=\frac{4a+2b+3a-3b}{6}=\frac{7a-b}{6}$

ミス対策 式の計算では，次のように分母をはらうことはできない。
$\left(\frac{2a+b}{3}+\frac{a-b}{2}\right)\times6=2(2a+b)+3(a-b)$
$=4a+2b+3a-3b=7a-b$（×）

(2) $\frac{9x+5y}{8}-\frac{x-y}{2}=\frac{9x+5y}{8}-\frac{4(x-y)}{8}$
$=\frac{9x+5y-4(x-y)}{8}=\frac{9x+5y-4x+4y}{8}$
$=\frac{5x+9y}{8}$

(3) $\frac{3x-y}{3}-\frac{x-2y}{4}=\frac{4(3x-y)}{12}-\frac{3(x-2y)}{12}$
$=\frac{4(3x-y)-3(x-2y)}{12}=\frac{12x-4y-3x+6y}{12}$
$=\frac{9x+2y}{12}$

(4) $\frac{1}{2}(3x-y)-\frac{4x-y}{3}=\frac{3x-y}{2}-\frac{4x-y}{3}$
$=\frac{3(3x-y)}{6}-\frac{2(4x-y)}{6}=\frac{3(3x-y)-2(4x-y)}{6}$
$=\frac{9x-3y-8x+2y}{6}=\frac{x-y}{6}$

(5) $\frac{3x+2y}{6}+\frac{4x-5y}{3}-\frac{9x-7y}{2}$
$=\frac{3x+2y}{6}+\frac{2(4x-5y)}{6}-\frac{3(9x-7y)}{6}$
$=\frac{3x+2y+2(4x-5y)-3(9x-7y)}{6}$
$=\frac{3x+2y+8x-10y-27x+21y}{6}=\frac{-16x+13y}{6}$

(6) $\frac{a+b}{4}-\left(\frac{3a}{2}-\frac{4a-2b}{3}\right)=\frac{a+b}{4}-\frac{3a}{2}+\frac{4a-2b}{3}$
$=\frac{3(a+b)}{12}-\frac{18a}{12}+\frac{4(4a-2b)}{12}$
$=\frac{3(a+b)-18a+4(4a-2b)}{12}$
$=\frac{3a+3b-18a+16a-8b}{12}=\frac{a-5b}{12}$

3 (1) $6ab\times\left(-\frac{3}{2}a\right)=6\times\left(-\frac{3}{2}\right)\times ab\times a=-9a^2b$

(2) $4x^2\times2x=4\times2\times x^2\times x=8x^3$

(3) $(-6xy^2)\div(-3xy)=\frac{6xy^2}{3xy}=\frac{\overset{2}{\cancel{6}}\times\overset{1}{\cancel{x}}\times\overset{1}{\cancel{y}}\times y}{\underset{1}{\cancel{3}}\times\underset{1}{\cancel{x}}\times\underset{1}{\cancel{y}}}=2y$

(4) $(-3ab)^2\div\frac{6}{5}a^2b=9a^2b^2\times\frac{5}{6a^2b}$
$=\frac{\overset{3}{\cancel{9}}\times\overset{1}{\cancel{a}}\times\overset{1}{\cancel{a}}\times\overset{1}{\cancel{b}}\times b\times5}{\underset{2}{\cancel{6}}\times\underset{1}{\cancel{a}}\times\underset{1}{\cancel{a}}\times\underset{1}{\cancel{b}}}=\frac{15}{2}b$

(5) $4x^2y\times3y\div6x^2=4x^2y\times3y\times\frac{1}{6x^2}=\frac{4x^2y\times3y}{6x^2}$
$=2y^2$

(6) $24a^2b^2\div(-6b^3)\div2ab=24a^2b^2\times\left(-\frac{1}{6b^3}\right)\times\frac{1}{2ab}$
$=-\frac{24a^2b^2}{6b^3\times2ab}=-\frac{2a}{b^2}$

(7) $(-3a)^2\div6ab\times(-16ab^2)$
$=9a^2\times\frac{1}{6ab}\times(-16ab^2)=-\frac{9a^2\times16ab^2}{6ab}=-24a^2b$

(8) $\frac{3}{8}a^2b\div\frac{9}{4}ab^2\times(-3b)^2=\frac{3}{8}a^2b\times\frac{4}{9ab^2}\times9b^2$
$=\frac{3a^2b\times4\times9b^2}{8\times9ab^2}=\frac{3}{2}ab$

4 (1) $(9a-b)\times(-4a)=9a\times(-4a)-b\times(-4a)$
$=-36a^2+4ab$

(2) $\frac{3x-2}{\cancel{5}_1}\times\cancel{10}^2=(3x-2)\times2=3x\times2-2\times2$
$=6x-4$

(3) $(45a^2-18ab)\div9a=(45a^2-18ab)\times\frac{1}{9a}$
$=\frac{45a^2}{9a}-\frac{18ab}{9a}=5a-2b$

(4) $(8a^3b^2+4a^2b^2)\div(2ab)^2=(8a^3b^2+4a^2b^2)\div4a^2b^2$
$=(8a^3b^2+4a^2b^2)\times\frac{1}{4a^2b^2}=\frac{8a^3b^2}{4a^2b^2}+\frac{4a^2b^2}{4a^2b^2}=2a+1$

5 左辺$=\square\times\left(\frac{x}{4}\right)^3y\div\left\{-\frac{(x^2y)^2}{16}\right\}$
$=\square\times\frac{x^3y}{64}\div\left(-\frac{x^4y^2}{16}\right)$
$=\square\times\frac{x^3y}{64}\times\left(-\frac{16}{x^4y^2}\right)=\square\times\left(-\frac{1}{4xy}\right)$
よって，$\square\times\left(-\frac{1}{4xy}\right)=-\frac{1}{2}$
$\square=-\frac{1}{2}\div\left(-\frac{1}{4xy}\right)=-\frac{1}{2}\times(-4xy)=2xy$

PART 4　式の展開　p.22 - 23

1 (1) $12x^2+5x-3$　(2) $x^2+8x+16$
(3) $x^2-3x-18$　(4) x^2-81
(5) $4a^2-12a+9$　(6) $16x^2-\frac{1}{4}y^2$

2 (1) $7x+4$　(2) $9x-49$
(3) $6x$　(4) $2x^2+8x-9$
(5) $2x$　(6) $-7x+8$

3 (1) $x^2+2xy+y^2-3x-3y-4$
(2) $16y^2-24y+9-4x^2$

4 (1) $9+2\sqrt{14}$　(2) $-2\sqrt{3}$
(3) 6　(4) $6-2\sqrt{5}$
(5) $\sqrt{6}$　(6) $6-\sqrt{5}$
(7) $8+2\sqrt{3}$　(8) 21
(9) $\sqrt{15}$　(10) 6
(11) $\frac{11}{5}$　(12) 4

5 1

解説

1 (1) $(3x-1)(4x+3)=3x\times4x+3x\times3-1\times4x-1\times3$
$=12x^2+9x-4x-3=12x^2+5x-3$

(2) $(x+4)^2=x^2+2\times4\times x+4^2=x^2+8x+16$

(3) $(x-6)(x+3)=x^2+\{(-6)+3\}x+(-6)\times3$
$=x^2-3x-18$

(4) $(x+9)(x-9)=x^2-9^2=x^2-81$

(5) $(2a-3)^2=(2a)^2-2\times3\times2a+3^2=4a^2-12a+9$

(6) $\left(4x+\frac{1}{2}y\right)\left(4x-\frac{1}{2}y\right)=(4x)^2-\left(\frac{1}{2}y\right)^2$
$=16x^2-\frac{1}{4}y^2$

2 (1) $(x+2)^2-x(x-3)=x^2+4x+4-x^2+3x$
$=7x+4$

(2) $(3x+7)(3x-7)-9x(x-1)$
$=9x^2-49-9x^2+9x=9x-49$

(3) $(x+4)(x-4)-(x+2)(x-8)$
$=x^2-16-(x^2-6x-16)=x^2-16-x^2+6x+16=6x$

ミス対策 −(　)の形になる計算では，展開した式を(　)でくくっておくこと。また，この(　)をはずすとき，(　)の中の各項の符号を変え忘れるミスに注意しよう。

(4) $(x+4)^2+(x+5)(x-5)=x^2+8x+16+x^2-25$
$=2x^2+8x-9$

(5) $(2x+1)(3x-1)-(2x-1)(3x+1)$
$=6x^2-2x+3x-1-(6x^2+2x-3x-1)$
$=6x^2+x-1-(6x^2-x-1)$
$=6x^2+x-1-6x^2+x+1=2x$

(6) $(x-2)^2-(x-1)(x+4)$
$=x^2-4x+4-(x^2+3x-4)$
$=x^2-4x+4-x^2-3x+4=-7x+8$

3 (1) $x+y=A$ とおくと，
$(x+y+1)(x+y-4)=(A+1)(A-4)$
$=A^2-3A-4=(x+y)^2-3(x+y)-4$
$=x^2+2xy+y^2-3x-3y-4$

(2) $-4y+3=A$ とおくと，
$(-2x-4y+3)(2x-4y+3)$
$=\{-2x+(-4y+3)\}\{2x+(-4y+3)\}$
$=(-2x+A)(2x+A)=(A-2x)(A+2x)$
$=A^2-(2x)^2=(-4y+3)^2-4x^2=16y^2-24y+9-4x^2$

4 (1) $(\sqrt{2}+\sqrt{7})^2=(\sqrt{2})^2+2\times\sqrt{7}\times\sqrt{2}+(\sqrt{7})^2$
$=2+2\sqrt{14}+7=9+2\sqrt{14}$
(2) $(\sqrt{3}+1)(\sqrt{3}-3)$
$=(\sqrt{3})^2+\{1+(-3)\}\times\sqrt{3}+1\times(-3)$
$=3-2\sqrt{3}-3=-2\sqrt{3}$
(3) $(\sqrt{7}-1)(\sqrt{7}+1)=(\sqrt{7})^2-1^2=7-1=6$
(4) $(1-\sqrt{5})^2=1^2-2\times\sqrt{5}\times1+(\sqrt{5})^2$
$=1-2\sqrt{5}+5=6-2\sqrt{5}$
(5) $(\sqrt{2}+\sqrt{3})(3\sqrt{2}-2\sqrt{3})$
$=\sqrt{2}\times3\sqrt{2}-\sqrt{2}\times2\sqrt{3}+\sqrt{3}\times3\sqrt{2}-\sqrt{3}\times2\sqrt{3}$
$=6-2\sqrt{6}+3\sqrt{6}-6=\sqrt{6}$
(6) $(\sqrt{5}+1)^2-\sqrt{45}=5+2\sqrt{5}+1-3\sqrt{5}=6-\sqrt{5}$
(7) $(\sqrt{3}+1)(\sqrt{3}+5)-\sqrt{48}=3+6\sqrt{3}+5-4\sqrt{3}$
$=8+2\sqrt{3}$
(8) $(2\sqrt{5}+1)(2\sqrt{5}-1)+\dfrac{\sqrt{12}}{\sqrt{3}}=20-1+\dfrac{2\sqrt{3}}{\sqrt{3}}$
$=19+2=21$
(9) $(\sqrt{10}+\sqrt{5})(\sqrt{6}-\sqrt{3})$
$=\sqrt{10}\times\sqrt{6}-\sqrt{10}\times\sqrt{3}+\sqrt{5}\times\sqrt{6}-\sqrt{5}\times\sqrt{3}$
$=\sqrt{60}-\sqrt{30}+\sqrt{30}-\sqrt{15}=2\sqrt{15}-\sqrt{15}=\sqrt{15}$
(10) $(\sqrt{7}-2)(\sqrt{7}+2)(\sqrt{3}+1)(\sqrt{3}-1)$
$=\{(\sqrt{7})^2-2^2\}\{(\sqrt{3})^2-1^2\}=(7-4)(3-1)$
$=3\times2=6$
(11) $\dfrac{(\sqrt{10}-1)^2}{5}-\dfrac{(\sqrt{2}-\sqrt{6})(\sqrt{2}+\sqrt{6})}{\sqrt{10}}$
$=\dfrac{10-2\sqrt{10}+1}{5}-\dfrac{2-6}{\sqrt{10}}=\dfrac{11-2\sqrt{10}}{5}+\dfrac{4}{\sqrt{10}}$
$=\dfrac{11-2\sqrt{10}}{5}+\dfrac{4\sqrt{10}}{10}=\dfrac{11-2\sqrt{10}+2\sqrt{10}}{5}=\dfrac{11}{5}$
(12) $(1+\sqrt{2}-\sqrt{3})(\sqrt{2}+\sqrt{4}+\sqrt{6})$
$=(1+\sqrt{2}-\sqrt{3})\times\sqrt{2}(1+\sqrt{2}+\sqrt{3})$
$=\sqrt{2}\{(1+\sqrt{2})-\sqrt{3}\}\{(1+\sqrt{2})+\sqrt{3}\}$
$=\sqrt{2}\{(1+\sqrt{2})^2-(\sqrt{3})^2\}$
$=\sqrt{2}(1+2\sqrt{2}+2-3)=\sqrt{2}\times2\sqrt{2}=4$

5 次のようにくふうして計算すると，計算が簡単になり，計算ミスを防ぐことができる。
$624=a$ とおくと，$623=a-1$，$625=a+1$ と表せるから，$624^2-623\times625=a^2-(a-1)(a+1)$
$=a^2-(a^2-1)=a^2-a^2+1=1$

PART 5　因数分解　p.26 - 27

1 (1) $(x+7)(x-4)$　(2) $(x+6)(x-6)$
(3) $(x-5)^2$　(4) $(a+10)(a-2)$
(5) $(3x+2y)(3x-2y)$　(6) $(5a+2b)^2$

2 (1) $2(x+4)(x-4)$　(2) $2(x-5)^2$
(3) $a(x-3)(x-9)$　(4) $9axy(x-3y)^2$
(5) $(x+3)(x-5)$　(6) $(x-1)(x-9)$
(7) $(x-3)(x-8)$　(8) $2(x-y)(x-3y)$

3 (1) $(x+y)(a+2)$
(2) $(a+2)(a-6)$
(3) $(a+2b+2)(a+2b-1)$
(4) $(y-1)(x+2)(x-2)$
(5) $(a-b+2)(a-b-5)$
(6) $(x+9)(x-5)(x^2+4x+19)$

4 (1) $150=2\times3\times5^2$　(2) $n=30$

5 (1) $x=7$，$y=3$　(2) 80800

（解説）

1 (1) 和が3，積が-28となる2数は7と-4だから，
$x^2+3x-28=x^2+\{7+(-4)\}x+7\times(-4)$
$=(x+7)(x-4)$
(2) $x^2-36=x^2-6^2=(x+6)(x-6)$
(3) $x^2-10x+25=x^2-2\times5\times x+5^2=(x-5)^2$
(4) $a^2+8a-20=a^2+\{10+(-2)\}a+10\times(-2)$
$=(a+10)(a-2)$
(5) $9x^2-4y^2=(3x)^2-(2y)^2=(3x+2y)(3x-2y)$
(6) $25a^2+20ab+4b^2=(5a)^2+2\times2b\times5a+(2b)^2$
$=(5a+2b)^2$

2 (1)〜(4)は，**まず共通因数をくくり出し**，さらに公式を利用して因数分解する。
(1) $2x^2-32=2(x^2-16)=2(x^2-4^2)=2(x+4)(x-4)$
（ミス対策）**共通因数2をくくり出して，$2(x^2-16)$としただけでは完全に因数分解したとはいえない。x^2-16の部分を，公式を利用して，さらに因数分解すること。**
(2) $2x^2-20x+50=2(x^2-10x+25)$
$=2(x^2-2\times5\times x+5^2)=2(x-5)^2$
(3) $ax^2-12ax+27a=a(x^2-12x+27)$
$=a[x^2+\{(-3)+(-9)\}x+(-3)\times(-9)]$
$=a(x-3)(x-9)$
(4) $9ax^3y-54ax^2y^2+81axy^3$
$=9axy(x^2-6xy+9y^2)=9axy(x-3y)^2$
(5)〜(8)は，まず**かっこをはずして，x^2+●$x+$■の形に整理**してから因数分解する。
(5) $x(x+1)-3(x+5)=x^2+x-3x-15$
$=x^2-2x-15=(x+3)(x-5)$
(6) $5x(x-2)-(2x+3)(2x-3)$
$=5x^2-10x-(4x^2-9)=5x^2-10x-4x^2+9$
$=x^2-10x+9=(x-1)(x-9)$

(7) $\frac{(2x-6)^2}{4}-5x+15=\frac{4x^2-24x+36}{4}-5x+15$
$=x^2-6x+9-5x+15=x^2-11x+24$
$=(x-3)(x-8)$

(8) $(x-2y)^2+(x+y)(x-5y)+7y^2$
$=x^2-4xy+4y^2+x^2-4xy-5y^2+7y^2$
$=2x^2-8xy+6y^2=2(x^2-4xy+3y^2)$
$=2(x-y)(x-3y)$

3 (1) $x+y=A$ とおくと,
$a(x+y)+2(x+y)=aA+2A=A(a+2)$
$=(x+y)(a+2)$

(2) $a-4=A$ とおくと,
$(a-4)^2+4(a-4)-12=A^2+4A-12$
$=(A+6)(A-2)=(a-4+6)(a-4-2)$
$=(a+2)(a-6)$

(3) $a+2b=A$ とおくと,
$(a+2b)^2+a+2b-2=A^2+A-2$
$=(A+2)(A-1)=(a+2b+2)(a+2b-1)$

(4) $x^2y-x^2-4y+4=x^2(y-1)-4(y-1)$
$=(y-1)(x^2-4)=(y-1)(x+2)(x-2)$

(5) $a^2-3a-2ab+b^2+3b-10$
$=a^2-2ab+b^2-3a+3b-10$
$=(a-b)^2-3(a-b)-10$
$=\{(a-b)+2\}\{(a-b)-5\}$
$=(a-b+2)(a-b-5)$

$a-b=A$ とおくと,
$A^2-3A-10$
$=(A+2)(A-5)$

(6) $(x-3)(x-1)(x+5)(x+7)-960$
$=\{(x-3)(x+7)\}\{(x-1)(x+5)\}-960$
$=\{(x^2+4x)-21\}\{(x^2+4x)-5\}-960$
$=(x^2+4x)^2-26(x^2+4x)+\underline{105-960}$
$=(x^2+4x)^2-26(x^2+4x)+169\underline{-855}-169$
$=\{(x^2+4x)-13\}^2-1024=(x^2+4x-13)^2-32^2$
$=(x^2+4x-13+32)(x^2+4x-13-32)$
$=(x^2+4x+19)(x^2+4x-45)$
$=(x+9)(x-5)(x^2+4x+19)$

4 (1)
```
2 ) 150
3 )  75
5 )  25
      5
```
よって, $150=2\times3\times5^2$

(2) 5880を素因数分解すると, $5880=2^3\times3\times5\times7^2$
$\frac{5880}{n}$を自然数の平方にするには, 素因数2, 3, 5, 7の累乗の指数を偶数にすればよい。
$\frac{5880}{n}=\frac{2^3\times3\times5\times7^2}{2\times3\times5}=2^2\times7^2=(2\times7)^2$
となるから, 最小の n の値は, $n=2\times3\times5=30$

5 (1) $x^2-4y^2=13$ の左辺を因数分解すると,
$(x+2y)(x-2y)=13$
x, y はどちらも自然数だから,
$x+2y=13$, $x-2y=1$
これらを連立方程式として解くと,
$x=7$, $y=3$

(2) $142^2+283^2+316^2-117^2-158^2-284^2$
$=(142^2-158^2)+(283^2-117^2)+(316^2-284^2)$
$=(142+158)(142-158)+(283+117)(283-117)$
$+(316+284)(316-284)$
$=300\times(-16)+400\times166+600\times32$
$=100\times3\times(-16)+100\times4\times166+100\times6\times32$
$=100(-48+664+192)=100\times808=80800$

PART 6　式の計算の利用

p.30 - 31

1 (1) $\boldsymbol{100a+50b=10c}$　(2) $\boldsymbol{\frac{x+1200}{120}}$ **分間**
(3) $\boldsymbol{3a+5b}$ **(g)**　(4) $\boldsymbol{5a+b<500}$
(5) $\boldsymbol{a-5b\geqq20}$
(6) **(例)みかん5個とりんご3個の金額の合計が1000円以下であることを表している。**

2 (1) $\boldsymbol{y=-2x+3}$　(2) $\boldsymbol{c=-5a+2b}$

3 (1) **23**　(2) **−9**　(3) **6**　(4) **8**

4 $\boldsymbol{1000a+100b+10b+a}$ **と表せる。**
$\boldsymbol{1000a+100b+10b+a=1001a+110b}$
$\boldsymbol{=11(91a+10b)}$
$\boldsymbol{91a+10b}$ **は整数だから,** $\boldsymbol{11(91a+10b)}$ **は11の倍数である。**

5 **1**

(解説)

1 (1) 100円硬貨 a 枚, 50円硬貨 b 枚の金額の合計は,
$100a+50b$(円)
10円硬貨 c 枚の金額の合計は, $10c$(円)
この2つの金額が等しいから, $100a+50b=10c$

(2) 分速60 mで歩いた時間は$\frac{x}{60}$分間, 分速120 mで走った時間は $\frac{1200-x}{120}$ 分間だから, 家から学校までにかかった時間は,
$\frac{x}{60}+\frac{1200-x}{120}=\frac{2x+1200-x}{120}=\frac{x+1200}{120}$(分間)

(3) 濃度 a %の食塩水 x gにふくまれる食塩の量は,
$x\times\frac{a}{100}$(g)だから,
$300\times\frac{a}{100}+500\times\frac{b}{100}=3a+5b$(g)

(4) 鉛筆5本と消しゴム1個の代金は，$5a+b$(円)

おつりがあるということは，代金より出した金額500円のほうが多いということだから，

$5a+b<500$

(5) 余った枚数は，

(はじめにあった枚数)−(配った枚数)

$=a-5b$(枚)だから，$a-5b \geqq 20$

2 (1) $4x+2y=6$

$2y=-4x+6$ ← $4x$ を移項する

$y=-2x+3$ ← 両辺を2でわる

(2) $a=\dfrac{2b-c}{5}$，$a\times5=\left(\dfrac{2b-c}{5}\right)\times5$,

$5a=2b-c$，$c=-5a+2b$

3 (1) 代入する式を**計算して簡単にしてから代入**する。

$(3a+4)^2-9a(a+2)=9a^2+24a+16-9a^2-18a$
$-6a+16$

この式に $a=\dfrac{7}{6}$ を代入すると，

$6a+16=6\times\dfrac{7}{6}+16=7+16=23$

(2) $3(a-2b)-5(3a-b)=3a-6b-15a+5b$
$=-12a-b$

この式に $a=\dfrac{1}{2}$，$b=3$ を代入すると，

$-12a-b=-12\times\dfrac{1}{2}-3=-6-3=-9$

(3) $x+y=(2+\sqrt{3})+(2-\sqrt{3})=4$

$xy=(2+\sqrt{3})(2-\sqrt{3})=4-3=1$

$\left(1+\dfrac{1}{x}\right)\left(1+\dfrac{1}{y}\right)=1+\dfrac{1}{y}+\dfrac{1}{x}+\dfrac{1}{xy}$
$=1+\dfrac{x+y}{xy}+\dfrac{1}{xy}$

この式に $x+y=4$，$xy=1$ を代入すると，

$1+\dfrac{x+y}{xy}+\dfrac{1}{xy}=1+\dfrac{4}{1}+\dfrac{1}{1}=1+4+1=6$

(4) $4^2<24<5^2$ より，$\sqrt{24}$ の整数部分は4だから，

小数部分 a は，$a=\sqrt{24}-4$

$a^2+8a=a(a+8)=(\sqrt{24}-4)(\sqrt{24}-4+8)$
$=(\sqrt{24}-4)(\sqrt{24}+4)=24-16=8$

5 **(わられる数)=(わる数)×(商)+(余り)**だから，

$m=7a+3$，$n=7b+5$ と表せる。

$mn=(7a+3)(7b+5)=49ab+35a+21b+15$
$=7(7ab+5a+3b+2)+1$

$7ab+5a+3b+2$ は整数だから，

$7(7ab+5a+3b+2)$ は7の倍数である。

よって，$7(7ab+5a+3b+2)+1$ を7でわったときの余りは1

2章　方程式

PART 7　1次方程式

p.34 - 35

1 (1) $x=4$　(2) $x=-5$
(3) $x=4$　(4) $x=9$
(5) $x=\dfrac{4}{5}$　(6) $x=-12$
(7) $x=1$　(8) $x=-4$

2 (1) $x=15$　(2) $x=\dfrac{5}{2}$

3 (1) $a=-3$　(2) $a=17$

4 400円

5 38人

6 8000人

7 10.6 ℃

解説

1 (1) $3x-5=x+3$

$3x-x=3+5$ ← x を左辺に，-5を右辺に移項する。

$2x=8$ ← $ax=b$ の形に整理する。

$x=4$ ← 両辺を x の係数2でわる。

(2) $x-4=5x+16$，$x-5x=16+4$，$-4x=20$，
$x=-5$

(3) **分配法則を使ってかっこをはずし**，$ax=b$ の形に整理する。

$5x-2=2(4x-7)$，$5x-2=8x-14$,

$5x-8x=-14+2$，$-3x=-12$，$x=4$

(4) $9x+4=5(x+8)$，$9x+4=5x+40$,

$9x-5x=40-4$，$4x=36$，$x=9$

(5) 両辺に**分母の数をかけて分母をはらう。**

$\dfrac{3x+4}{2}=4x$, $\dfrac{3x+4}{2}\times2=4x\times2$, $3x+4=8x$,

$-5x=-4$，$x=\dfrac{4}{5}$

ミス対策　**分母をはらうときは，両辺に同じ数をかける。右辺に2をかけ忘れるミスに注意する。**

~~$\dfrac{3x+4}{2}\times2=4x$~~

(6) $x-7=\dfrac{4x-9}{3}$，$(x-7)\times3=\dfrac{4x-9}{3}\times3$,

$3x-21=4x-9$，$-x=12$，$x=-12$

(7) $\dfrac{3x-1}{2}-\dfrac{x-4}{3}=5x-3$,

$\left(\dfrac{3x-1}{2}-\dfrac{x-4}{3}\right)\times6=(5x-3)\times6$,

$3(3x-1)-2(x-4)=(5x-3)\times6$,

$9x-3-2x+8=30x-18$，$-23x=-23$，$x=1$

(8) $\frac{x-6}{8}-0.75=\frac{1}{2}x$, $\frac{x-6}{8}-\frac{3}{4}=\frac{1}{2}x$,

$\left(\frac{x-6}{8}-\frac{3}{4}\right)\times 8=\frac{1}{2}x\times 8$, $x-6-6=4x$,

$-3x=12$, $x=-4$

2 **比例式の性質 $a:b=c:d$ ならば，$ad=bc$** を利用する。

(1) $6:8=x:20$, $6\times 20=8\times x$, $120=8x$, $x=15$

(2) $(x-1):x=3:5$, $(x-1)\times 5=x\times 3$,

$5x-5=3x$, $2x=5$, $x=\frac{5}{2}$

3 (1) $3x-4=x-2a$ に $x=5$ を代入すると，

$3\times 5-4=5-2a$, $11=5-2a$, $2a=-6$,

$a=-3$

(2) 与えられた方程式の両辺に10をかけて，分母をはらうと，

$\frac{4-ax}{5}\times 10=\frac{5-a}{2}\times 10$, $2(4-ax)=5(5-a)$,

$8-2ax=25-5a$, $-2ax=-5a+17$

この式に $x=2$ を代入すると，

$-2a\times 2=-5a+17$, $-4a=-5a+17$, $a=17$

4 子ども1人の入園料を x 円とすると，大人1人の入園料は$(x+600)$円と表せる。

よって，$(x+600):x=5:2$

これを解くと，$(x+600)\times 2=x\times 5$,

$2x+1200=5x$, $-3x=-1200$, $x=400$

この解は問題にあっている。← 入園料は自然数。

5 クラスの人数を x 人として，必要な材料費を2通りの式で表す。

1人300円ずつ集めたときは，

$300x+2600$(円)

1人400円ずつ集めたときは，

$400x-1200$(円)

どちらも同じ額の材料費を表しているから，

$300x+2600=400x-1200$

これを解くと，$-100x=-3800$, $x=38$

この解は問題にあっている。← 人数は自然数。

6 4月の観光客数を x 人とする。

x 人から5%増加した人数は，$x\times\left(1+\frac{5}{100}\right)$ と表せるから，$x\times\left(1+\frac{5}{100}\right)=8400$

これを解くと，$\frac{105}{100}x=8400$, $x=8400\times\frac{100}{105}$,

$x=8000$

この解は問題にあっている。

7 はじめに求めた10年間の最高気温の平均値を x ℃とする。

10年間の平均値の合計は $10x$ ℃だから，8年間の平均値の合計は，$10x-2.6-16.2$(℃)

よって，8年間の平均値は，$\frac{10x-2.6-16.2}{8}$ ℃

この8年間の平均値は，はじめに求めた10年間の平均値より0.3℃高くなるから，

$\frac{10x-2.6-16.2}{8}=x+0.3$

これを解くと，$10x-18.8=8x+2.4$, $2x=21.2$,

$x=10.6$

この解は問題にあっている。

PART 8　連立方程式

p.38 - 39

1 **(1) $x=3$, $y=5$**　**(2) $x=4$, $y=-3$**

(3) $x=-1$, $y=1$　**(4) $x=-1$, $y=5$**

(5) $x=5$, $y=2$　**(6) $x=-14$, $y=-11$**

2 **(1) $x=-1$, $y=4$**　**(2) $x=-3$, $y=6$**

(3) $x=-4$, $y=3$　**(4) $x=-5$, $y=5$**

3 **$a=3$, $b=4$**

4 **37**

5 **360 g**

6 **すべての大人の入館者数を x 人，子どもの入館者数を y 人とする。**

大人の入館者のうち，

65歳以上の人数は，$x\times\frac{20}{100}=\frac{1}{5}x$(人)

65歳未満の人数は，$x\times\frac{80}{100}=\frac{4}{5}x$(人)

入館者数の関係から，$x+y=183$　……①

入館料の関係から，

$500\times\frac{4}{5}x+500\times\left(1-\frac{1}{10}\right)\times\frac{1}{5}x+300\times y$

$=76750$　……②

②を整理すると，$400x+90x+300y=76750$,

$490x+300y=76750$,

$49x+30y=7675$　……③

①，③を連立方程式として解くと，

$x=115$, $y=68$

この解は問題にあっている。

大人115人，子ども68人

7 **P地点からR地点までの道のりを x m，R地点からQ地点まで道のりを y mとする。**

道のりの関係から，$x+y=5200$　……①

P 地点から R 地点まで行くのにかかった時間は $\frac{x}{80}$ 分，R 地点から Q 地点まで行くのにかかった時間は $\frac{y}{200}$ 分である。
時間の関係から，
$\frac{x}{80}+\frac{y}{200}=35$ ……②
②の両辺に 400 をかけて，整理すると，
$5x+2x=14000$ ……③
①，③を連立方程式として解くと，
$x=1200$，$y=4000$
この解は問題にあっている。
P 地点から R 地点まで 1200 m，R 地点から Q 地点まで 4000 m

解説

1 (1) $\begin{cases} 7x-3y=6 & \cdots\cdots① \\ x+y=8 & \cdots\cdots② \end{cases}$

$$\begin{array}{lrl} ① & & 7x-3y=6 \\ ②\times3 & +) & 3x+3y=24 \\ \hline & & 10x \quad =30 \\ & & x=3 \end{array}$$

$x=3$ を②に代入して，$3+y=8$，$y=5$

(2) $\begin{cases} 2x+5y=-7 & \cdots\cdots① \\ 3x+7y=-9 & \cdots\cdots② \end{cases}$

$$\begin{array}{lrl} ①\times3 & & 6x+15y=-21 \\ ②\times2 & -) & 6x+14y=-18 \\ \hline & & y=-3 \end{array}$$

$y=-3$ を①に代入して，$2x+5\times(-3)=-7$，
$2x-15=-7$，$2x=8$，$x=4$

(3) $\begin{cases} 2x-3y=-5 & \cdots\cdots① \\ x=-5y+4 & \cdots\cdots② \end{cases}$

②を①に代入すると，$2(-5y+4)-3y=-5$，
$-10y+8-3y=-5$，$-13y=-13$，$y=1$
$y=1$ を②に代入して，$x=-5\times1+4=-1$

(4) $\begin{cases} y=x+6 & \cdots\cdots① \\ y=-2x+3 & \cdots\cdots② \end{cases}$

①を②に代入すると，$x+6=-2x+3$，
$3x=-3$，$x=-1$
$x=-1$ を①に代入して，$y=-1+6=5$

(5) $A=B=C$ の形の連立方程式は，次のいずれかの組み合わせをつくって解く。

$\begin{cases} A=B \\ A=C \end{cases}$ $\begin{cases} A=B \\ B=C \end{cases}$ $\begin{cases} A=C \\ B=C \end{cases}$

$\begin{cases} x-y=3 & \cdots\cdots① \\ -x+4y=3 & \cdots\cdots② \end{cases}$

$$\begin{array}{lrl} ① & & x-y=3 \\ ② & +) & -x+4y=3 \\ \hline & & 3y=6 \\ & & y=2 \end{array}$$

$y=2$ を①に代入して，$x-2=3$，$x=5$

(6) $\begin{cases} 5x-7y=2x-3y+2 & \cdots\cdots① \\ 2x-3y+2=-3x+4y+9 & \cdots\cdots② \end{cases}$

①を整理すると，$3x-4y=2$ ……③
②を整理すると，$5x-7y=7$ ……④

$$\begin{array}{lrl} ③\times5 & & 15x-20y=10 \\ ④\times3 & -) & 15x-21y=21 \\ \hline & & y=-11 \end{array}$$

$y=-11$ を③に代入して，$3x-4\times(-11)=2$，
$3x+44=2$，$3x=-42$，$x=-14$

2 (1) $\begin{cases} y=4(x+2) & \cdots\cdots① \\ 6x-y=-10 & \cdots\cdots② \end{cases}$

①のかっこをはずすと，$y=4x+8$ ……③
③を②に代入すると，$6x-(4x+8)=-10$，
$6x-4x-8=-10$，$2x=-2$，$x=-1$
$x=-1$ を③に代入して，$y=4\times(-1)+8=4$

(2) $\begin{cases} \frac{x}{6}-\frac{y}{4}=-2 & \cdots\cdots① \\ 3x+2y=3 & \cdots\cdots② \end{cases}$

①の両辺に12をかけると，$2x-3y=-24$…③

$$\begin{array}{lrl} ②\times3 & & 9x+6y=9 \\ ③\times2 & +) & 4x-6y=-48 \\ \hline & & 13x \quad =-39 \\ & & x=-3 \end{array}$$

$x=-3$ を②に代入して，$3\times(-3)+2y=3$，
$-9+2y=3$，$2y=12$，$y=6$

(3) $\begin{cases} \frac{x-1}{3}+\frac{3y+1}{6}=0 & \cdots\cdots① \\ 0.4(x+4)+0.5(y-3)=0 & \cdots\cdots② \end{cases}$

①の両辺に 6 をかけると，
$2(x-1)+(3y+1)=0$，$2x-2+3y+1=0$，
$2x+3y=1$ ……③
②の両辺に10をかけると，
$4(x+4)+5(y-3)=0$，$4x+16+5y-15=0$，
$4x+5y=-1$ ……④

$$\begin{array}{lrl} ③\times2 & & 4x+6y=2 \\ ④ & -) & 4x+5y=-1 \\ \hline & & y=3 \end{array}$$

$y=3$ を③に代入して，
$2x+3\times3=1$，$2x+9=1$，$2x=-8$，$x=-4$

(4) $\begin{cases} \dfrac{x+2}{3}-\dfrac{y-1}{4}=-2 & \cdots\cdots① \\ 3x+4y=5 & \cdots\cdots② \end{cases}$

①の両辺に12をかけると,

$4(x+2)-3(y-1)=-24$,

$4x+8-3y+3=-24$, $4x-3y=-35$ ……③

②×3　　$9x+12y=15$

③×4　$+)\ 16x-12y=-140$

　　　　$25x\qquad=-125$

　　　　　　$x=-5$

$x=-5$ を②に代入して, $3\times(-5)+4y=5$,

$-15+4y=5$, $4y=20$, $y=5$

3 $\begin{cases} ax+by=10 & \cdots\cdots① \\ bx-ay=5 & \cdots\cdots② \end{cases}$

①, ②のそれぞれの式に $x=2$, $y=1$ を代入すると,

$a\times2+b\times1=10$, $2a+b=10$ ……③

$b\times2-a\times1=5$, $-a+2b=5$ ……④

③, ④を a, b についての連立方程式として解くと,

③×2　　$4a+2b=20$

④　$-)\ -a+2b=5$

　　　$5a\qquad=15$

　　　　　$a=3$

$a=3$ を③に代入して, $2\times3+b=10$, $b=4$

4 もとの自然数の十の位の数を x, 一の位の数を y とすると, $x+y=10$ ……①

もとの自然数は $10x+y$, 入れかえた自然数は $10y+x$ と表せるから,

$10y+x=10x+y+36$ ……②

②を整理すると,

$9x-9y=-36$, $x-y=-4$ ……③

①, ③を連立方程式として解くと, $x=3$, $y=7$

この解は問題にあっている。

十の位の数は１けたの自然数,
一の位の数は１けたの自然数。

5 4％の食塩水を x g と 9％の食塩水を y g 混ぜ合わせるとする。

食塩水の重さの関係から, $x+y=600$ ……①

食塩水に含まれる食塩の重さの関係から,

$x\times\dfrac{4}{100}+y\times\dfrac{9}{100}=600\times\dfrac{6}{100}$ ……②

②を整理すると,

$4x+9y=3600$ ……③

①, ③を連立方程式として解くと,

$x=360$, $y=240$

この解は問題にあっている。←食塩水の量は正の数。

7 P, Q, R 地点の関係は, 下の図のようになる。

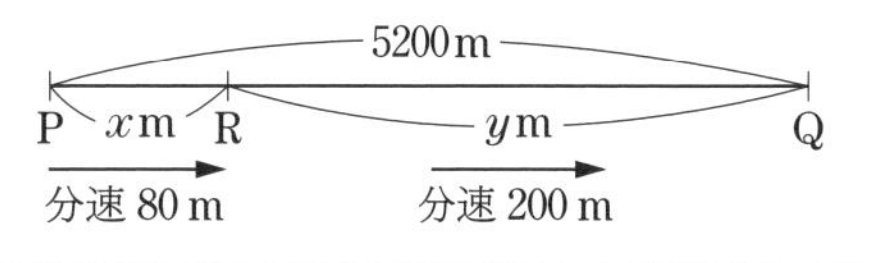

PART 9　2次方程式

p.42 - 43

1 (1) $x=-1\pm\sqrt{3}$　(2) $x=3$, $x=4$

(3) $x=-1$, $x=4$　(4) $x=-7$, $x=5$

(5) $x=\dfrac{-3\pm\sqrt{13}}{2}$　(6) $x=\dfrac{-9\pm\sqrt{21}}{6}$

(7) $x=6$, $x=28$　(8) $x=\dfrac{7\pm\sqrt{17}}{4}$

2 (1) $x=-3$, $x=7$　(2) $x=-2$, $x=6$

(3) $x=0$, $x=9$　(4) $x=3$, $x=\dfrac{5}{2}$

(5) $x=\dfrac{-5\pm\sqrt{10}}{3}$　(6) $x=2\pm\sqrt{3}$

3 $x^2-ax-12=0$ に $x=2$ を代入すると,

$2^2-a\times2-12=0$

これを a について解くと, $-2a=8$, $a=-4$

$x^2-ax-12=0$ に $a=-4$ をあてはめると,

$x^2-(-4)x-12=0$, $x^2+4x-12=0$

これを解くと,

$(x+6)(x-2)=0$, $x=-6$, $x=2$

よって, もう１つの解は, $x=-6$

a の値 -4, もう１つの解 $x=-6$

4 方程式は, $x^2+52=17x$

これを解くと, $x^2-17x+52=0$,

$(x-4)(x-13)=0$, $x=4$, $x=13$

x は素数だから, $x=13$

5 $x=3$

6 (1) $10000(10-x)$円　(2) $x=3$

解説

1 (1) $(x+1)^2=3$, $x+1=\pm\sqrt{3}$, $x=-1\pm\sqrt{3}$

(2) $x^2-7x+12=0$　←左辺を因数分解する。

$(x-3)(x-4)=0$　← $x-3=0$ または $x-4=0$

$x=3$, $x=4$

(3) $x^2-3x-4=0$, $(x+1)(x-4)=0$,

$x=-1$, $x=4$

(4) $x^2+2x-35=0$, $(x+7)(x-5)=0$,

$x=-7$, $x=5$

(5) $x^2+3x-1=0$

$x=\dfrac{-3\pm\sqrt{3^2-4\times1\times(-1)}}{2\times1}=\dfrac{-3\pm\sqrt{9+4}}{2}$

$=\dfrac{-3\pm\sqrt{13}}{2}$

(6) $3x^2+9x+5=0$

$x=\dfrac{-9\pm\sqrt{9^2-4\times3\times5}}{2\times3}=\dfrac{-9\pm\sqrt{81-60}}{6}$

$=\dfrac{-9\pm\sqrt{21}}{6}$

(7) $x^2-34x+168=0$，$x^2-34x=-168$，

$x^2-34x+17^2=-168+17^2$，$(x-17)^2=121$，

$x-17=\pm\sqrt{121}$，$x-17=\pm11$，

$x=17+11=28$，$x=17-11=6$

くわしく **積が168，和が−34となる2数を見つけることが難しいので，方程式を$(x+m)^2=n$の形に変形して，平方根の考え方を利用する。**

(8) $2x^2-7x+4=0$

$x=\dfrac{-(-7)\pm\sqrt{(-7)^2-4\times2\times4}}{2\times2}$

$=\dfrac{7\pm\sqrt{49-32}}{4}=\dfrac{7\pm\sqrt{17}}{4}$

2 (1) $x^2+x=21+5x$，$x^2-4x-21=0$，

$(x+3)(x-7)=0$，$x=-3$，$x=7$

(2) $x(x-1)=3(x+4)$，$x^2-x=3x+12$，

$x^2-4x-12=0$，$(x+2)(x-6)=0$，

$x=-2$，$x=6$

(3) $x-1=X$とおくと，$X^2-7X-8=0$，

$(X+1)(X-8)=0$，$X=-1$，$X=8$

よって，$x-1=-1$より，$x=0$，

$x-1=8$より，$x=9$

(4) $x-2=X$とおくと，$2X^2-3X+1=0$

$X=\dfrac{-(-3)\pm\sqrt{(-3)^2-4\times2\times1}}{2\times2}=\dfrac{3\pm\sqrt{9-8}}{4}$

$=\dfrac{3\pm\sqrt{1}}{4}=\dfrac{3\pm1}{4}$

$x-2=\dfrac{3+1}{4}$のとき，$x=2+\dfrac{3+1}{4}=3$

$x-2=\dfrac{3-1}{4}$のとき，$x=2+\dfrac{3-1}{4}=\dfrac{5}{2}$

(5) $x+3=X$とおくと，$3X^2-8X+2=0$

$X=\dfrac{-(-8)\pm\sqrt{(-8)^2-4\times3\times2}}{2\times3}$

$=\dfrac{8\pm\sqrt{64-24}}{6}=\dfrac{8\pm2\sqrt{10}}{6}=\dfrac{4\pm\sqrt{10}}{3}$

よって，$x+3=\dfrac{4\pm\sqrt{10}}{3}$，

$x=\dfrac{4\pm\sqrt{10}}{3}-3=\dfrac{4\pm\sqrt{10}-9}{3}=\dfrac{-5\pm\sqrt{10}}{3}$

(6) **比例式の性質 $a:b=c:d$ ならば，$ad=bc$**

$x:(4x-1)=1:x$，$x\times x=(4x-1)\times1$，

$x^2=4x-1$，$x^2-4x+1=0$

$x=\dfrac{-(-4)\pm\sqrt{(-4)^2-4\times1\times1}}{2\times1}=\dfrac{4\pm\sqrt{16-4}}{2}$

$=\dfrac{4\pm\sqrt{12}}{2}=\dfrac{4\pm2\sqrt{3}}{2}=2\pm\sqrt{3}$

5 右の図のように，道を長方形の土地の端に寄せても芝生の面積は変わらない。

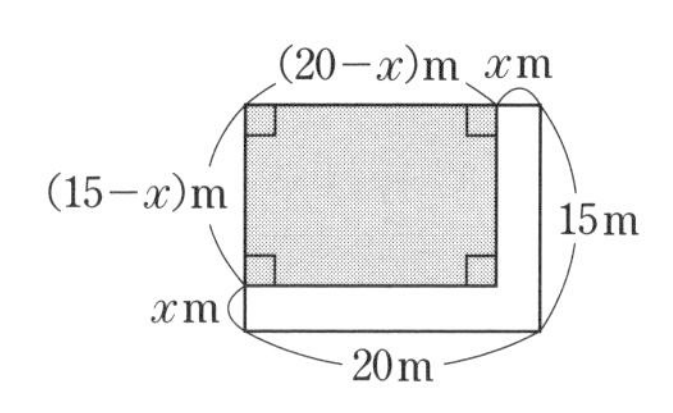

芝生の部分は，縦$(15-x)$m，横$(20-x)$mの長方形になるから，$(15-x)(20-x)=204$

これを解くと，

$300-35x+x^2=204$，$x^2-35x+96=0$，

$(x-3)(x-32)=0$，$x=3$，$x=32$

$0<x<15$だから，$x=3$

6 商品Aの2日目の価格は，

$1000\times\left(1-\dfrac{x}{10}\right)=1000\left(1-\dfrac{x}{10}\right)$(円)

3日目の価格は，

$\left\{1000\times\left(1-\dfrac{x}{10}\right)\right\}\times\left(1-\dfrac{x}{10}\right)=1000\left(1-\dfrac{x}{10}\right)^2$(円)

これより，商品Aの1日目，2日目，3日目の価格，売れた個数，売り上げを表にまとめると，次のようになる。

	1日目	2日目	3日目
価格(円)	1000	$1000\left(1-\dfrac{x}{10}\right)$	$1000\left(1-\dfrac{x}{10}\right)^2$
個数(個)	50	100	200
売り上げ(円)	1000×50	$1000\left(1-\dfrac{x}{10}\right)\times100$	$1000\left(1-\dfrac{x}{10}\right)^2\times200$

(1) 2日目の売り上げは，$1000\left(1-\dfrac{x}{10}\right)\times100$

$=100000\left(1-\dfrac{x}{10}\right)=10000(10-x)$(円)

(2) $1000\times50+10000(10-x)+1000\left(1-\dfrac{x}{10}\right)^2\times200$

$=218000$，

$50000+10000(10-x)+2000(10-x)^2=218000$，

両辺を2000でわると，

$25+5(10-x)+(10-x)^2=109$，

$(10-x)^2+5(10-x)-84=0$

$10-x=X$とおくと，$X^2+5X-84=0$，

$(X+12)(X-7)=0$，$X=-12$，$X=7$

よって，$10-x=-12$より，$x=22$，

$10-x=7$より，$x=3$

$0<x<10$だから，$x=3$

3章　関　数

PART 10 比例・反比例　p.46 - 47

1 (1) ① B(−4, −3)　② C(4, 3)
　③ D(4, −3)　④ E(1, −3)
(2) $a=-3$, $b=-1$

2 (1) $y=-5x$　(2) $y=6$

3 (1) $\frac{1}{2} \leqq y \leqq 3$　(2) −3

4 (1) エ
(2) 式 $y=-\frac{6}{x}$
グラフは右の図。

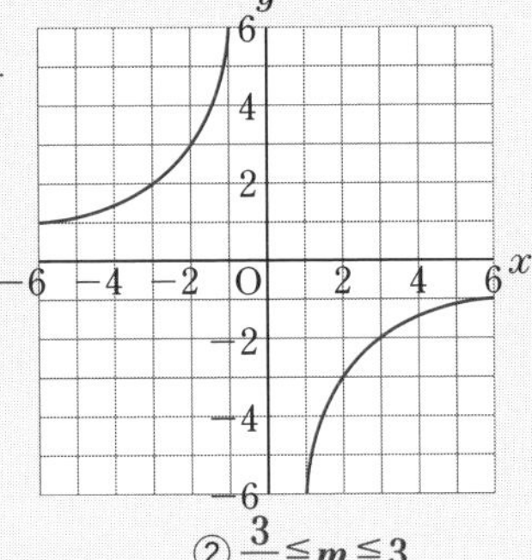

(3) ① $a=12$　② $\frac{3}{4} \leqq m \leqq 3$
(4) $A\left(\sqrt{15},\ \frac{2\sqrt{15}}{3}\right)$

解説

1 (1) ①②③

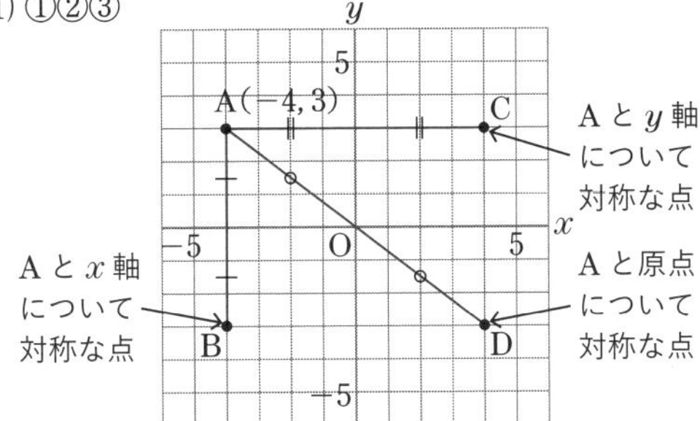

④

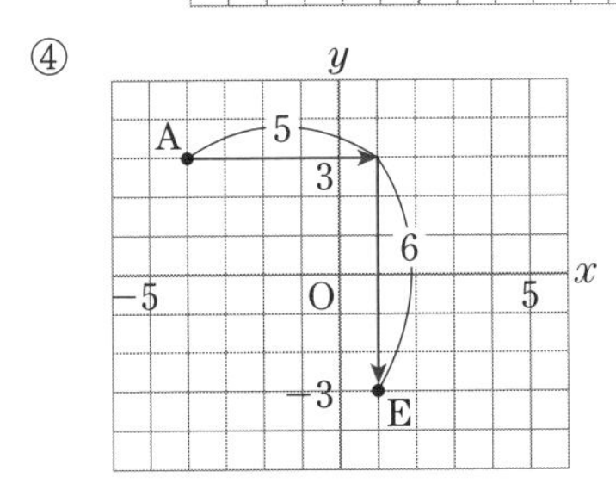

x 座標は，$-4+5=1$，y 座標は，$3-6=-3$
よって，E(1, −3)

(2) 点 A，B の x 座標は等しいから，
$2a+5=3b+2$，$2a-3b=-3$　……①
y 座標は符号を変えたものになるから，
$4b+3=-(2a+7)$，$4b+3=-2a-7$，
$2a+4b=-10$　……②
①，②を連立方程式として解くと，
$a=-3$，$b=-1$

2 (1) y は x に比例するから，$y=ax$ とおける。
$x=3$ のとき $y=-15$ だから，
$-15=a\times3$，$a=-5$
よって，$y=-5x$

(2) y は x に反比例するから，$y=\frac{a}{x}$ とおける。
$x=3$ のとき $y=-4$ だから，$-4=\frac{a}{3}$，$a=-12$
よって，式は，$y=-\frac{12}{x}$
この式に $x=-2$ を代入すると，$y=-\frac{12}{-2}=6$

3 (1) $y=\frac{3}{x}$ のグラフは，$x>0$ のとき，右の図のようになる。
x の値が増加すると y の値は減少するから，$x=1$ のとき y は最大値 $\frac{3}{1}=3$，
$x=6$ のとき y は最小値 $\frac{3}{6}=\frac{1}{2}$ をとる。

(2) **(変化の割合)＝$\frac{(y\text{の増加量})}{(x\text{の増加量})}$**
x の増加量は，$4-1=3$
y の増加量は，$\frac{12}{4}-\frac{12}{1}=3-12=-9$
よって，変化の割合は，$\frac{-9}{3}=-3$

4 (1) **ア** $y=\frac{a}{x}$ のグラフは，双曲線とよばれる2つのなめらかな曲線だから，正しい。

イ $a<0$ のとき，$y=\frac{a}{x}$ のグラフは，右の図のようになる。グラフから，$x<0$ のとき $y>0$
x の値が増加すると y の値も増加するから，正しい。

ウ $y=\frac{a}{x}$ より，$xy=a$ となるから，正しい。

エ $y=\frac{a}{x}$ のグラフは，$x>0$ の範囲で，x の値を大きくしていくと限りなく x 軸に近づくが x 軸と交わることはない。よって，正しくない。

(3) ① $y=\frac{a}{x}$ のグラフは，点 A(2, 6)を通るから，
$6=\frac{a}{2}$，$a=12$
②直線が2点 O，A を通るとき，m の値は最大となる。このとき，$m=\frac{6}{2}=3$

点 B は，$y=\dfrac{12}{x}$ のグラフ上の点だから，$y=\dfrac{12}{4}=3$

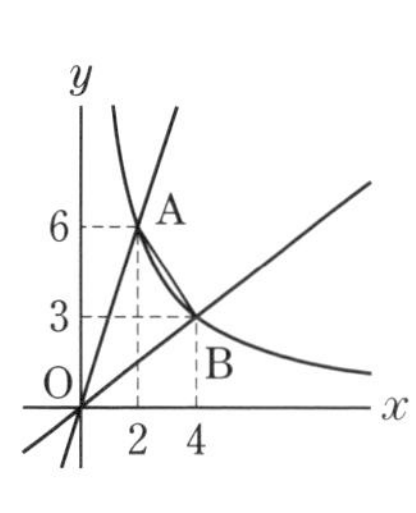

よって，B(4, 3)

直線が 2 点 O，B を通るとき，m の値は最小となる。このとき，$m=\dfrac{3}{4}$

よって，$\dfrac{3}{4}\leqq m\leqq 3$

(4) 点 A の x 座標を t とすると，

$A\left(t,\ \dfrac{10}{t}\right)$ と表せる。

ただし，$t>0$

右の図より，

$\triangle OAB=\dfrac{1}{2}\times 8\times t=4t$

$\triangle OAC=\dfrac{1}{2}\times 12\times\dfrac{10}{t}=\dfrac{60}{t}$

よって，$4t=\dfrac{60}{t}$

これを解くと，$4t^2=60$，$t^2=15$，$t=\pm\sqrt{15}$

$t>0$ だから，$t=\sqrt{15}$

PART 11 1 次関数

p.50 - 51

1 (1) $\boldsymbol{y=\dfrac{1}{2}x+1}$ (2) $\boldsymbol{y=-\dfrac{1}{2}x-2}$

2 (1) **エ** (2) $\boldsymbol{a=\dfrac{5}{2}}$

(3) **(1, 3)** (4) $\boldsymbol{a=\dfrac{9}{5}}$

(5) $\boldsymbol{a=-1,\ b=\dfrac{1}{2}}$

3 $\boldsymbol{\left(-\dfrac{2}{3},\ \dfrac{10}{3}\right)}$

4 (1) **午前10 時 26 分 40 秒** (2) $\boldsymbol{10.8\leqq a<13.5}$

解説

1 (1) 求める 1 次関数の式は $y=ax+b$ とおける。

グラフは点(4, 3)を通るから，

$3=4a+b$ ……①

また，グラフは点(−2, 0)を通るから，

$0=-2a+b$ ……②

①，②を連立方程式として解くと，

$a=\dfrac{1}{2}$，$b=1$

よって，式は，$y=\dfrac{1}{2}x+1$

(2) $x+2y=5$ を y について解くと，

$2y=-x+5$，$y=-\dfrac{1}{2}x+\dfrac{5}{2}$

平行な直線の傾きは等しいから，求める直線の式は $y=-\dfrac{1}{2}x+b$ とおける。

この直線は，点(2, −3)を通るから，

$-3=-\dfrac{1}{2}\times 2+b$，$b=-2$

よって，式は，$y=-\dfrac{1}{2}x-2$

2 (1) グラフは右下がりの直線だから，傾きは負より，$a<0$。また，グラフは y 軸と $y<0$ で交わるから，切片は負より，$b<0$

(2) 直線 PQ の傾きは，$\dfrac{a-4}{-3-(-1)}=-\dfrac{a-4}{2}$

直線 RS の傾きは，$\dfrac{6-3}{5-1}=\dfrac{3}{4}$

平行な直線の傾きは等しいから，

$-\dfrac{a-4}{2}=\dfrac{3}{4}$，$4(a-4)=-6$，$4a-16=-6$，

$4a=10$，$a=\dfrac{5}{2}$

(3) 2 直線の交点の座標は，2 直線の式を連立方程式として解いたときの解である。

$$\begin{cases} y=2x+1 & \cdots\cdots① \\ y=-x+4 & \cdots\cdots② \end{cases}$$

①を②に代入すると，$2x+1=-x+4$，

$3x=3$，$x=1$

$x=1$ を②に代入して，$y=-1+4=3$

よって，2 直線の交点の座標は(1, 3)

(4) $y=-\dfrac{3}{2}x+5$ と x 軸との交点の x 座標は，

$0=-\dfrac{3}{2}x+5$，$x=5\times\dfrac{2}{3}=\dfrac{10}{3}$

この直線と x 軸との交点の座標は，$\left(\dfrac{10}{3},\ 0\right)$

直線 $y=ax-6$ もこの点を通るから，

$0=a\times\dfrac{10}{3}-6$，$\dfrac{10}{3}a=6$，$a=6\times\dfrac{3}{10}=\dfrac{9}{5}$

(5) 1 次関数 $y=-\dfrac{3}{2}x+a$ のグラフは，右下がりの直線になるから，x の値が増加すると，y の値は減少する。

よって，x の変域が $a\leqq x\leqq 2$ のとき，$x=2$ で y は最小値 −4 をとるから，

$-4=-\dfrac{3}{2}\times 2+a$，

$-4=-3+a$，$a=-1$

$x=-1$ で y は最大値 b をとるから，$a=-1$ より，

$b=-\dfrac{3}{2}\times(-1)-1$

$=\dfrac{1}{2}$

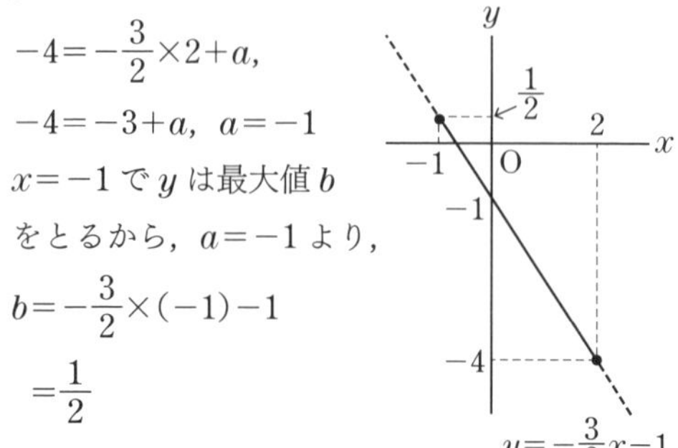

3 点A，Bはともに直線$y=2x$上の点だから，

Aのy座標は，$y=2\times1=2$

Bのy座標は，$y=2\times4=8$

これより，A(1，2)，B(4，8)

点Cは直線$y=-\frac{1}{3}x$上の点だから，

Cのy座標は，$y=-\frac{1}{3}\times(-3)=1$

これより，C(−3，1)

直線BCの式を$y=ax+b$とおく。

直線BCは点B(4，8)を通るから，$8=4a+b$

また，点C(−3，1)を通るから，$1=-3a+b$

これを連立方程式として解くと，$a=1$，$b=4$

よって，直線BCの式は，$y=x+4$

直線BCとy軸との交点をDとすると，

D(0，4)

$\triangle OBC=\triangle OBD+\triangle OCD$

$=\frac{1}{2}\times4\times4+\frac{1}{2}\times4\times3=14$

さらに，点Aを通りy軸と平行な直線とBCとの交点をE，点Aを通り，△OBCの面積を2等分する直線とBCとの交点をFとする。

点Eは直線BC上の点だから，Eのy座標は，

$y=1+4=5$　これより，E(1，5)

よって，$\triangle BEA=\frac{1}{2}\times(5-2)\times(4-1)=\frac{9}{2}$

また，△BFAの面積は△OBCの面積の$\frac{1}{2}$になるから，$\triangle BFA=14\times\frac{1}{2}=7$

よって，$\triangle EFA=\triangle BFA-\triangle BEA=7-\frac{9}{2}=\frac{5}{2}$

点FからEAにひいた垂線の長さをhとすると，

$\frac{1}{2}\times(5-2)\times h=\frac{5}{2}$，$h=\frac{5}{2}\times\frac{2}{3}=\frac{5}{3}$

よって，点Fのx座標は，$1-\frac{5}{3}=-\frac{2}{3}$

点Fは直線BC上の点だから，Fのy座標は，

$y=-\frac{2}{3}+4=-\frac{2}{3}+\frac{12}{3}=\frac{10}{3}$

したがって，点Fの座標は，$\left(-\frac{2}{3},\ \frac{10}{3}\right)$

4 (1) 10時x分のときの駅からの道のりをy kmとする。大輔さんは，60分間に18 km進むから，

その速さは，$\frac{18}{60}=\frac{3}{10}$(km/分)

これより，大輔さんの式は$y=\frac{3}{10}x+b$と表せる。

グラフは点(10，0)を通るから，

$0=\frac{3}{10}\times10+b$，$b=-3$

よって，$y=\frac{3}{10}x-3$……①

2回目にすれちがうバスは，15分間に9 km進むから，その速さは，$\frac{9}{15}=\frac{3}{5}$(km/分)

これより，バスの式は，$y=-\frac{3}{5}x+c$と表せる。

グラフは点(35，0)を通るから，

$0=-\frac{3}{5}\times35+c$，$c=21$

よって，$y=-\frac{3}{5}x+21$……②

①，②を連立方程式として解くと，

$\frac{3}{10}x-3=-\frac{3}{5}x+21$，$\frac{9}{10}x=24$，$x=24\times\frac{10}{9}=\frac{80}{3}$

$\frac{80}{3}=26\frac{2}{3}$より，午前10時26分40秒にすれちがう。

(2) 下の図から，大輔さんがスタジアムに到着した時刻は，午前10時50分より遅く11時以前であったといえる。

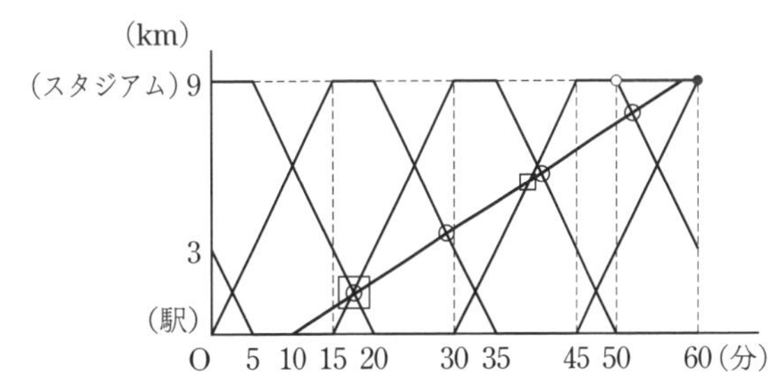

午前10時50分に到着するとき，大輔さんは9 kmを50−10=40(分)で走るから，その速さは，

$9\div\frac{40}{60}=13.5$(km/時)

午前11時に到着するとき，大輔さんは9 kmを60−10=50(分)で走るから，その速さは，

$9\div\frac{50}{60}=10.8$(km/時)

よって，aの値の範囲は，$10.8\leqq a<13.5$

PART 12 2乗に比例する関数

p.54 - 55

1 (1) $y=5x^2$　(2) 5

(3) $a=-2$　(4) $a=-9$，$b=0$

(5) $a=\frac{1}{9}$

2 $a=\frac{3}{14}$

3 (1) $a=1$

(2) ① 10　② $t=\frac{1+\sqrt{5}}{2}$

4 (1) $a=\frac{1}{4}$　(2) D(1，1)

(3) 2，$1\pm\sqrt{17}$

解説

1 (1) y は x の2乗に比例するから，$y=ax^2$ とおける。
この式に $x=-1$，$y=5$ を代入すると，
$5=a\times(-1)^2$，$a=5$　よって，$y=5x^2$

(2) x の増加量は，$6-4=2$
y の増加量は，$\frac{1}{2}\times6^2-\frac{1}{2}\times4^2=18-8=10$
よって，変化の割合は，$\frac{10}{2}=5$

(3) x の増加量は，$5-1=4$
y の増加量は，$a\times5^2-a\times1^2=25a-a=24a$
よって，変化の割合は，$\frac{24a}{4}=6a$
これが -12 だから，$6a=-12$，$a=-2$

別解 1つの式に表して求めると，
$\frac{a\times5^2-a\times1^2}{5-1}=-12$，$\frac{24a}{4}=-12$，$a=-2$

(4) 関数 $y=-x^2$ で，x の変域が $-2\leqq x\leqq3$ のとき，グラフは右の図の実線部分のようになる。

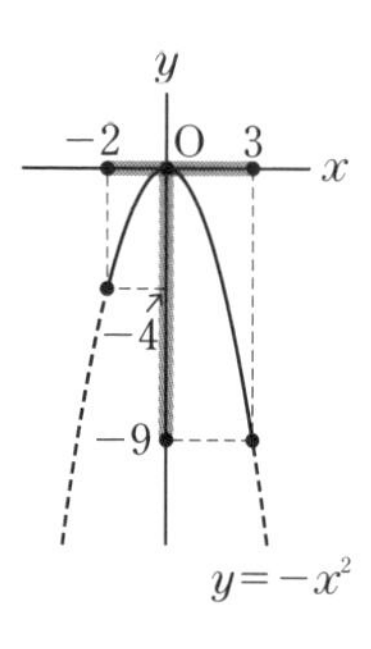

$x=0$ のとき，y は最大値
$y=0$
$x=3$ のとき，y は最小値
$y=-3^2=-9$
をとる。よって，y の変域は $-9\leqq y\leqq0$

ミス対策 **$x=-2$ のときの y の値は，**
$y=-(-2)^2=-4$
これを y の最大値としないように注意すること。変域を求めるときは，グラフの略図をかくと，このようなミスを防ぐことができる。

(5) y の変域は $y\geqq0$ だから，$y=ax^2$ のグラフは x 軸の上側にあり，$a>0$
よって，グラフは右の図の実線部分のようになる。

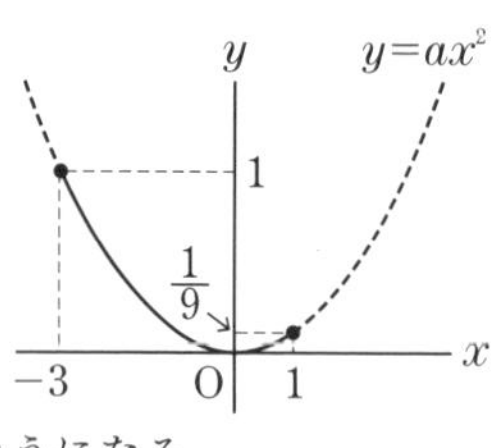

これより，$x=-3$ のとき，y は最大値1をとるから，$a\times(-3)^2=1$，$9a=1$，$a=\frac{1}{9}$

2 点Aの y 座標は点Cの y 座標に等しいから -6
点Aは $y=-\frac{3}{8}x^2$ のグラフ上の点だから，x 座標は，$-6=-\frac{3}{8}\times x^2$，$x^2=16$，$x=\pm4$
$x<0$だから，$x=-4$　よって，A$(-4,\ -6)$
直線AOは原点を通り，傾きが $\frac{3}{2}$ の直線だから，
$y=\frac{3}{2}x$
点Bの x 座標は点Cの x 座標に等しいから7
点Bは $y=\frac{3}{2}x$ のグラフ上の点だから，y 座標は，$y=\frac{3}{2}\times7=\frac{21}{2}$
よって，B$\left(7,\ \frac{21}{2}\right)$
点Bは $y=ax^2$ のグラフ上の点だから，
$\frac{21}{2}=a\times7^2$，$\frac{21}{2}=49a$，$a=\frac{21}{2}\times\frac{1}{49}=\frac{3}{14}$

3 (1) 点Aは直線 $y=2x+3$ 上の点だから，y 座標は，
$y=2\times(-1)+3=1$
よって，A$(-1,\ 1)$
点Aは $y=ax^2$ のグラフ上の点だから，
$1=a\times(-1)^2$，$a=1$

(2) ① $t=1$のとき，点Pは直線 $y=2x+3$ 上の点だから，y 座標は，
$y=2\times1+3=5$
よって，P$(1,\ 5)$

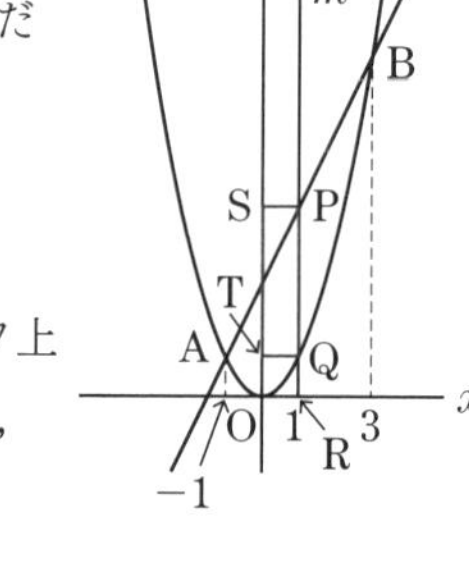

点Qは $y=x^2$ のグラフ上の点だから，y 座標は，
$y=1^2=1$
よって，Q$(1,\ 1)$
したがって，長方形STQPの周の長さは，
$(\mathrm{PS}+\mathrm{PQ})\times2=(1+4)\times2=10$

②点Pは直線 $y=2x+3$ 上の点だから，
P$(t,\ 2t+3)$
点Qは $y=x^2$ のグラフ上の点だから，Q$(t,\ t^2)$ と表せる。
よって，長方形STQPの周の長さは，
$\{t+(2t+3-t^2)\}\times2$
$=-2t^2+6t+6$
$\mathrm{QR}=t^2$ だから，線分QRを1辺とする正方形の周の長さは，$4t^2$
したがって，$-2t^2+6t+6=4t^2$
これを解くと，$6t^2-6t-6=0$，$t^2-t-1=0$
$t=\frac{-(-1)\pm\sqrt{(-1)^2-4\times1\times(-1)}}{2\times1}=\frac{1\pm\sqrt{5}}{2}$
$0<t<3$ だから，$t=\frac{1+\sqrt{5}}{2}$

4 (1) 点A，Bはどちらも $y=ax^2$ のグラフ上の点だから，それぞれの座標は，
A$(-2,\ 4a)$，B$(4,\ 16a)$
これより，直線ABの傾きは，$\frac{16a-4a}{4-(-2)}=2a$

また，直線 AB の切片は 2 だから，AB の式は，$y=2ax+2$ とおける。

直線 AB は点 $A(-2,\ 4a)$ を通るから，

$4a=2a\times(-2)+2,\ 8a=2,\ a=\frac{1}{4}$

(2) $\triangle OAB=\triangle OAC+\triangle OBC$

$=\frac{1}{2}\times2\times2+\frac{1}{2}\times2\times4=2+4=6$

直線 CD が△OAB の面積を 2 等分するとき，四角形 ODCA の面積が 3 になる。

$\triangle OAC=2$ だから，$\triangle OCD=1$

点 D の x 座標を d とすると，

$\frac{1}{2}\times2\times d=1,$

$d=1$

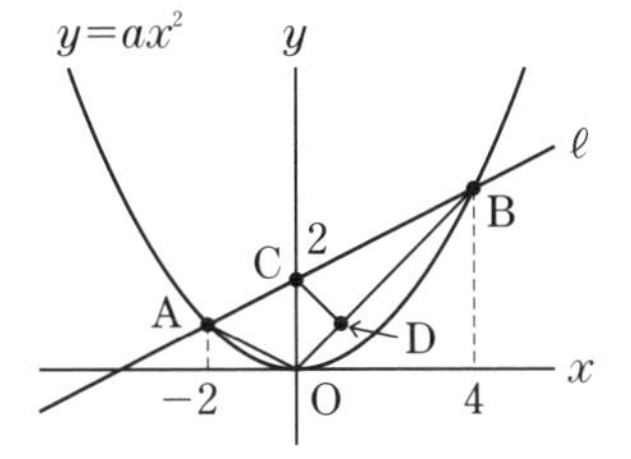

また，B(4, 4)だから，直線 OB の式は，$y=x$

点 D は直線 OB 上の点だから，D(1, 1)

(3) y 軸上に OC=CE となる点 E(0, 4)をとる。

点 O を通り直線 ℓ に平行な直線を m，点 E を通り直線 ℓ に平行な直線を n とする。

右の図のように，求める点 P は，$y=\frac{1}{4}x^2$ のグラフと m，n の交点のうち，原点 O を除く 3 つの点である。

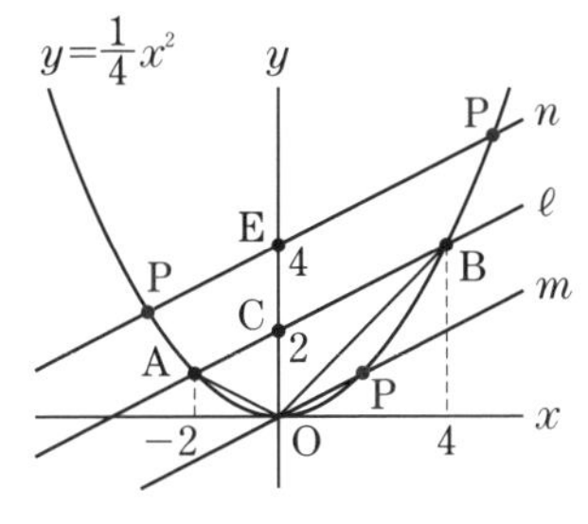

直線 ℓ の傾きは，$2a=2\times\frac{1}{4}=\frac{1}{2}$

直線 m の式は，$y=\frac{1}{2}x$

直線 m と $y=\frac{1}{4}x^2$ のグラフとの交点の x 座標は，$\frac{1}{4}x^2=\frac{1}{2}x$

これを解くと，$x^2-2x=0,\ x(x-2)=0,$

$x=0,\ x=2\quad x\neq0$ だから，$x=2$

直線 n の式は，$y=\frac{1}{2}x+4$

直線 n と $y=\frac{1}{4}x^2$ のグラフとの交点の x 座標は，$\frac{1}{4}x^2=\frac{1}{2}x+4$

これを解くと，$x^2-2x-16=0$

$x=\frac{-(-2)\pm\sqrt{(-2)^2-4\times1\times(-16)}}{2\times1}$

$=\frac{2\pm\sqrt{68}}{2}=\frac{2\pm2\sqrt{17}}{2}=1\pm\sqrt{17}$

4章　図　形

PART 13　作図とおうぎ形の計量

p.58 - 59

1 (1) 弧の長さ…**10π cm**，面積…**60π cm²**

(2) **135°**　　(3) **$(16\pi-32)$cm²**

2 (1)

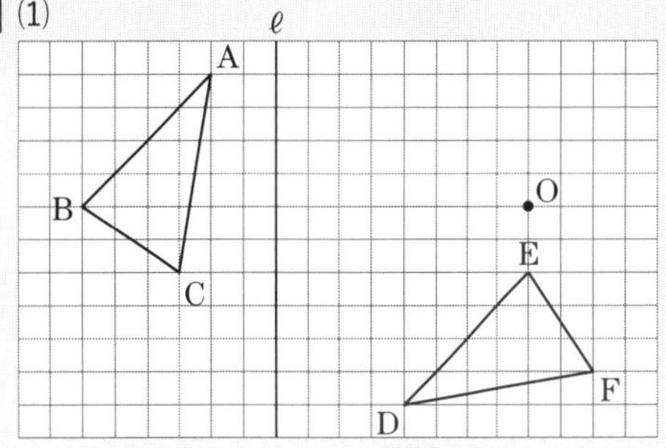

(2)

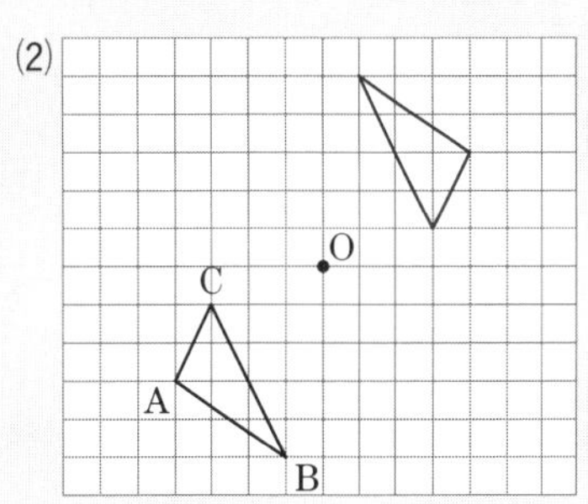

3 (1)

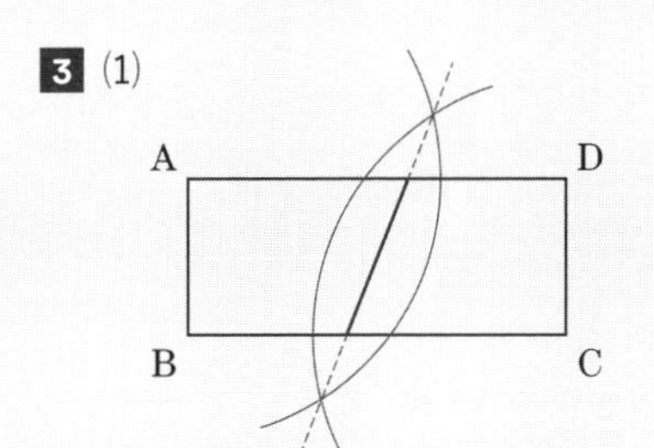

(2)

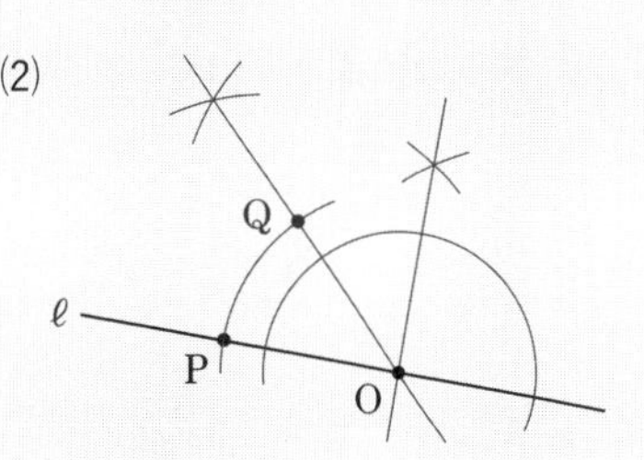

(3)

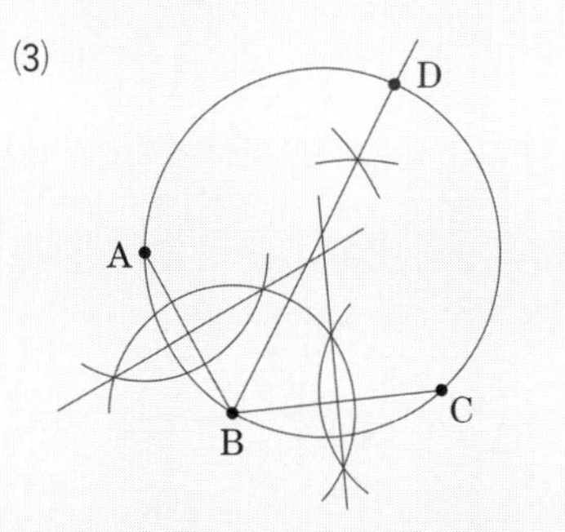

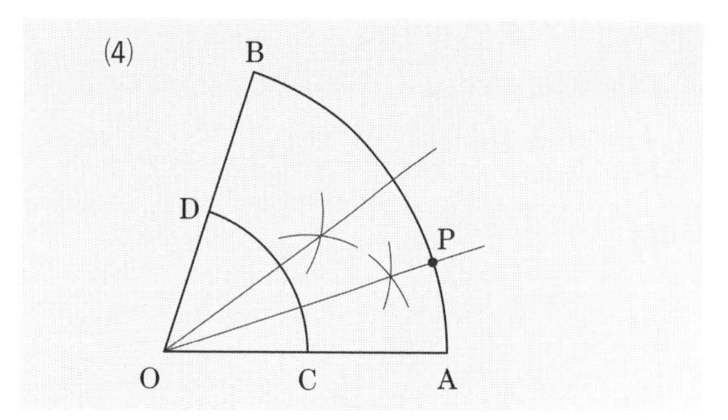

解説

1 (1) 弧の長さは，$2\pi\times12\times\frac{150}{360}=10\pi$(cm)

面積は，$\pi\times12^2\times\frac{150}{360}=60\pi$(cm^2)

別解 弧の長さは 10π cm だから，面積は，公式 $S=\frac{1}{2}\ell r$（弧の長さ ℓ，半径 r）を利用して，

$\frac{1}{2}\times10\pi\times12=60\pi$(cm^2)

と求めることもできる。

(2) おうぎ形の中心角を x° とすると，

$2\pi\times24\times\frac{x}{360}=18\pi$

これを解くと，$x=135$

別解 おうぎの弧の長さは，同じ半径の円の円周の長さの $\frac{18\pi}{2\pi\times24}=\frac{3}{8}$

おうぎ形の弧の長さは，中心角に比例するから，求める中心角は，$360°\times\frac{3}{8}=135°$

(3) 円 O の半径は 4 cm だから，その面積は，

$\pi\times4^2=16\pi$(cm^2)

正方形 EFGH の対角線の長さは，8 cm だから，その面積は，$8\times8\div2=32$(cm^2)

色のついた部分の面積は，$16\pi-32$(cm^2)

2 (1)

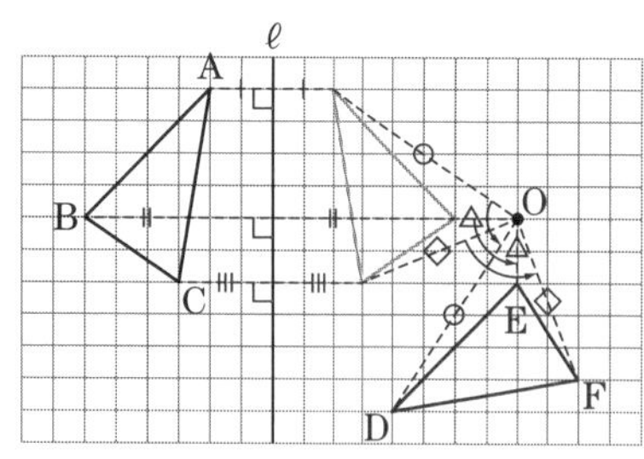

(2) 回転移動で，180°の回転移動を**点対称移動**という。

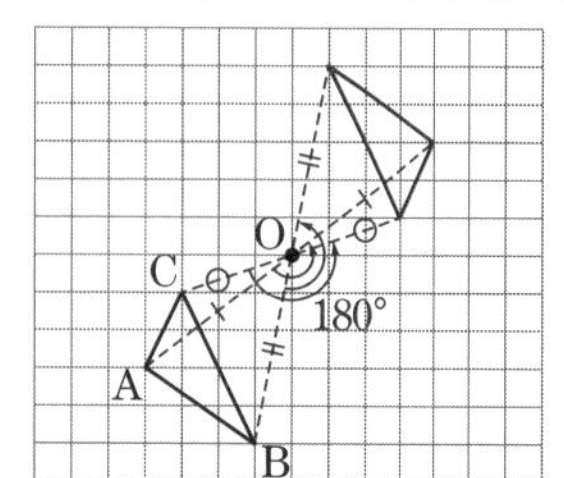

3 (1) 頂点 A と C が重なるから，頂点 A，C から折り目の線分までの距離は等しくなる。

よって，折り目の線分は，**線分 AC の垂直二等分線**になる。

(2) **∠POQ=45° になるような点 Q を作図**する。

①点 O を通り，直線 ℓ に垂直な直線 OA を作図する。

②∠POA の二等分線を作図する。

③点 O を中心にして半径 OP の円をかき，∠POA の二等分線との交点を Q とする。

(3) 3 点 A，B，C を通る円の中心を O とすると，

OA=OB=OC

よって，**点 O は 2 点 A，B から等しい距離にあり，さらに 2 点 B，C からも等しい距離にある。**

①線分 AB の垂直二等分線を作図する。

②線分 BC の垂直二等分線を作図し，線分 AB の垂直二等分線との交点を O とする。

③点 O を中心にして半径 OA の円をかく。

④∠ABC の二等分線を作図し，$\overset{\frown}{AC}$ との交点を D とする。

(4) S=（おうぎ形 OCD の面積）
　　−（おうぎ形 OCQ の面積）

T=（おうぎ形 OAP の面積）
　　−（おうぎ形 OCQ の面積）

より，$S=T$ となるとき，

（おうぎ形 OCD の面積）=（おうぎ形 OAP の面積）

OC=r とすると，OA=$2r$ と表せる。

また，おうぎ形 OCD の中心角を a°，おうぎ形 OAP の中心角を b° とすると，

（おうぎ形 OCD の面積）$=\pi r^2\times\frac{a}{360}$

（おうぎ形 OAP の面積）$=4\pi r^2\times\frac{b}{360}$

（おうぎ形 OCD の面積）=（おうぎ形 OAP の面積）

より，$a=4b$

よって，**∠COD=4∠AOP となる点 P を作図**する。

①∠COD の二等分線 OE を作図する。

②∠AOE の二等分線を作図し，$\overset{\frown}{AB}$ との交点を P とする。

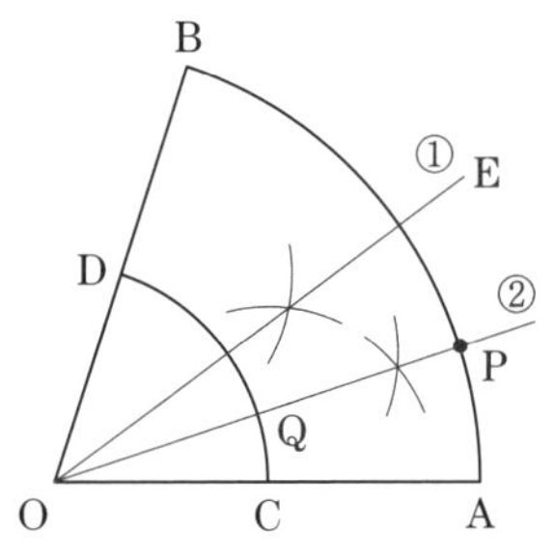

PART 14 空間図形

p.62 - 63

1 (1) **エ**　(2) **8 本**

2

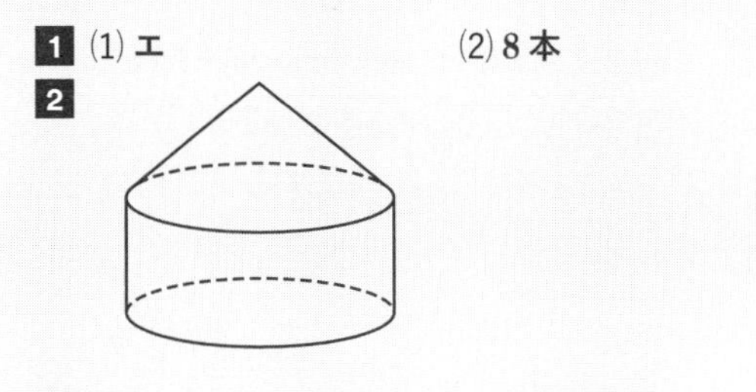

3 **ア**

4 (1) **②**

(2) **右の図**

5 (1) **144°**

(2) **6 cm**

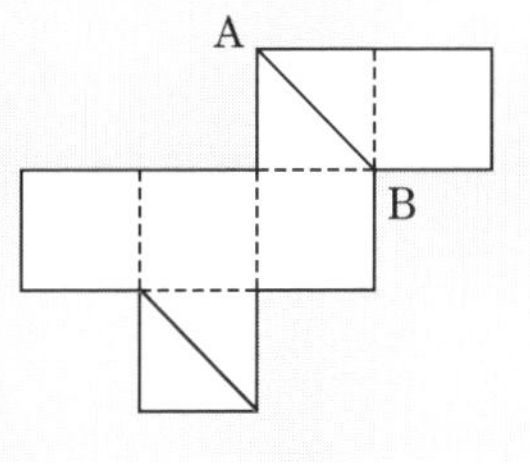

(解説)

1 (1) 右の図の直方体で，辺や線分を直線，面を平面とみて，直線や平面の位置関係を考える。

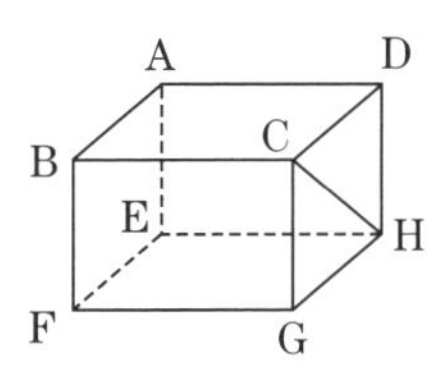

ア　図で，AE，BF はそれぞれ面 ABCD と交わるが，AE と BF は交わらない。

イ　図で，EF，FG はそれぞれ面 ABCD と平行であるが，EF と FG は平行でない。

ウ　図で，面 ABCD と交わる CH が面 ABCD 上にある BCと垂直であるが，面 ABCD と CH は垂直でない。

エ　直線 ℓ と m は平行でなく，交わらないから，ねじれの位置にある。

(ミス対策) **例えば，アは，CG，CH はそれぞれ面 ABCD と交わるとき，CG と CH は交わる。このように成り立つ場合もある。しかし，このような問題では，成り立たない例が 1 つでもあれば，正しいとはいえない。**

(2) 辺 AB とねじれの位置にある辺は，右の図の▬▬で示した 8 本。

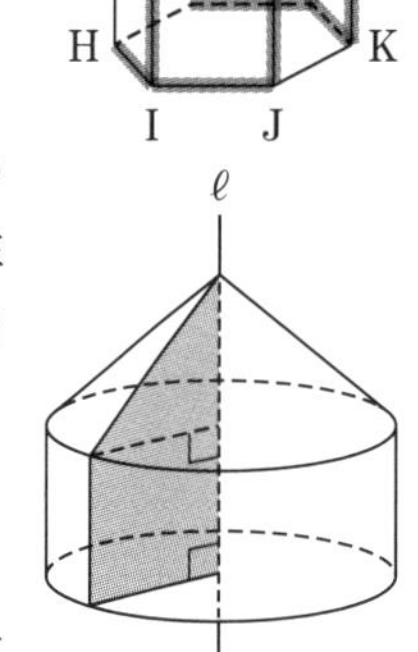

2　右の図のように，長方形の部分を 1 回転させると円柱ができる。また，直角三角形の部分を 1 回転させると円錐ができる。

よって，できる回転体は，円柱と円錐を底面で合わせた立体になる。

3　正面から見た図は長方形だから，立面図は長方形，真上から見た図は三角形だから，平面図は三角形である。よって，投影図は**ア**。

イは，平面図の上下が反対になっている。

4 (1) 投影図の立体は，四角錐である。

①〜④の展開図を組み立ててできる立体は，

①三角錐　②四角錐　③三角柱　④正八面体

(2) 組み立てた立方体で，線分 AB と平行で，長さが等しくなる線分は，図 1 の線分 CD である。この線分 CD は，展開図上では，図 2 のようになる。

図 1

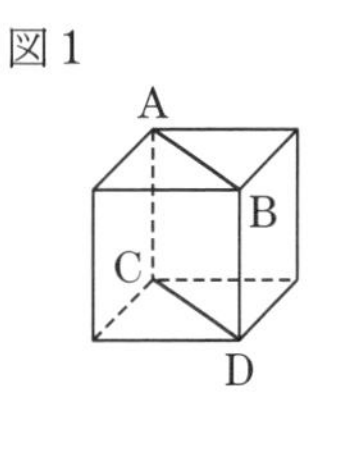

図 2

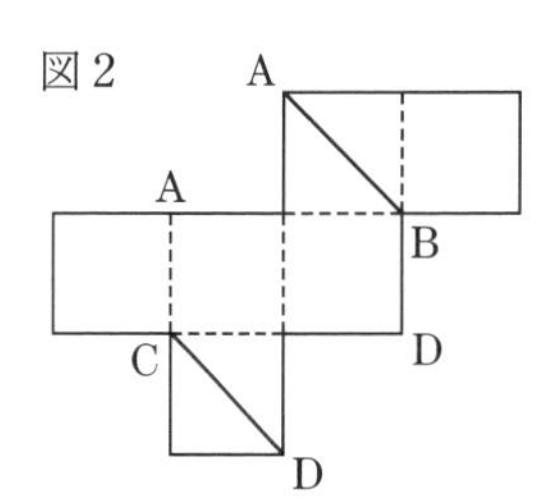

5　円錐の展開図では，**側面のおうぎ形の弧の長さと底面の円の周の長さは等しくなる**ことを利用する。

(1) おうぎ形の中心角を x° とする。

おうぎ形の弧の長さは，$2\pi\times5\times\frac{x}{360}$(cm)

底面の円の周の長さは，$2\pi\times2$(cm)

よって，$2\pi\times5\times\frac{x}{360}=2\pi\times2$

これを解くと，$x=144$

(2) 底面の円の半径を r cm とする。

おうぎ形の弧の長さは，

$2\pi\times16\times\frac{135}{360}=12\pi$(cm)

よって，$2\pi\times r=12\pi$，$r=6$

PART 15 立体の表面積と体積 p.66 - 67

1 (1) 96π cm^2　(2) 18π cm^2
(3) 108π cm^2

2 (1) 210 cm^3　(2) 48 cm^3
(3) $a=1$

3 (1) 4 cm　(2) $\dfrac{12}{5}\pi$ cm^3
(3) 112π cm^3　(4) 30π cm^3

解説

1 (1) 側面積は，$2\pi\times4\times8=64\pi$(cm^2)
底面積は，$\pi\times4^2=16\pi$(cm^2)
よって，表面積は，$64\pi+16\pi\times2=96\pi$(cm^2)

(2) 右の図の円錐の展開図で，**側面のおうぎ形の弧の長さは，底面の円の周の長さに等しい**から，おうぎ形の弧の長さは，$2\pi\times3=6\pi$(cm)

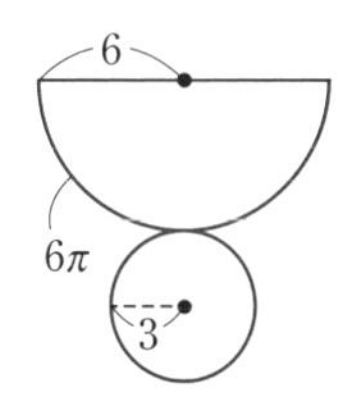

よって，側面積は，$\dfrac{1}{2}\times6\pi\times6=18\pi$(cm^2)

別解 側面のおうぎ形の中心角を $x°$ とする。
側面のおうぎ形の弧の長さは，底面の円の周の長さに等しいから，$2\pi\times6\times\dfrac{x}{360}=2\pi\times3$
これを解くと，$x=180$
よって，側面積は，$\pi\times6^2\times\dfrac{180}{360}=18\pi$(cm^2)

(3) 曲面の部分の面積は，半径 6 cm の球の表面積の半分だから，$4\pi\times6^2\div2=72\pi$(cm^2)
平面の部分の面積は，半径 6 cm の円の面積だから，$\pi\times6^2=36\pi$(cm^2)
よって，半球の表面積は，
$72\pi+36\pi=108\pi$(cm^2)

ミス対策 **半球の表面積は，**
(曲面部分の面積)＋(平面部分の面積)
求める半球の表面積を，半径 6 cm の球の表面積の半分としてしまうことが多い。平面部分の円の面積を加えることを忘れないように注意すること。

2 (1) 右の図で，直方体 ABCD－EFGH の体積は，
$6\times6\times7=252$(cm^3)
三角錐 ABCF の体積は，

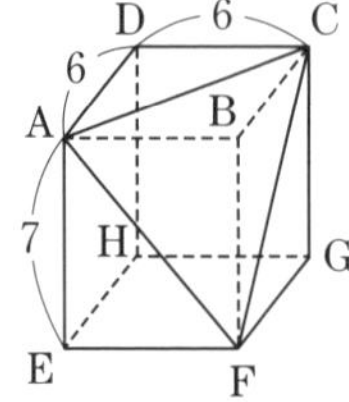

$\dfrac{1}{3}\times\triangle ABC\times BF$
$=\dfrac{1}{3}\times\left(\dfrac{1}{2}\times6\times6\right)\times7=42$(cm^3)

よって，求める立体の体積は，
$252-42=210$(cm^3)

(2) この投影図の立体は，右の図のような四角柱である。
底面の正方形の面積は，
$4\times4\div2=8$ ← ひし形の面積の公式
よって，求める四角柱の体積は，
$8\times6=48$(cm^3)

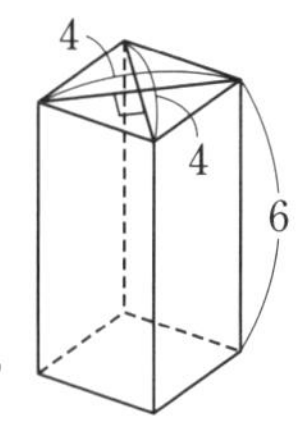

くわしく **正方形はひし形でもあるので，**
(ひし形の面積)＝(対角線の長さ)×(対角線の長さ)÷2 を利用する。

(3) 正四角錐の体積は，$\dfrac{1}{3}\times(3\times3)\times h=3h$
正四角柱の体積は，$(a\times a)\times3h=3a^2h$
正四角錐と正四角柱の体積が等しいから，
$3h=3a^2h$，$a^2=1$　$a>0$ だから，$a=1$

3 (1) 球の体積は，$\dfrac{4}{3}\pi\times3^3=36\pi$(cm^3)
円柱の高さを h cm とすると，その体積は，
$\pi\times3^2\times h=9\pi h$(cm^3)
球と円柱の体積が等しいから，
$36\pi=9\pi h$，$h=4$(cm)

(2) 2 つの円錐の底面の中心を通る平面で切ったとき，その断面図の一部は，右の図のようになる。
AB//EF だから，
AD：FD＝AB：EF＝3：2
CD//EF だから，
CD：EF＝AD：AF＝3：(3＋2)＝3：5

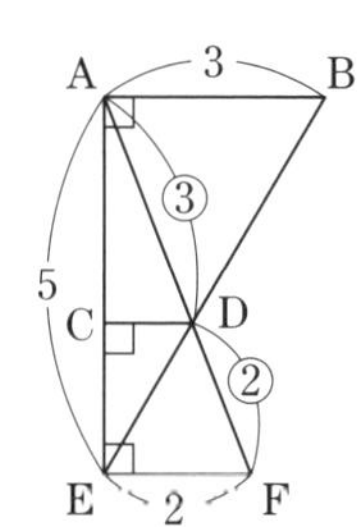

5CD＝3EF，CD＝$\dfrac{3}{5}$EF＝$\dfrac{3}{5}\times2=\dfrac{6}{5}$(cm)
2 つの円錐に共通している部分で，上の円錐の高さ AC を a，下の円錐の高さ CE を b とすると，
$a+b=5$(cm)
よって，求める立体の体積は，
$\dfrac{1}{3}\pi\times\left(\dfrac{6}{5}\right)^2\times a+\dfrac{1}{3}\pi\times\left(\dfrac{6}{5}\right)^2\times b$
$=\dfrac{1}{3}\pi\times\left(\dfrac{6}{5}\right)^2\times(a+b)=\dfrac{1}{3}\pi\times\dfrac{36}{25}\times5$
$=\dfrac{12}{5}\pi$(cm^3)

(3) できる立体は，右の図のように，大きい円柱から小さい円柱を取り除いた立体になる。

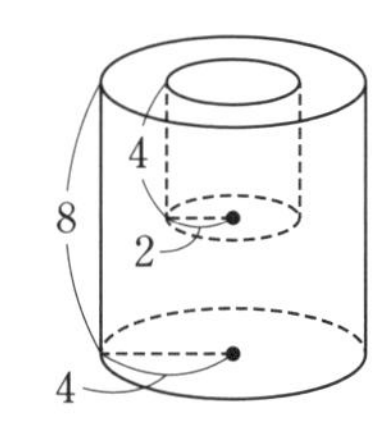

大きい円柱は，底面の円の半径が 4 cm，高さが 8 cm だから，体積は，

$\pi\times4^2\times8=128\pi(\mathrm{cm}^3)$

小さい円柱は，底面の円の半径が 2 cm，高さが 4 cm だから，体積は，

$\pi\times2^2\times4=16\pi(\mathrm{cm}^3)$

よって，求める立体の体積は，

$128\pi-16\pi=112\pi(\mathrm{cm}^3)$

(4) できる立体は，右の図のように，円柱から円錐を取り除いた立体になる。

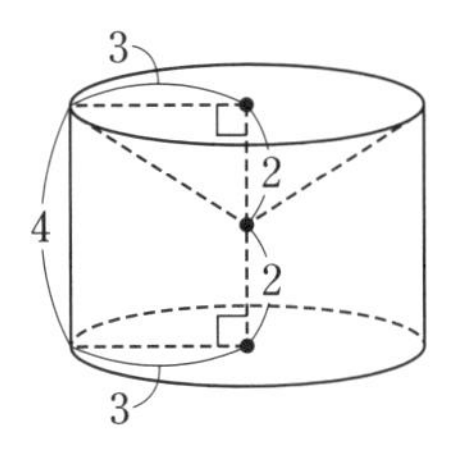

円柱は，底面の円の半径が 3 cm，高さが 4 cm だから，体積は

$\pi\times3^2\times4=36\pi(\mathrm{cm}^3)$

円錐は，底面の円の半径が 3 cm，高さが 2 cm だから，体積は，$\frac{1}{3}\pi\times3^2\times2=6\pi(\mathrm{cm}^3)$

よって，求める立体の体積は，

$36\pi-6\pi=30\pi(\mathrm{cm}^3)$

PART 16 図形の角

p.70 - 71

1	(1) **77°**	(2) **41°**	(3) **$\angle c$ と $\angle e$**
2	(1) **34°**	(2) **125°**	(3) **25°**
3	(1) **129°**	(2) **140°**	(3) **78°**
4	(1) **134°**	(2) **108°**	
	(3) **正十二角形**	(4) **250°**	

解説

1 (1) 右の図のように，直線 ℓ，m に平行な直線 n をひく。

$\ell /\!/ m$ で，平行線の錯角は等しいから，$\angle a=45°$，

$m /\!/ n$ で，同様にして，$\angle b=32°$

よって，$\angle x=45°+32°=77°$

(2) $\ell /\!/ m$ で，平行線の同位角は等しいから，

$\angle \mathrm{ABD}=35°+28°=63°$

対頂角は等しいから，

$\angle \mathrm{BAC}=28°$

AB＝AC だから，

$\angle \mathrm{ABC}=(180°-28°)\div2=76°$

よって，$\angle x=180°-(63°+76°)=41°$

(3) 右の図で，$\angle c=\angle e$ ならば，錯角が等しいから，2 直線 ℓ，m は平行になる。

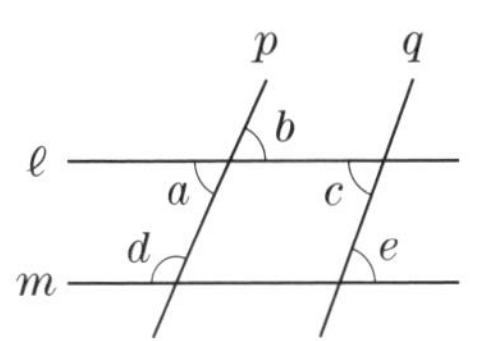

ミス対策 **$\angle a$ と $\angle c$ が等しくても 2 直線 ℓ と m は平行にはならない。$\angle a$ と $\angle c$ が等しいとき（同位角が等しい），平行になるのは 2 直線 p と q である。**

2 (1) 三角形の外角は，それととなり合わない 2 つの内角の和に等しいから，

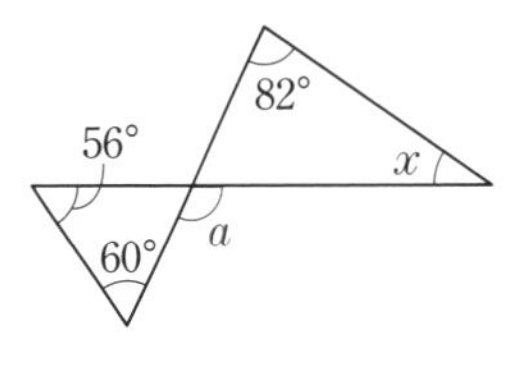

$\angle a=56°+60°=116°$

同様にして，$\angle x+82°=116°$，

$\angle x=116°-82°=34°$

(2) 三角形の 内角の和は 180° だから，△ABC で，

$\angle \mathrm{ABC}+\angle \mathrm{ACB}=180°-\angle \mathrm{A}=180°-70°=110°$

BD，CD はそれぞれ ∠ABC，∠ACB の二等分線だから，

$\angle \mathrm{DBC}+\angle \mathrm{DCB}=\frac{1}{2}\angle \mathrm{ABC}+\frac{1}{2}\angle \mathrm{ACB}$

$=\frac{1}{2}(\angle \mathrm{ABC}+\angle \mathrm{ACB})=\frac{1}{2}\times110°=55°$

△DBC で，$\angle x=180°-(\angle \mathrm{DBC}+\angle \mathrm{DCB})$

$=180°-55°=125°$

(3) 三角形の外角は，それととなり合わない 2 つの内角の和に等しいから，右の図で，

$\angle a=35°+30°=65°$

$\angle b=65°+40°=105°$

三角形の 内角の和は 180° だから，

$\angle x=180°-(50°+105°)=25°$

3 (1) $\ell /\!/ m$ で，同位角は等しいから，$\angle a=75°$

三角形の外角は，それととなり合わない 2 つの内角の和に等しいから，$\angle x=54°+75°=129°$

(2) $\angle \mathrm{ACB}=\angle \mathrm{ACE}$ だから，$\angle a=20°$

AD//BC で，錯角は等しいから，

$\angle b=20°$

三角形の外角は，それととなり合わない 2 つの内角の和に等しいから，$\angle c=20°+20°=40°$

一直線の角は 180° だから，

$\angle x=180°-40°=140°$

(3) AB//DC で，錯角は等しいから，$\angle a=68°$

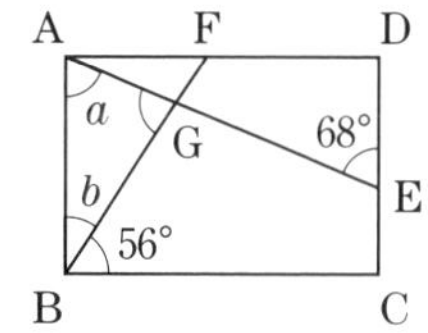

長方形の 1 つの内角は 90° だから，

$\angle b=90°-56°=34°$

三角形の 内角の和は 180° だから，

$\angle AGB=180°-(68°+34°)=78°$

4 (1) 多角形の外角の和は 360° だから，

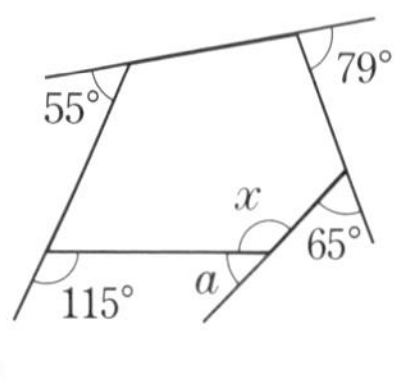

$\angle a=360°-(55°+115°+65°+79°)=46°$

一直線の角は 180° だから，

$\angle x=180°-46°=134°$

(2) 五角形の内角の和は，$180°\times(5-2)=540°$

よって，正五角形の 1 つの内角の大きさは，

$540°\div5=108°$

別解 多角形の外角の和は 360° だから，正五角形の 1 つの外角の大きさは，$360°\div5=72°$

よって，正五角形の 1 つの内角の大きさは，

$180°-72°=108°$

(3) 求める正多角形を正 n 角形とする。

この正 n 角形の 1 つの外角の大きさは，

$180°-150°=30°$

多角形の外角の和は 360° だから，

$n=360°\div30°=12$

よって，正十二角形。

別解 求める正多角形を正 n 角形とすると，

$$\frac{180°\times(n-2)}{n}=150°$$

これを解くと，$n=12$

(4) 右の図のような補助線をひいて，$\angle e$，$\angle f$，$\angle g$，$\angle h$ とおく。

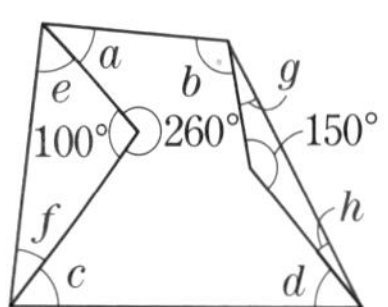

$\angle a$，$\angle b$，$\angle c$，$\angle d$ の大きさの和は，四角形の内角の和から $\angle e$，$\angle f$，$\angle g$，$\angle h$ の大きさの和をひいたものになる。

四角形の内角の和は，360°

$\angle e+\angle f=180°-100°=80°$

$\angle g+\angle h=180°-150°=30°$

よって，$\angle a$，$\angle b$，$\angle c$，$\angle d$ の大きさの和は，

$360°-(80°+30°)=250°$

PART 17 三角形

p.74 - 75

1 ②，③

2 (1) 33°　　(2) ア，ウ

3 **【証明】△ADB と△AEC において，**

△ABC は直角二等辺三角形だから，

AB=AC　……①

△ADE は直角二等辺三角形だから，

AD=AE　……②

∠BAC=90°，∠DAE=90° だから，

∠CAE=∠BAC−∠BAE=90°−∠BAE　……③

∠BAD=∠DAE−∠BAE=90°−∠BAE　……④

③，④より，∠BAD=∠CAE　……⑤

①，②，⑤より，2 組の辺とその間の角がそれぞれ等しいから，△ADB≡△AEC

4 **【証明】△AFD と△CGE において，**

仮定から，AD=CE　……①

FD//BE で，同位角は等しいから，

∠ADF=∠AEB　……②

対頂角は等しいから，

∠AEB=∠CEG　……③

②，③より，∠ADF=∠CEG　……④

AB//GC で，錯角は等しいから，

∠DAF=∠ECG　……⑤

①，④，⑤より，1 組の辺とその両端の角がそれぞれ等しいから，△AFD≡△CGE

5 30°

6 **【証明】△COE と△ODF において，**

OC，OD はおうぎ形の半径だから，

CO=OD　……①

CE⊥OA，DF⊥OA だから，

∠OEC=∠DFO=90°　……②

$\overset{\frown}{AC}=\overset{\frown}{BD}$ で，等しい弧に対する中心角は等しいから，∠EOC=∠BOD　……③

FD//OB で，錯角は等しいから，

∠BOD=∠FDO　……④

③，④より，∠EOC=∠FDO　……⑤

①，②，⑤より，直角三角形で，斜辺と 1 つの鋭角がそれぞれ等しいから，△COE≡△ODF

解説

1 ①(逆)整数 a，b で，ab が偶数ならば，a も b も偶数である。

逆は正しくない。

(反例) $a=2$，$b=3$

②(逆)△ABC で，$\angle B=\angle C$ ならば，$AB=AC$ である。

逆は正しい。

③(逆) 2 つの直線 ℓ，m に別の 1 つの直線が交わるとき，同位角が等しいならば，ℓ と m は平行である。

逆は正しい。

④(逆)四角形 ABCD の対角線 AC と BD が垂直に交わるならば，四角形 ABCD はひし形である。

逆は正しくない。

(反例)右の図の四角形 ABCD で，$AC\perp BD$ であるが，四角形 ABCD はひし形ではない。

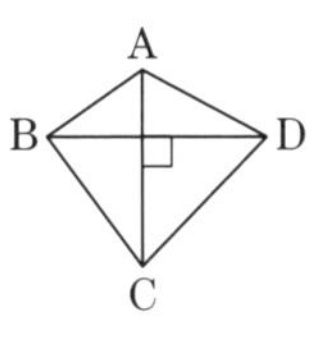

2 (1) $\angle C=\angle a$ とする。

△ABC≡△ADE より，対応する角の大きさは等しいから，

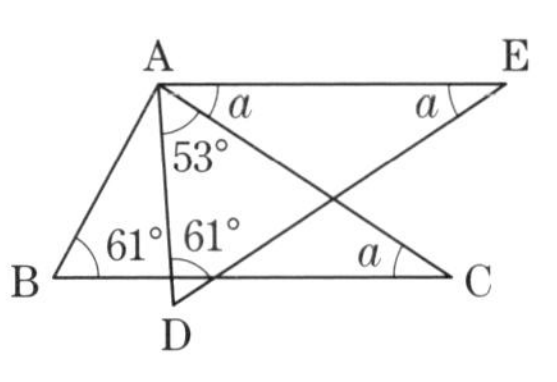

$\angle D=\angle B=61°$，$\angle E=\angle C=\angle a$

AE∥BC で，錯角は等しいから，

$\angle EAC=\angle C=\angle a$

三角形の内角の和は 180° だから，△ADE で，

$\angle a+53°+61°+\angle a=180°$，$2\angle a=66°$，

$\angle a=33°$

(2) **ア**　$AC=DF$ という条件を加えれば，3 組の辺がそれぞれ等しいから，△ABC≡△DEF

イ　$\angle A=\angle D$ という条件を加えても，△ABC と△DEF は合同であるとはいえない。

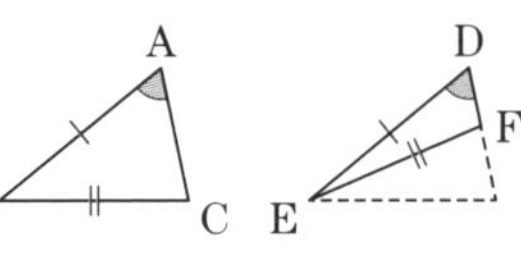

ウ　$\angle B=\angle E$ という条件を加えれば，2 組の辺とその間の角がそれぞれ等しいから，

△ABC≡△DEF

エ　$\angle C=\angle F$ という条件を加えても，△ABC と△DEF は合同であるとはいえない。

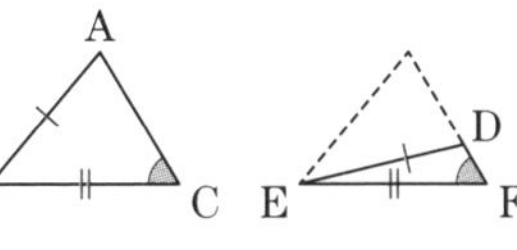

ミス対策 **イ，エのように，「2 組の辺と 1 つの角」だけでは，合同であるとはいえない。角については，その間の角が等しいという条件が必要である。**

3 右の図のように，等しい辺や等しい角に印をつけて考えるとわかりやすい。

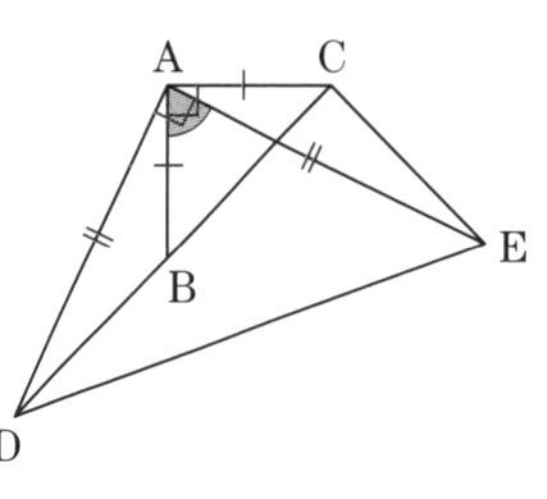

4 FD∥BG，AB∥GC それぞれで，平行線の同位角，錯角は等しいことを利用する。

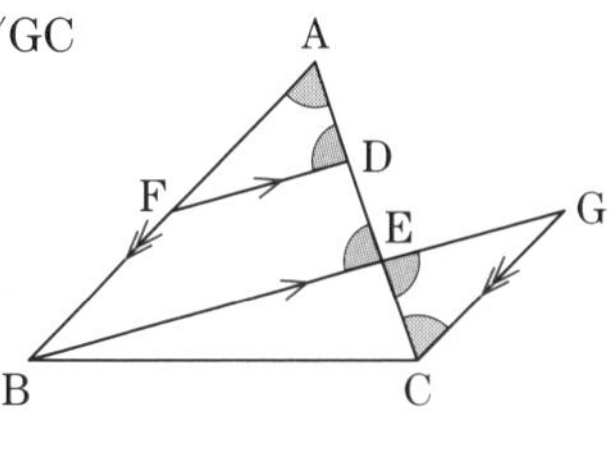

5 △DAB は $DA=DB$ の二等辺三角形だから，

$\angle A=\angle DBA=\angle x$

三角形の外角は，それととなり合わない 2 つの内角の和に等しいから，

$\angle BDC=\angle x+\angle x=2\angle x$

△BDC は $DB=CB$ の二等辺三角形だから，

$\angle C=\angle BDC=2\angle x$

三角形の内角の和は 180° だから，△ABC で，

$\angle x+2\angle x+90°=180°$，$3\angle x=90°$，$\angle x=30°$

6 △COE と△ODF で，

$CO=OD$ より，直角三角形の斜辺が等しい。

また，$\overset{\frown}{AC}=\overset{\frown}{BD}$ より，1 つの鋭角が等しいことを導き，直角三角形の合同条件を利用する。

PART 18 平行四辺形　p.78 - 79

1 (1) 56°　(2) 80°　(3) 72°

2 **【証明】AD は∠A の二等分線だから，**

∠BAD=∠CAD ……①

ED∥AC で，錯角は等しいから，

∠CAD=∠EDA ……②

①，②より，∠EAD=∠EDA ……③

③より，AE=ED ……④

ED∥FC，EF∥DC より，2 組の対辺がそれぞれ平行だから，四角形 EDCF は平行四辺形である。

平行四辺形の対辺は等しいから，

ED=FC ……⑤

④，⑤より，AE=FC

3 **【証明】△AEF と△CEG において，**
平行四辺形の対角線はそれぞれの中点で交わるから，AE＝CE ……①
対頂角は等しいから，∠AEF＝∠CEG ……②
平行四辺形の対辺は平行だから，AD∥BC
平行線の錯角は等しいから，
∠FAE＝∠GCE ……③
①，②，③より，1 組の辺とその両端の角がそれぞれ等しいから，△AEF≡△CEG

4 **【証明】△ABE と△CDF において，**
平行四辺形の対辺は等しいから，
AB＝CD ……①
AE⊥BD，CF⊥BD だから，
∠AEB＝∠CFD＝90° ……②
平行四辺形の対辺は平行だから，AB∥DC
平行線の錯角は等しいから，
∠ABE＝∠CDF ……③
①，②，③より，直角三角形の斜辺と 1 つの鋭角がそれぞれ等しいから，△ABE≡△CDF
よって，AE＝CF ……④
また，AE⊥BD，CF⊥BD より，
AE∥CF ……⑤
④，⑤より，四角形 AECF は，1 組の対辺が平行でその長さが等しいから，平行四辺形である。

5 ㋐，㋒

6 6：1

解説

1 (1) AD∥BC で，錯角は等しいから，
∠DAE＝56°
三角形の内角の和は 180°だから，△AFD で，
∠ADF＝180°－(56°＋90°)＝34°
DF は ∠ADC の二等分線だから，
∠ADC＝34°×2＝68°
平行四辺形の対角は等しいから，∠B＝68°
△ABE で，∠BAF＝180°－(68°＋56°)＝56°

(2) AD∥BC で，錯角は等しいから，
∠BCE＝50°
CE は ∠BCD の二等分線だから，
∠DCE＝50°

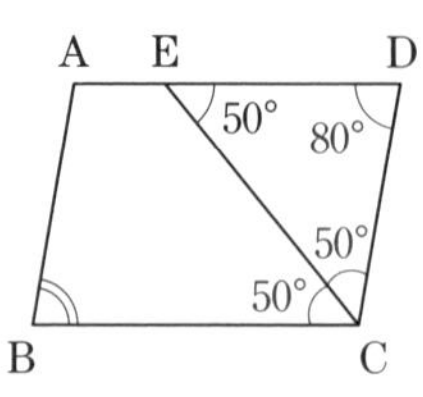

三角形の内角の和は 180°だから，△DEC で，
∠D＝180°－(50°＋50°)＝80°
平行四辺形の対角は等しいから，∠ABC＝80°

(3) △ABE で，
∠EAB＋∠EBA
＝180°－110°＝70°
△ABC で，
∠ACB
＝180°－(∠BAC＋∠ABC)
＝180°－(34°＋22°＋70°)＝54°
AD∥BC で，錯角は等しいから，
∠DAC＝∠ACB＝54°
AD＝CD だから，△DAC で，
∠ADC＝180°－54°×2＝72°

2 まず，2 つの角が等しい三角形は，等しい 2 つの角を底角とする二等辺三角形であることから，AE＝ED
次に 2 組の対辺がそれぞれ平行なことから，四角形 EDCF は平行四辺形である。
そして，平行四辺形の対辺は等しいことから，ED＝FC

3 AE＝CE
∠AEF＝∠CEG
∠FAE＝∠GCE
よって，1 組の辺とその両端の角がそれぞれ等しいから，△AEF≡△CEG

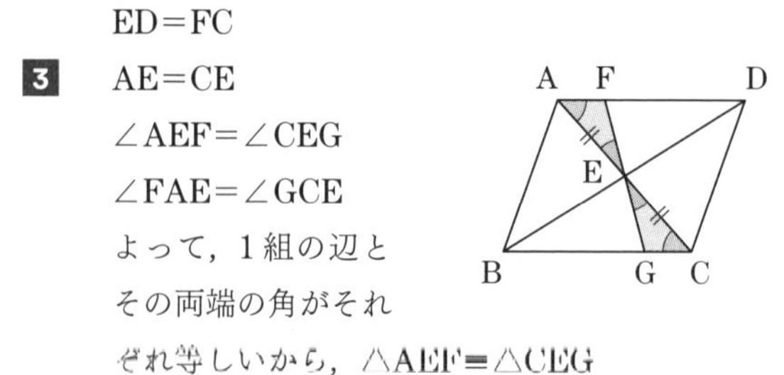

4 AB＝CD
∠AEB＝∠CFD＝90°
∠ABE＝∠CDF
よって，直角三角形の斜辺と 1 つの鋭角がそれぞれ等しいから，△ABE≡△CDF

ミス対策 **合同であることを証明したい 2 つの三角形が直角三角形であるときは，まず，直角三角形の合同条件を利用できるかどうか考えよう。**

5 ㋐(逆)四角形 ABCD で，2 本の対角線 AC と BD がそれぞれの中点で交わるならば，四角形 ABCD は平行四辺形である。
逆は正しい。
㋑(逆)四角形 ABCD で，2 本の対角線 AC と BD の長さが等しいならば，四角形 ABCD は長方形である。
逆は正しくない。

(反例)右の図の四角形ABCDで，AC＝BDであるが，四角形ABCDは長方形ではない。

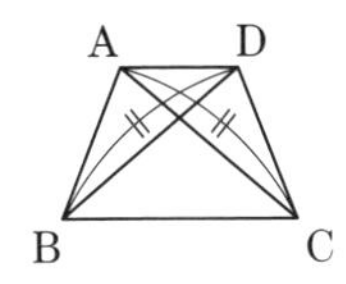

ウ(逆)四角形ABCDで，4つの辺の長さがすべて等しいならば，四角形ABCDはひし形である。
逆は正しい。

エ(逆)四角形ABCDで，2本の対角線ACとBDの長さが等しく，垂直に交わるならば，四角形ABCDは正方形である。
逆は正しくない。
(反例)右の図の四角形ABCDで，AC＝BD，AC⊥BDであるが，四角形ABCDは正方形ではない。

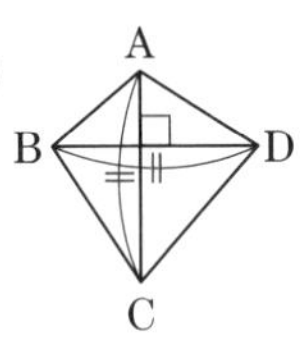

6 △AECと△ADCで，それぞれ底辺をEC，DCとみると，高さは等しい。
よって，△AECと△ADCの面積の比は底辺の比に等しいから，
△AEC：△ADC
＝EC：DC
＝1：2 ……①

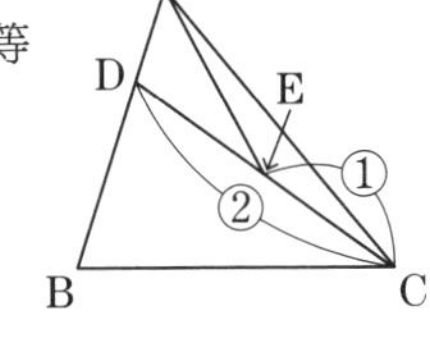

△ADCと△ABCで，それぞれ底辺をAD，ABとみると，高さは等しい。
よって，△ADCと△ABCの面積の比は底辺の比に等しいから，
△ADC：△ABC
＝AD：AB
＝1：3＝2：6 ……②
①，②より，△ABC：△AEC＝6：1

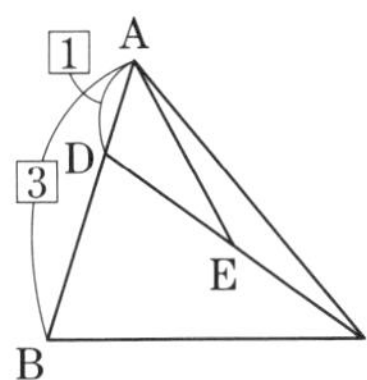

PART 19 相似な図形 p.82 - 83

1 (1) $x=\frac{8}{5}$ (2) $\frac{25}{6}$ cm
(3) $x=-2+\sqrt{13}$

2 (1)【証明】△BCPと△EDPにおいて，
対頂角は等しいから，
∠BPC＝∠EPD ……①
△ABC∽△CDEで，相似な図形の対応する角の大きさは等しいから，
∠ACB＝∠CED
よって，同位角が等しいから，BC∥DE
平行線の錯角は等しいから，
∠CBP＝∠DEP ……②
①，②より，2組の角がそれぞれ等しいから，△BCP∽△EDP

(2)【証明】△ABCと△EBDにおいて，
共通な角だから，∠ABC＝∠EBD ……①
AB：EB＝(6＋4)：5＝10：5
＝2：1 ……②
BC：BD＝(5＋3)：4＝8：4
＝2：1 ……③
②，③より，AB：EB＝BC：BD ……④
①，④より，2組の辺の比とその間の角がそれぞれ等しいから，△ABC∽△EBD

(3)【証明】△GHIと△GEDにおいて，
AD∥BCで，同位角は等しいから，
∠DAE＝∠IHG ……①
∠ADG＝∠HIG ……②
AF∥DEで，錯角は等しいから，
∠FAE＝∠DEG ……③
①，③と，∠DAE＝∠FAEより，
∠IHG＝∠DEG ……④
②と，∠ADG＝∠EDGより，
∠HIG＝∠EDG ……⑤
④，⑤より，2組の角がそれぞれ等しいから，△GHI∽△GED

3 (1) $\frac{2}{15}$倍 (2) 76π cm^3

解説

1 (1) 相似な図形では，対応する線分の比はすべて等しいから，
AB：DE＝AC：DF，5：4＝2：x，
$5\times x=4\times 2$，$x=\frac{8}{5}$

(2) △ABCと△ACDにおいて，
仮定から，∠ABC＝∠ACD ……①
共通な角だから，∠BAC＝∠CAD ……②
①，②より，2組の角がそれぞれ等しいから，
△ABC∽△ACD
相似な図形では，対応する線分の比はすべて等しいから，AB：AC＝AC：AD，
6：5＝5：AD，
6×AD＝5×5，
AD＝$\frac{5\times 5}{6}=\frac{25}{6}$(cm)

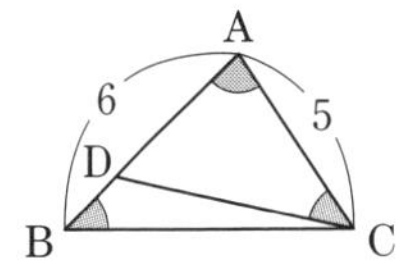

(3) △ABD と△CBA において，

共通な角だから，∠ABD＝∠CBA　……①

AD は∠BAC の二等分線だから，

∠BAD＝∠DAC　……②

AD＝CDだから，∠DAC＝∠DCA　……③

②，③より，∠BAD＝∠BCA　……④

①，④より，2 組の角がそれぞれ等しいから，

△ABD∽△CBA

相似な図形では，対応する線分の比はすべて等しいから，

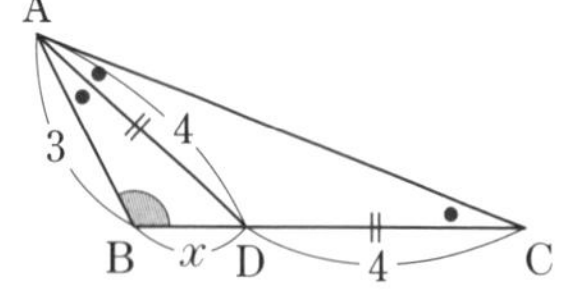

AB：CB＝BD：BA，3：$(x+4)$＝x：3，

$3\times3=x(x+4)$，$x^2+4x-9=0$

$x=\dfrac{-4\pm\sqrt{4^2-4\times1\times(-9)}}{2\times1}=\dfrac{-4\pm\sqrt{52}}{2}$

$=\dfrac{-4\pm2\sqrt{13}}{2}=-2\pm\sqrt{13}$

$x>0$ だから，$x=-2+\sqrt{13}$

2 (1) ∠BPC＝∠EPD

∠CBP＝∠DEP

(または，

∠BCP＝∠EDP)

よって，2 組の角がそれぞれ等しいから，

△BCP∽△EDP

(2) ∠ABC＝∠EBD

AB：EB＝BC：BD

(＝2：1)

よって，2 組の辺の比とその間の角がそれぞれ等しいから，

△ABC∽△EBD

(3) ∠IHG＝∠DEG

∠HIG＝∠EDG

よって，2 組の角がそれぞれ等しいから，

△GHI∽△GED

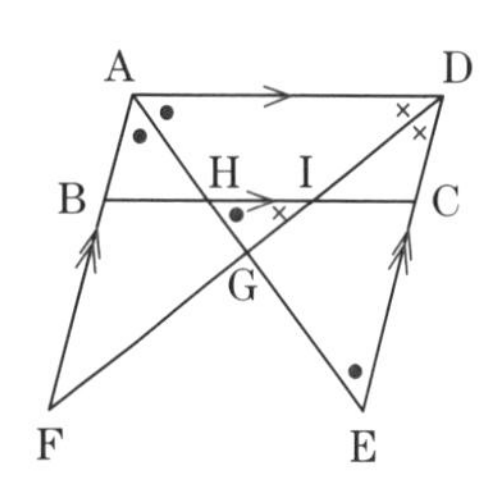

3 (1) CE：ED＝1：2，AB＝DC だから，

ED：AB＝2：3

△DEF∽△BAF で，相似比が 2：3

相似な図形の面積の比は，相似比の 2 乗に等しいから，△DEF：△BAF＝2^2：3^2＝4：9

これより，△DEF＝4，△BAF＝9 とする。

△BAF：△ABD

＝BF：BD

＝3：(3＋2)

＝3：5

＝9：15

△ABD：(平行四辺形 ABCD の面積)

＝1：2＝15：30

よって，

△DEF：(平行四辺形 ABCD の面積)

＝4：30＝2：15

(2) 3 つの立体に分けたうちの一番上の立体を P，真ん中の立体を Q，一番下の立体を R とする。

P の円錐，P と Q を合わせた円錐，P と Q と R を合わせた円錐は，どれも相似な立体で，相似比は，

1：2：3

相似な立体の体積の比は，相似比の 3 乗に等しいから，この 3 つの円錐の体積の比は，

1^3：2^3：3^3＝1：8：27

よって，

(Q の体積)：(R の体積)＝(8－1)：(27－8)

＝7：19

したがって，28π：(R の体積)＝7：19，

28π×19＝(R の体積)×7，

(R の体積)＝76π(cm^3)

PART 20 平行線と線分の比

p.86 - 87

1 (1) x＝6　(2) x＝3，$y=\dfrac{21}{2}$

(3) $\dfrac{12}{5}$ cm　(4) x＝20

2 (1) 80°　(2) 20 cm

3 $\dfrac{5}{2}$

4 (1) $\dfrac{1}{2}$　(2) 9：1　(3) 1

5 5：1：4

解説

1 (1) 右の図で，平行線と線分の比の定理より，

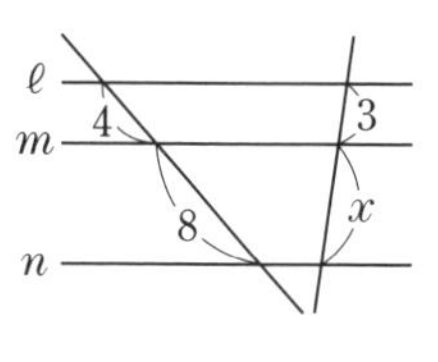

4：8＝3：x，

4×x＝8×3，

$x=\dfrac{8\times3}{4}=6$

(2) DE∥BC だから，三角形と比の定理より，

AD：DB＝AE：EC，8：4＝6：x，

$8\times x=4\times6$，$x=\dfrac{4\times6}{8}=3$

AD：AB＝DE：BC，8：(8＋4)＝7：y，

8：12＝7：y，$8\times y=12\times7$，$y=\dfrac{12\times7}{8}=\dfrac{21}{2}$

ミス対策 **AD：DB＝DE：BC としないように注意する。正しくは，AD：AB＝DE：BC**

(3) AB∥DC だから，

三角形と比の定理より，

BE：DE＝AB：DC

＝6：4＝3：2

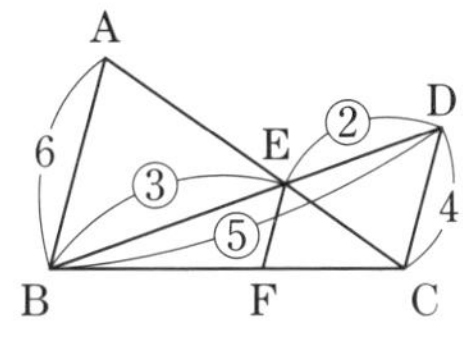

EF∥DC だから，

EF：DC＝BE：BD＝3：(3＋2)＝3：5

よって，EF：4＝3：5，EF×5＝4×3，

$\text{EF}=\dfrac{4\times3}{5}=\dfrac{12}{5}$(cm)

(4) 下の図のように，点 A を通り辺 DC に平行な直線をひき，PQ，BC との交点をそれぞれ E，F とする。

PE∥BF だから，

AP：AB＝PE：BF，

2：(2＋1)＝PE：BF，

2BF＝3PE，

$\text{PE}=\dfrac{2}{3}\text{BF}$

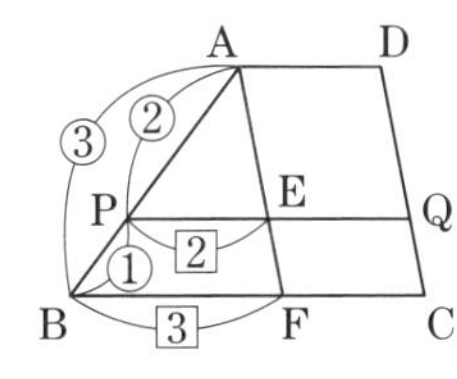

四角形 AEQD，四角形 AFCD はどちらも平行四辺形，AD＝EQ＝FC

AD：BC＝2：5 だから，

BF：FC＝(5－2)：2＝3：2

よって，2BF＝3FC，

$\text{FC}=\dfrac{2}{3}\text{BF}$

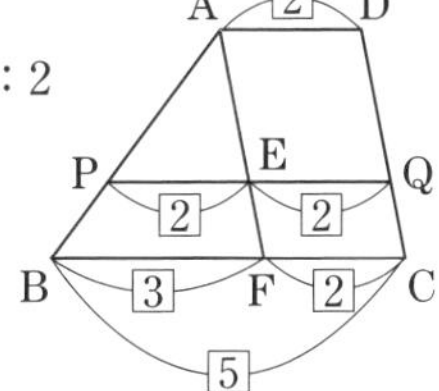

EQ＝FC だから，

$\text{EQ}=\dfrac{2}{3}\text{BF}$

PE＝EQ より，PE＝EQ＝16÷2＝8(cm)

また，$\text{BF}=\dfrac{3}{2}\text{PE}=\dfrac{3}{2}\times8=12$(cm)

よって，$x=12+8=20$

別解 右の図のように，対角線 AC をひき，PQ との交点を R とする。

また，

AD：BC＝2：5 より，

AD＝$2a$，BC＝$5a$

とおける。

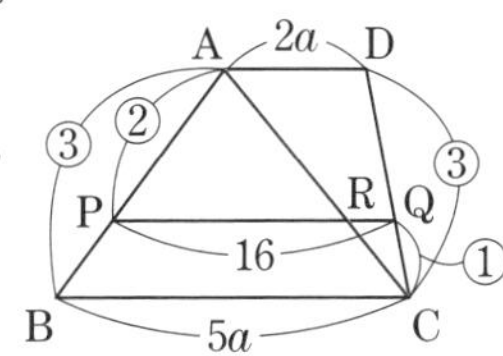

PR∥BC だから，AP：AB＝PR：BC，

2：3＝PR：$5a$，$2\times5a=3\text{PR}$，

$\text{PR}=\dfrac{2\times5a}{3}=\dfrac{10}{3}a$

CQ：CD＝RQ：AD，1：3＝RQ：$2a$，

$1\times2a=3\text{RQ}$，$\text{RQ}=\dfrac{1\times2a}{3}=\dfrac{2}{3}a$

ここで，PR＋RQ＝PQ＝16(cm)だから，

$\dfrac{10}{3}a+\dfrac{2}{3}a=16$，$4a=16$，$a=4$

よって，$x=5a=5\times4=20$

2 (1) 中点連結定理より，MN∥AC，$\text{MN}=\dfrac{1}{2}\text{AC}$

MN∥AC で，同位角は等しいから，

∠BMN＝∠A＝80°

(2) MP∥AC，AM∥CP より，四角形 AMPC は 2 組の対辺が平行な四角形だから，平行四辺形である。また，

$\text{AM}=\dfrac{1}{2}\text{AB}=\dfrac{1}{2}\times8=4$(cm)

よって，四角形 AMPC の周の長さは，

(6＋4)×2＝20(cm)

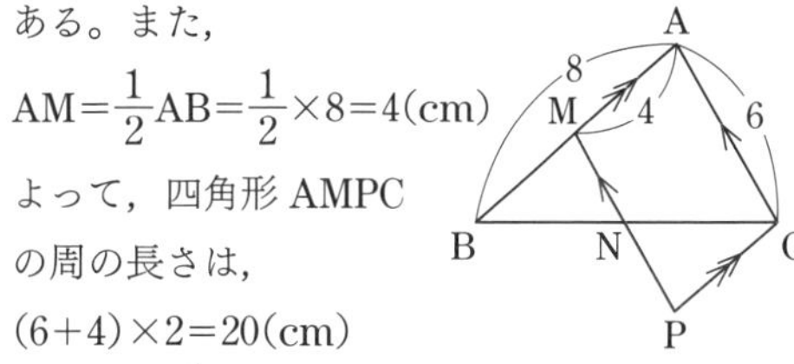

3 $\triangle\text{ACD}=\dfrac{1}{2}\times$(平行四辺形 ABCD の面積)

$=\dfrac{1}{2}\times18=9$

$\text{AF}=\dfrac{1}{2}\text{AD}$ だから，

$\triangle\text{ACF}=\dfrac{1}{2}\triangle\text{ACD}=\dfrac{1}{2}\times9=\dfrac{9}{2}$

$\text{AE}=\dfrac{1}{2}\text{AB}$，AB＝DC より，

AE：DC＝1：2

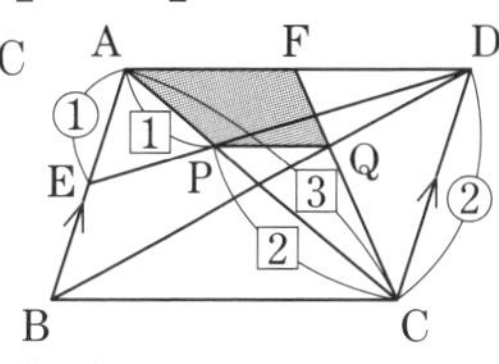

AE∥DC だから，

AP：CP＝AE：DC＝1：2

よって，PC：AC＝2：(1＋2)＝2：3

同様にして，QC：FC＝2：3

AF∥PQ より，△PCQ∽△ACF

△PCQ：△ACF＝2^2：3^2＝4：9

よって，$\triangle\text{PCQ}=\dfrac{4}{9}\triangle\text{ACF}=\dfrac{4}{9}\times\dfrac{9}{2}=2$

したがって，(四角形 APQF の面積)

$=\triangle\text{ACF}-\triangle\text{PCQ}=\dfrac{9}{2}-2=\dfrac{5}{2}$

4 (1) 点 M は辺 BC の中点だから，

$\text{BM}=\dfrac{1}{2}\text{BC}=\dfrac{1}{2}\times9=\dfrac{9}{2}$

AD は ∠BAC の二等分線だから，

BP：PC＝AB：AC＝10：8＝5：4

よって，$BP=\frac{5}{9}BC=\frac{5}{9}\times9=5$

したがって，$MP=BP-BM=5-\frac{9}{2}=\frac{1}{2}$

(2) 下の図のように，点Cから AD に垂線をひき，AD との交点をHとする。

△ABD∽△ACH だから，

$AD:AH=AB:AC$

$=5:4$

これより，$AH=\frac{4}{5}AD$

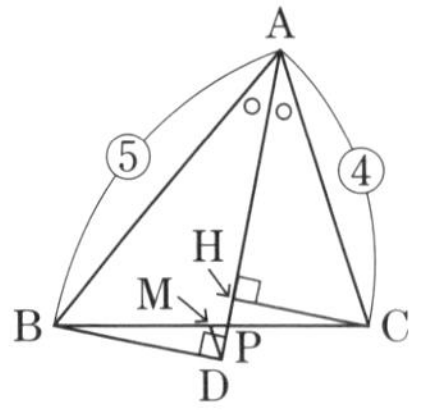

よって，

$HD=AD-\frac{4}{5}AD=\frac{1}{5}AD$

また，△BDP∽△CHP だから，

$PD:PH=BD:CH=5:4$

よって，$PD=\frac{5}{9}HD=\frac{5}{9}\times\frac{1}{5}AD=\frac{1}{9}AD$

したがって，$AD:PD=AD:\frac{1}{9}AD=9:1$

(3) 右の図のように，BD の延長と AC の延長との交点を E とする。

△ABD≡△AED だから，$AB=AE=10$ より，

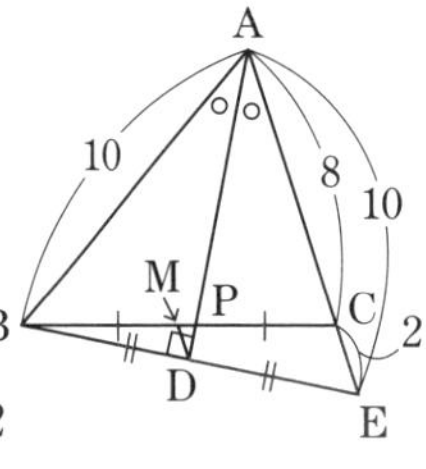

$CE=AE-AC=10-8=2$

また，$BD=DE$

△BEC で，点 M，D はそれぞれ辺 BC，BE の中点だから，中点連結定理より，

$MD=\frac{1}{2}CE=\frac{1}{2}\times2=1$

5 点 G は△ABC の重心だから，点 D，E はそれぞれ辺 BC，辺 AC の中点である。

重心は中線を 2：1 に分けるから，

$BG:GE=2:1$

これと $BG=CE$ より，

$BE:CE=(2+1):2$

$=3:2$

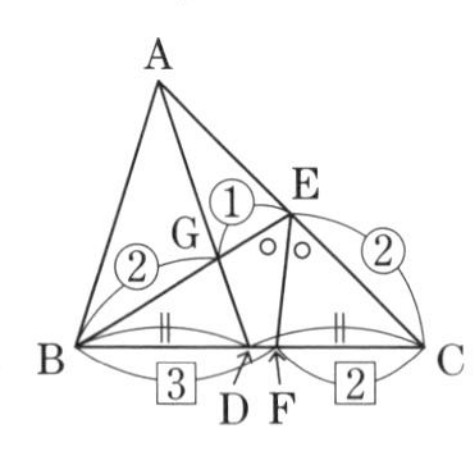

EF は ∠BEC の二等分線だから，

$BF:FC=BE:CE=3:2$

これより，$BF=3a$，$FC=2a$ とすると，

$BD=BF-DF=3a-DF$,

$CD=FC+DF=2a+DF$

$BD=CD$ だから，$3a-DF=2a+DF$，$2DF=a$,

$DF=\frac{1}{2}a$

よって，$BD=3a-\frac{1}{2}a=\frac{5}{2}a$

したがって，

$BD:DF:FC=\frac{5}{2}a:\frac{1}{2}a:2a=5:1:4$

PART 21 円

p.90 - 91

1 (1) 52°　(2) 63°　(3) 52°　(4) 71°

2 65°

3 28°

4 (1)【証明】△ABC と△AGE において，

仮定から，AC＝AE　……①

$\overset{\frown}{BC}=\overset{\frown}{DE}$ で，1つの円で，等しい弧に対する円周角は等しいから，

∠BAC＝∠GAE　……②

$\overset{\frown}{AB}$ に対する円周角だから，

∠ACB＝∠AEG　……③

①，②，③より，1組の辺とその両端の角がそれぞれ等しいから，

△ABC≡△AGE

(2) ① $\frac{24}{7}$ cm　② 28：27

5 (1)【証明】△BCF と△ADE において，

∠ACB＝∠ACE より，1つの円で，等しい円周角に対する弧は等しいから，

$\overset{\frown}{AB}=\overset{\frown}{AE}$　……①

①より，∠BCF＝∠ADE　……②

AC＝AD だから，∠ACD＝∠ADC　……③

③より，1つの円で，等しい円周角に対する弧は等しいから，$\overset{\frown}{AD}=\overset{\frown}{AC}$　……④

また，$\overset{\frown}{BC}=\overset{\frown}{AC}-\overset{\frown}{AB}$，$\overset{\frown}{DE}=\overset{\frown}{AD}-\overset{\frown}{AE}$

これと①，④より，$\overset{\frown}{BC}=\overset{\frown}{DE}$　……⑤

⑤と $\overset{\frown}{BC}=\overset{\frown}{CD}$ より，$\overset{\frown}{CD}=\overset{\frown}{DE}$　……⑥

⑥より，∠CBF＝∠DAE　……⑦

②，⑦より，2組の角がそれぞれ等しいから，

△BCF∽△ADE

(2) $\frac{9}{4}$ cm

解説

1 (1) ∠ACB と ∠AOB は，$\overset{\frown}{AB}$ に対する円周角と中心角だから，

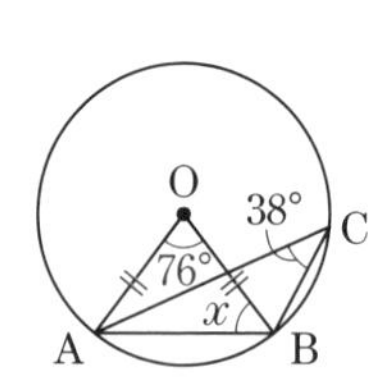

$\angle AOB=2\angle ACB$

$=2\times38°=76°$

OA＝OB だから，

$\angle x=(180°-76°)\div2=52°$

(2)　∠BOC＝2∠BAC
＝2×54°＝108°
　∠BOD＝2∠BED
＝2×27°＝54°
　∠COD
＝∠BOC－∠BOD
＝108°－54°＝54°
OC＝OD だから，$\angle x$＝(180°－54°)÷2＝63°

(3) 半円の弧に対する円周角は
90°だから，∠BCD＝90°

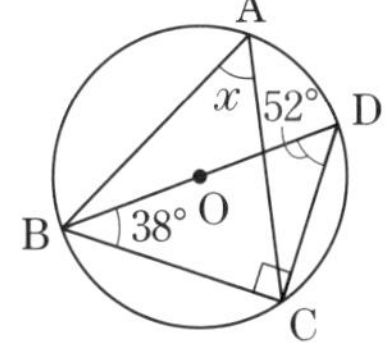

△BCD で，
　∠BDC
＝180°－(38°＋90°)＝52°
∠BAC と ∠BDC は $\overset{\frown}{BC}$ に対する円周角だから，
$\angle x$＝∠BDC＝52°

(4) ∠BAC と ∠BDC は $\overset{\frown}{BC}$ に
対する円周角だから，
∠BDC＝∠BAC＝54°
また，
∠ACD＝73°－54°＝19°
半円の弧に対する円周角は
90°だから，∠BCD＝90°
$\angle x$＝∠BCD－∠ACD＝90°－19°＝71°

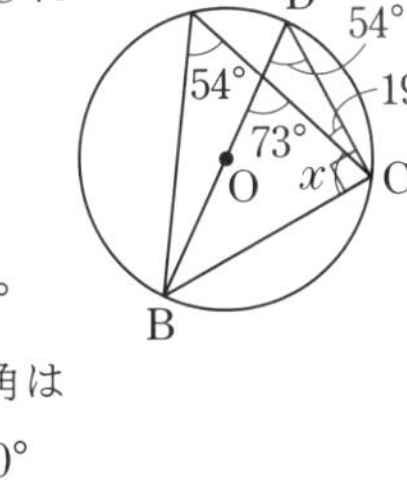

2　△OAE で，OA＝OE
だから，
　∠OAE
＝(180°－100°)÷2＝40°
円の接線は接点を通る半径に垂直だから，
∠ADO′＝90°
△ADO′で，∠DO′B＝40°＋90°＝130°
△O′BD で，O′B＝O′D だから，
∠O′BD＝(180°－130°)÷2＝25°
△DAB で，∠BDE＝40°＋25°＝65°

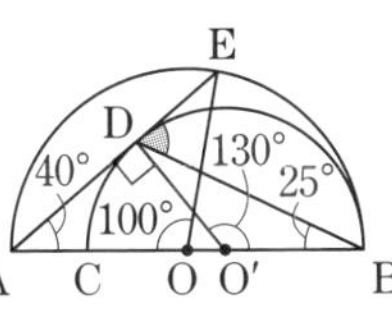

3　△ABE で，
∠ABE＝100°－68°＝32°
これより，2 点 B，C
は直線 AD について同
じ側にあって，
∠ABD＝∠ACD だから，
4 点 A，B，C，D は 1 つの円周上にある。
△EBC で，∠EBC＝180°－(100°＋52°)＝28°
∠CAD と ∠CBD は $\overset{\frown}{DC}$ に対する円周角だから，
∠CAD＝∠CBD＝28°

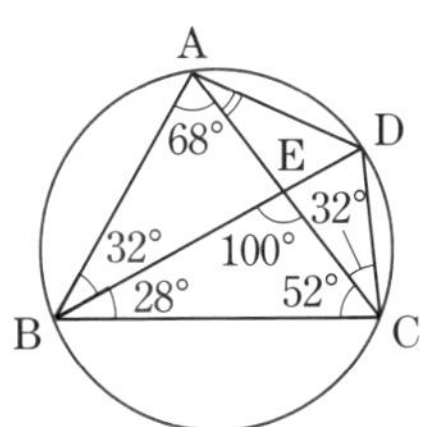

4 (2) ①　$\overset{\frown}{BC}$＝$\overset{\frown}{DE}$ より，∠BEC＝∠ECD
錯角が等しいから，FG∥CD
AC＝AE＝6 cm
(1)より，△ABC≡△AGE だから，
AG＝AB＝4 cm
よって，AF：AC＝AG：AD＝4：(4＋3)＝4：7，
AF：6＝4：7，7AF＝6×4，AF＝$\frac{6\times4}{7}$＝$\frac{24}{7}$(cm)
②　△ABG∽△ACE で，相似比は，4：6＝2：3
相似な図形の面積の比は，相似比の 2 乗に等しいから，△ABG：△ACE＝2^2：3^2＝4：9，
9△ABG＝4△ACE，△ABG＝$\frac{4}{9}$△ACE
△CEF と△ACE で，底辺をそれぞれ FC，AC とみると，高さは等しいから，
△CEF：△ACE＝FC：AC
AF：AC＝4：7 より，
FC：AC＝(7－4)：7＝3：7
△CEF：△ACE＝3：7
7△CEF＝3△ACE，△CEF＝$\frac{3}{7}$△ACE
したがって，
　△ABG：△CEF＝$\frac{4}{9}$△ACE：$\frac{3}{7}$△ACE
＝$\frac{4}{9}$：$\frac{3}{7}$＝$\frac{28}{63}$：$\frac{27}{63}$＝28：27

5 (2) (1)より，△BCF∽△ADE で，相似比は，
BC：AD＝3：6＝1：2
また，$\overset{\frown}{BC}$＝$\overset{\frown}{DE}$ より，BC＝DE だから，
DE＝3 cm
よって，CF＝$\frac{1}{2}$DE＝$\frac{1}{2}$×3＝$\frac{3}{2}$(cm)
ここで，BF＝a cm とする。
AE＝2BF＝$2a$(cm)
次に，△AFD と△AED
において，
AD は共通
$\overset{\frown}{CD}$＝$\overset{\frown}{DE}$ だから，
∠FAD＝∠EAD
$\overset{\frown}{AB}$＝$\overset{\frown}{AE}$ だから，
∠FDA＝∠EDA

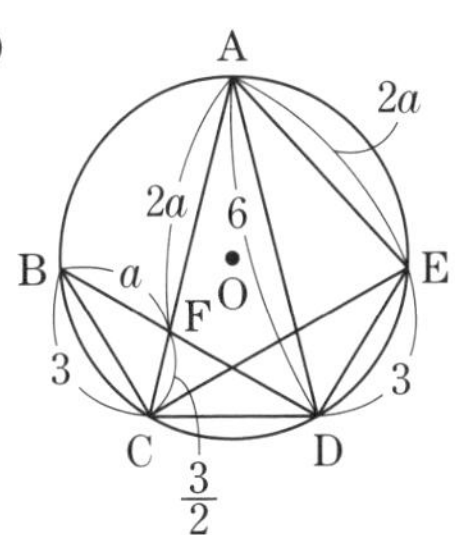

よって，1 組の辺とその両端の角がそれぞれ等しいから，△AFD≡△AED
したがって，AF＝AE より，AF＝$2a$
AF＋FC＝AC だから，
$2a+\frac{3}{2}=6$，$2a=\frac{9}{2}$，$a=\frac{9}{4}$

PART 22 三平方の定理① | p.94 - 95

1 (1) ① $x=8$　② $x=9$
(2) 線分 AF　(3) $3\sqrt{13}$
(4) 9 cm　(5) $8\sqrt{3}$ cm
(6) $\sqrt{21}$ cm

2 イ，オ

3 (1) $5\sqrt{3}$　(2) $x=\sqrt{3}-1$

4 $\dfrac{8}{3}$

5 $6\sqrt{5}$ cm

(解説)

1 (1) ①　直角三角形 ABD で，
$BD^2=9^2+12^2=81+144=225$
$BD>0$ だから，$BD=\sqrt{225}=15$(cm)
直角三角形 BCD で，
$DC^2=17^2-15^2=289-225=64$
$DC>0$ だから，$DC=\sqrt{64}=8$(cm)
②　直角三角形 ABD で，
$AD^2=6^2-2^2=36-4=32$
$AD>0$ だから，$AD=\sqrt{32}=4\sqrt{2}$(cm)
直角三角形 ADC で，
$AC^2=(4\sqrt{2})^2+7^2=32+49=81$
$AC>0$ だから，$AC=\sqrt{81}=9$(cm)

(2) $73=9+64=3^2+8^2$ より，直角をはさむ 2 辺の長さが 3 cm，8 cm になるような直角三角形を見つける。

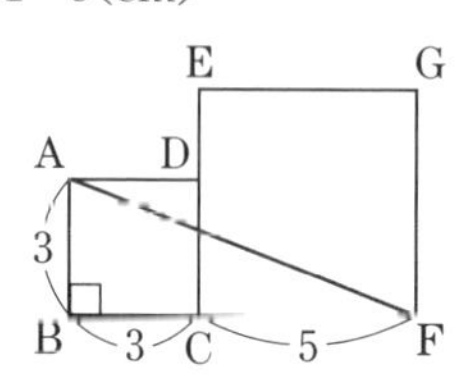

上の図の直角三角形 ABF で，$3^2+8^2=73$ より，
$AF=\sqrt{73}$ cm

(3) 右の図の直角三角形 ABC で，
$AC=9-3=6$
$BC=7-(-2)=9$
だから，
$AB^2=6^2+9^2=36+81=117$
$AB>0$ だから，$AB=\sqrt{117}=3\sqrt{13}$

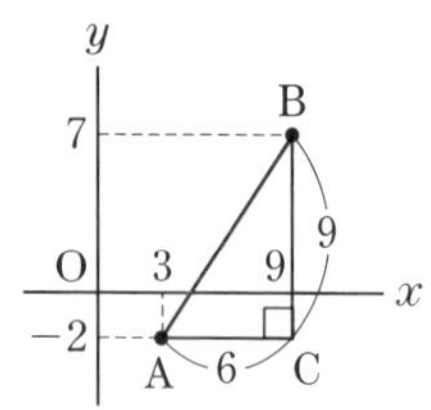

(4) 長方形の縦の長さを x cm とすると，横の長さは，$42\div2-x=21-x$(cm) と表せる。
よって，次の図の直角三角形 ABC で，
$x^2+(21-x)^2=15^2$
これを解くと，
$x^2+441-42x+x^2$
$=225$
$2x^2-42x+216=0$,
$x^2-21x+108=0$,

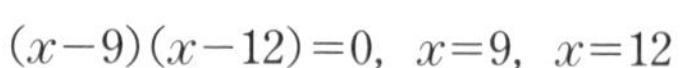

$(x-9)(x-12)=0$, $x=9$, $x=12$
縦が 9 cm のとき，横は，$21-9=12$(cm)，
縦が 12 cm のとき，横は，$21-12=9$(cm)
縦の長さは横の長さよりも短いから，縦の長さは 9 cm

(ミス対策) **(横の長さ)＝(長方形の周囲の長さ)÷2−(縦の長さ)である。これを(横の長さ)＝(長方形の周囲の長さ)−(縦の長さ)として，横の長さを$42-x$(cm)としないように注意しよう。**

(5) 半径 8 cm の円 O で，点 O から 4 cm の距離にある弦 AB は右の図のようになる。
よって，直角三角形 OAH で，$AH^2=8^2-4^2=64-16=48$
$AH>0$ だから，$AH=\sqrt{48}=4\sqrt{3}$(cm)
円の中心から弦にひいた垂線は，その弦を 2 等分するから，$AB=2AH$ より，
$AB=4\sqrt{3}\times2=8\sqrt{3}$(cm)

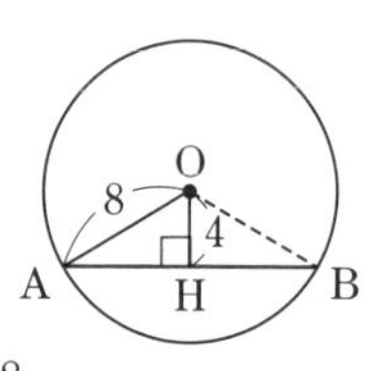

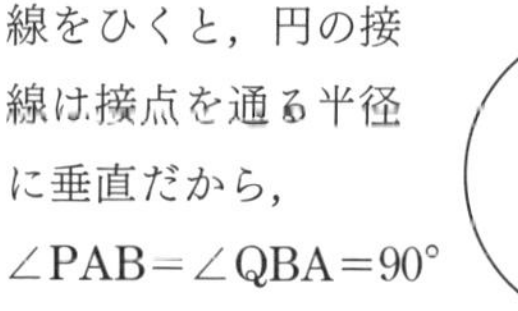

(6) 右の図のように補助線をひくと，円の接線は接点を通る半径に垂直だから，
$\angle PAB=\angle QBA=90°$
直角三角形 HPQ で，
$HQ^2=5^2-(4-2)^2=25-4=21$
$HQ>0$ だから，$HQ=\sqrt{21}$cm
四角形 AHQB は長方形になるから，
$AB=HQ=\sqrt{21}$(cm)

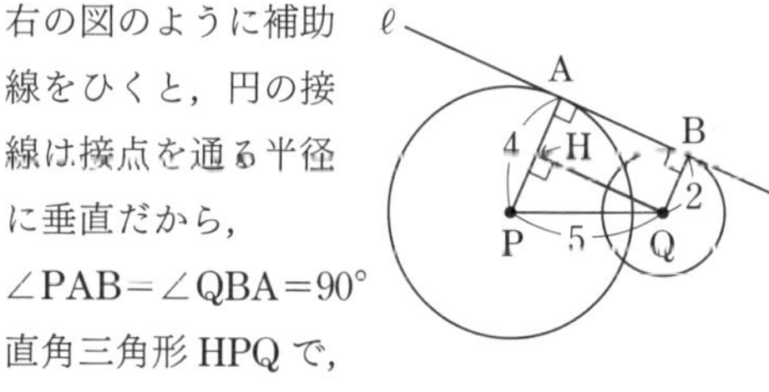

2 **ア**　$2^2+7^2=4+49=53$, $8^2=64$
$2^2+7^2=8^2$ が成り立たないから，直角三角形ではない。
イ　$3^2+4^2=9+16=25$, $5^2=25$
$3^2+4^2=5^2$ が成り立つから，直角三角形である。
ウ　$5<\sqrt{30}$ で，いちばん長い辺は $\sqrt{30}$cm の辺。
$3^2+5^2=9+25=34$, $(\sqrt{30})^2=30$
$3^2+5^2=(\sqrt{30})^2$ が成り立たないから，直角三角形ではない。

エ　$(\sqrt{2})^2+(\sqrt{3})^2=2+3=5$，$3^2=9$

$(\sqrt{2})^2+(\sqrt{3})^2=3^2$ が成り立たないから，直角三角形ではない。

オ　$(\sqrt{3})^2+(\sqrt{7})^2=3+7=10$，$(\sqrt{10})^2=10$

$(\sqrt{3})^2+(\sqrt{7})^2=(\sqrt{10})^2$ が成り立つから，直角三角形である。

3 (1) 右の図のように補助線をひくと，△ACH は，3 つの角が 30°，60°，90° の直角三角形だから，AC：AH$=2:\sqrt{3}$，4：AH$=2:\sqrt{3}$，

AH$=2\sqrt{3}$

よって，

$\triangle ABC=\dfrac{1}{2}\times BC\times AH=\dfrac{1}{2}\times 5\times 2\sqrt{3}=5\sqrt{3}$

(2) 右の図で，△DEC は，3 つの角が 45°，45°，90° の直角二等辺三角形だから，

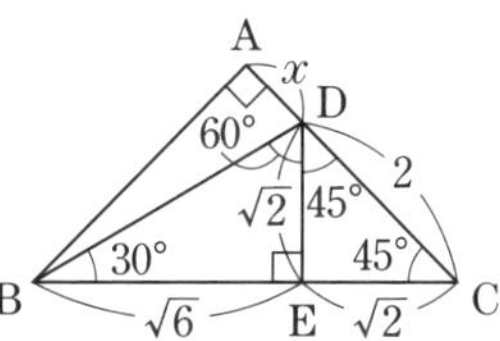

EC：DC$=1:\sqrt{2}$，

EC：$2=1:\sqrt{2}$，EC$=\sqrt{2}$

また，DE$=$EC$=\sqrt{2}$

△BED は，3 つの角が 30°，60°，90° の直角三角形だから，DE：BE$=1:\sqrt{3}$，

$\sqrt{2}$：BE$=1:\sqrt{3}$，BE$=\sqrt{6}$

△ABC は，3 つの角が 45°，45°，90° の直角二等辺三角形だから，AC：BC$=1:\sqrt{2}$，

$(x+2):(\sqrt{6}+\sqrt{2})=1:\sqrt{2}$，

$\sqrt{2}(x+2)=\sqrt{6}+\sqrt{2}$，$x+2=\sqrt{3}+1$，

$x=\sqrt{3}+1-2=\sqrt{3}-1$

4　BN$=x$ とする。

AM は線分 DD′ の垂直二等分線だから，

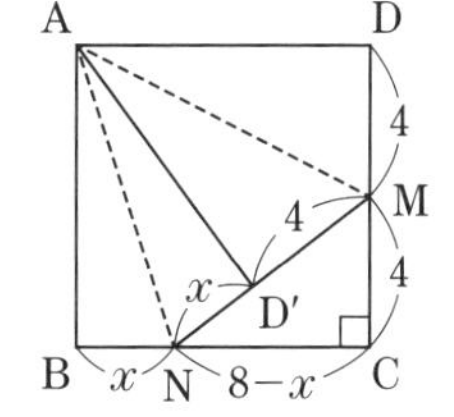

DM$=$D′M$=4$

AN は線分 BD′ の垂直二等分線だから，

BN$=$D′N$=x$

これより，MN$=x+4$

また，NC$=8-x$

直角三角形 MNC で，$4^2+(8-x)^2=(x+4)^2$

これを解くと，$16+64-16x+x^2=x^2+8x+16$，

$24x=64$，$x=\dfrac{64}{24}=\dfrac{8}{3}$

くわしく　AM が線分 DD′ の垂直二等分線のとき，AM 上の点と D，D′ をそれぞれ結ぶ線分の長さは等しい。すなわち，DM$=$D′M
同様に，AN が線分 BD′ の垂直二等分線のとき，AN 上の点と B，D′ をそれぞれ結ぶ線分の長さは等しい。すなわち，BN$=$D′N

5　AQ$=x$ cm とする。

点 A から円 O にひいた 2 つの接線の長さは等しいから，

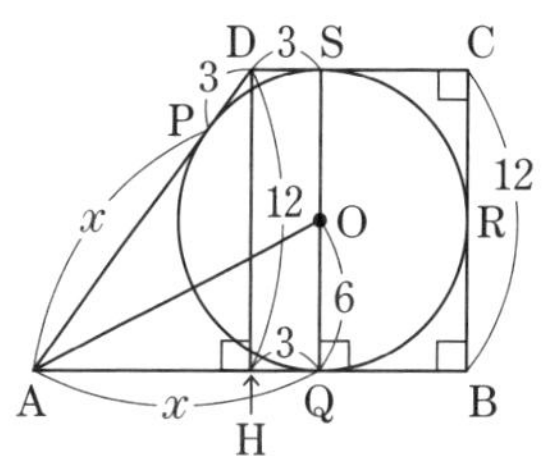

AP$=$AQ$=x$(cm)

同様に，点 D から円 O にひいた 2 つの接線の長さは等しいから，

DP$=$DS$=3$(cm)

これより，DA$=x+3$(cm)

次に，点 D から AB に垂線をひき，AB との交点を H とすると，DH$=$CB$=12$(cm)

また，HQ$=$DS$=3$(cm) より，AH$=x-3$(cm)

直角三角形 DAH で，$12^2+(x-3)^2=(x+3)^2$

これを解くと，$144+x^2-6x+9=x^2+6x+9$，

$12x=144$，$x=12$

直角三角形 OAQ で，

$AO^2=6^2+12^2=36+144=180$

AO＞0 だから，AO$=\sqrt{180}=6\sqrt{5}$(cm)

PART 23 三平方の定理②　p.98 - 99

1 (1) $5\sqrt{2}$ cm　(2) $15\sqrt{11}$ cm^2

2 (1) $\sqrt{29}$ m

(2) ① ア，$\sqrt{41}$ m　② $\dfrac{6\sqrt{5}}{5}$ m

3 (1) 12π cm^3　(2) $9\sqrt{3}\pi$ cm^3

4 (1) ① $3\sqrt{3}$ cm　② $9\sqrt{3}$ cm^2

(2) $\dfrac{3}{2}$ cm

(3) ① $\dfrac{3\sqrt{2}}{4}$ cm　② $\dfrac{9\sqrt{2}}{4}$ cm^3

解説

1 (1) 直角三角形 ABP で，$AP^2=AB^2+BP^2$

よって，$AP^2=7^2+1^2=49+1=50$

AP＞0 だから，AP$=\sqrt{50}=5\sqrt{2}$(cm)

(2) $AG^2=AB^2+AD^2+BF^2$

$=7^2+5^2+6^2=49+25+36=110$

AG＞0 だから，AG$=\sqrt{110}$cm

点 Q から辺 BF へ垂線をひき，BF との交点を K とする。

$PQ^2=PK^2+KQ^2=(6-1-1)^2+(7^2+5^2)$

$=16+74=90$

$PQ>0$ だから，$PQ=\sqrt{90}$cm

よって，ひし形 APGQ は，右の図のようなひし形になる。

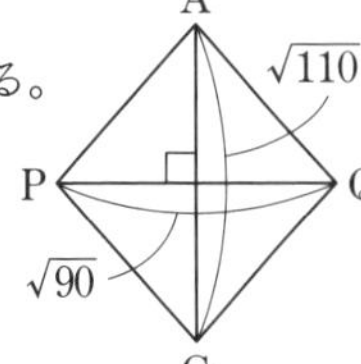

よって，ひし形 APGQ の面積は，

$\sqrt{110}\times\sqrt{90}\div 2$

$=\sqrt{10}\times\sqrt{11}\times 3\times\sqrt{10}\div 2$

$=15\sqrt{11}$(cm^2)

くわしく　ひし形 APGQ の対角線 AG，PQ の長さを求めて，ひし形の面積の公式を利用する。
PQ の長さを求めるには，まず PQ を辺にもつ直角三角形をさがす。そのような直角三角形が見つからないときは，補助線をひいて，PQ を辺にもつ直角三角形をつくればよい。ここでは，点 Q から辺 BF へ垂線 QK をひいて，直角三角形 PQK をつくる。

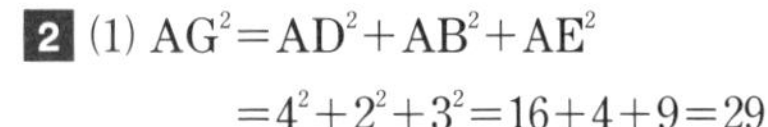

2 (1) $AG^2=AD^2+AB^2+AE^2$

$=4^2+2^2+3^2=16+4+9=29$

$AG>0$ だから，$AG=\sqrt{29}$m

(2) ①　**ア**の方法で糸をかけたとき，最も短い糸の長さは，右の図の線分 AG の長さになる。

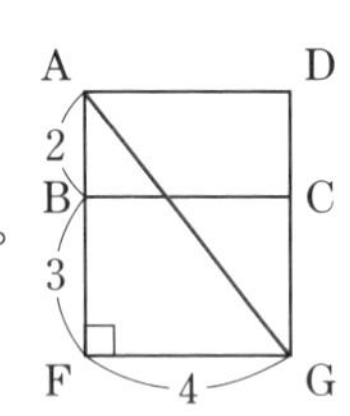

$AG^2=(2+3)^2+4^2=25+16$

$=41$

$AG>0$ だから，$AG=\sqrt{41}$m

イの方法で糸をかけたとき，最も短い糸の長さは，右の図の線分 AG の長さになる。

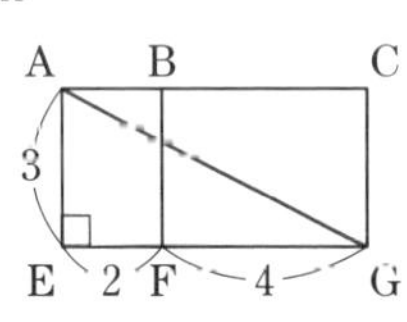

$AG^2=3^2+(2+4)^2=9+36=45$

$AG>0$ だから，$AG=\sqrt{45}$m

よって，短いほうの糸のかけ方は**ア**で，その長さは$\sqrt{41}$ m

②　かけた糸の長さが長いほうは**イ**。

イの方法で糸をかけたとき，点 C と直線 ℓ との距離は，点 C から線分 AG にひいた垂線の長さ CH になる。

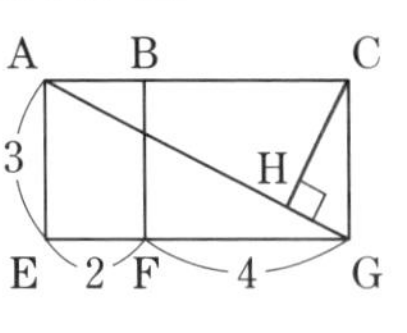

ここで，$\triangle AGC=\frac{1}{2}\times(2+4)\times 3=9$(m^2)

よって，$\frac{1}{2}\times AG\times CH=9$，$\frac{1}{2}\times 3\sqrt{5}\times CH=9$，

$\frac{3\sqrt{5}}{2}CH=9$，$CH=9\times\frac{2}{3\sqrt{5}}=\frac{6}{\sqrt{5}}=\frac{6\sqrt{5}}{5}$(m)

3 (1) 展開図を組み立ててできる円錐は，右の図のようになる。

直角三角形 ABH で，

$AH^2=5^2-3^2=25-9=16$

$AH>0$ だから，

$AH=\sqrt{16}=4$(cm)

よって，円錐の体積は，

$\frac{1}{3}\pi\times 3^2\times 4=12\pi$(cm^3)

(2) 投影図の円錐は，右の図のようになる。

直角三角形 ABH で，

$AH^2=6^2-3^2=36-9=27$

$AH>0$ だから，

$AH=\sqrt{27}=3\sqrt{3}$(cm)

よって，円錐の体積は，

$\frac{1}{3}\pi\times 3^2\times(3\sqrt{3})=9\sqrt{3}\pi$(cm^3)

別解 △ABH は，3つの角が30°，60°，90°の直角三角形だから，

$AB:AH=2:\sqrt{3}$，$6:AH=2:\sqrt{3}$

$6\times\sqrt{3}=AH\times 2$，$AH=\frac{6\times\sqrt{3}}{2}=3\sqrt{3}$(cm)

4 (1) ①　△ABC は1辺が6 cm の正三角形だから，

$BP=3\sqrt{3}$ cm

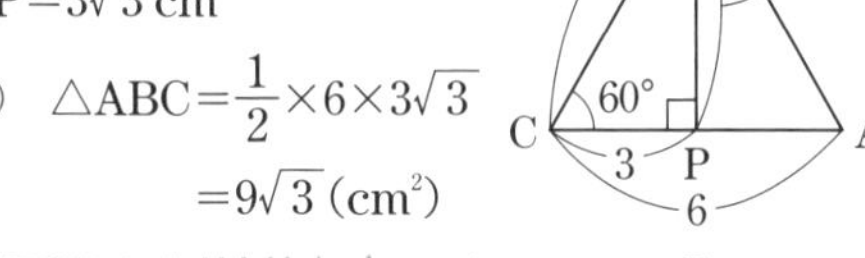

②　$\triangle ABC=\frac{1}{2}\times 6\times 3\sqrt{3}$

$=9\sqrt{3}$(cm^2)

(2) △BCP と △PAQ において，

△ABC は正三角形だから，

∠BCP＝∠PAQ（＝60°）

また，

∠BPC＝∠PQA（＝90°）

2組の角がそれぞれ等しいから，

△BCP∽△PAQ

よって，BC：PA＝CP：AQ，6：3＝3：AQ，

$6AQ=9$，$AQ=\frac{9}{6}=\frac{3}{2}$(cm)

別解 △PAQ は，3つの角が30°，60°，90°の直角三角形だから，

PA：AQ＝2：1，3：AQ＝2：1，

$3\times 1=AQ\times 2$，$AQ=\frac{3\times 1}{2}=\frac{3}{2}$(cm)

(3) BD と CE の交点を K とすると，点 K は BD，CE の中点である。

右の図のように，AK は平面 ABD 上にあり，QH⊥AKとなる。

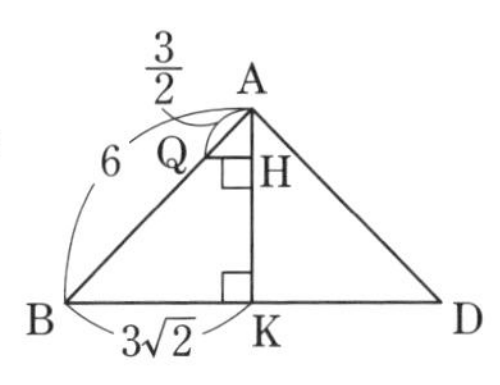

① $BK=6\sqrt{2}\div2=3\sqrt{2}$(cm)より，

△ABD は，右の図のようになる。

QH∥BK だから，AQ：AB＝QH：BK，

$\frac{3}{2}:6=QH:3\sqrt{2}$，$\frac{9\sqrt{2}}{2}=6QH$，

$QH=\frac{9\sqrt{2}}{2}\times\frac{1}{6}=\frac{3\sqrt{2}}{4}$(cm)

② △ACE は，右の図のようになる。

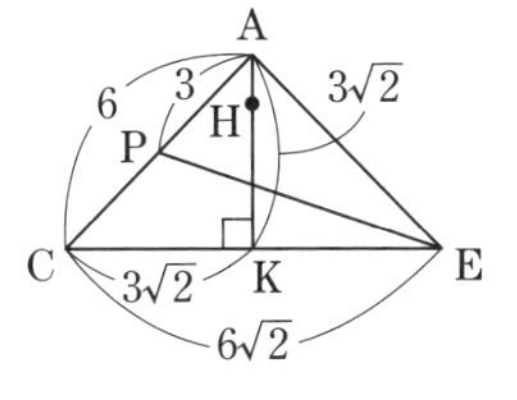

$AK^2=6^2-(3\sqrt{2})^2$

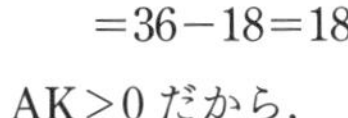

$=36-18=18$

AK＞0 だから，

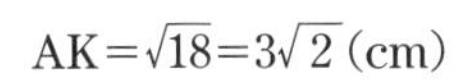

$AK=\sqrt{18}=3\sqrt{2}$(cm)

よって，$\triangle ACE=\frac{1}{2}\times6\sqrt{2}\times3\sqrt{2}=18$

したがって，$\triangle APE=\frac{1}{2}\triangle ACE=\frac{1}{2}\times18=9$

四面体 APEQ は，底面を△APE とみると，高さが QH の三角錐だから，その体積は，

$\frac{1}{3}\times\triangle APE\times QH=\frac{1}{3}\times9\times\frac{3\sqrt{2}}{4}=\frac{9\sqrt{2}}{4}$(cm³)

5章　確率・データの活用

PART 24 確　率

p.102 - 103

1 (1) $\frac{9}{16}$　(2) $\frac{7}{8}$　(3) $\frac{4}{9}$

2 (1) $\frac{5}{36}$　(2) $\frac{11}{12}$　(3) $\frac{2}{9}$　(4) $\frac{5}{6}$

3 (1) $\frac{2}{5}$　(2) $\frac{2}{5}$　(3) $\frac{8}{9}$

4 (1) $\frac{1}{6}$　(2) $\frac{1}{18}$　(3) $\frac{2}{9}$

解説

1 (1) 3本の当たりくじを①，②，③，1本のはずれくじを❹として，A，Bのくじのひき方を樹形図に表すと，次のようになる。

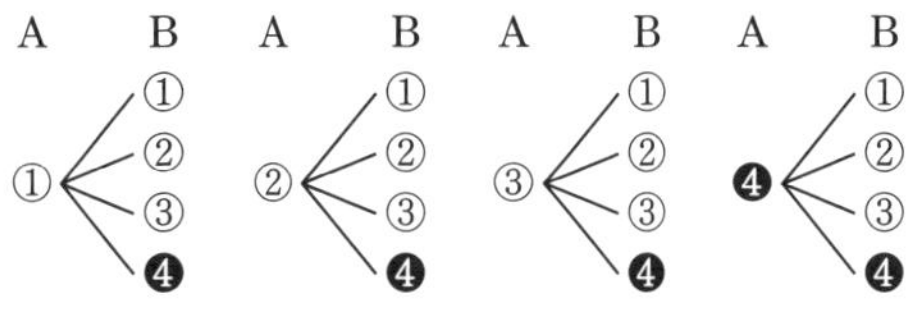

ミス対策 **この問題では，A さんがひいたくじを箱の中にもどしてから，B さんがくじをひくことに注意する。このようなひき方では，2人とも同じくじをひく場合がある。**

A，Bのくじのひき方は全部で16通り。

このうち，2人とも当たりくじをひくひき方は9通り。

よって，求める確率は，$\frac{9}{16}$

(2) 3枚の硬貨を A，B，C として，3枚の硬貨の表と裏の出方を樹形図に表すと，次のようになる。

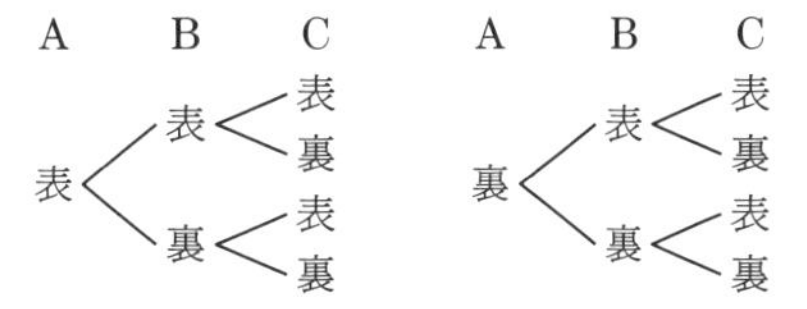

3枚の硬貨の表と裏の出方は全部で8通り。

このうち，少なくとも1枚は表となる出方は7通り。

よって，求める確率は，$\frac{7}{8}$

別解 少なくとも1枚は表となる確率は，「3枚とも裏」ではない確率だから，

(少なくとも1枚は表となる確率)

＝1−(3枚とも裏となる確率)

3枚とも裏となる出方は1通りだから，3枚とも裏となる確率は，$\frac{1}{8}$　よって，$1-\frac{1}{8}=\frac{7}{8}$

(3) グーを㋖，チョキを㋠，パーを㋫，じゃんけんをする2人をA，Bとして，手の出し方とそのときの指の本数の合計を樹形図に表すと，次のようになる。

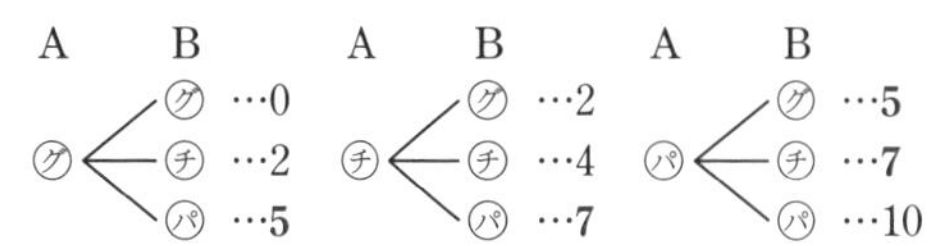

A，Bの手の出し方は全部で9通り。

このうち，指の本数の合計が奇数になる手の出し方は4通り。

よって，求める確率は，$\dfrac{4}{9}$

2 2つのさいころの目の出方は全部で，

$6\times6=36$(通り)

(1) $a+b$ の値が8になるのは，右の表の■の場合で，5通り。

よって，求める確率は，$\dfrac{5}{36}$

a\b	1	2	3	4	5	6
1						
2						■
3					■	
4				■		
5			■			
6		■				

(2) $a\times b$ の値が25より大きくなるのは，右の表の■の場合で，3通り。

よって，$a\times b$ の値が25より大きくなる確率は，$\dfrac{3}{36}=\dfrac{1}{12}$

a\b	1	2	3	4	5	6
1						
2						
3						
4						
5						■
6					■	■

したがって，$a\times b$ の値が25以下となる確率は，

$1-\dfrac{1}{12}=\dfrac{11}{12}$

(3) $\dfrac{\sqrt{ab}}{2}$ の値が有理数となるのは，ab が平方数になるときである。

ab が平方数になるのは，右の表の■の場合で，8通り。

よって，求める確率は，$\dfrac{8}{36}=\dfrac{2}{9}$

a\b	1	2	3	4	5	6
1	■			■		
2		■				
3			■			
4	■			■		
5					■	
6						■

(4) $\dfrac{a}{b}$ の値が $\dfrac{a}{b}<\dfrac{1}{3}$ になるのは，右の表の■の場合で，3通り。

$\dfrac{a}{b}$ の値が $\dfrac{a}{b}>3$ になるのは，右の表の■の場合で，3通り。

a\b	1	2	3	4	5	6
1				■	■	■
2						
3						
4	■					
5	■					
6	■					

よって，$\dfrac{a}{b}<\dfrac{1}{3}$，または，$\dfrac{a}{b}>3$ になる確率は，

$\dfrac{3+3}{36}=\dfrac{6}{36}=\dfrac{1}{6}$

したがって，$\dfrac{1}{3}\leqq\dfrac{a}{b}\leqq3$ になる確率は，

$1-\dfrac{1}{6}=\dfrac{5}{6}$

3 (1) 2枚のカードの取り出し方を樹形図に表すと，次のようになる。

十の位 一の位 十の位 一の位 十の位 一の位 十の位 一の位 十の位 一の位

1 ─ 2, 3, 4, 5　2 ─ 1, 3, 4, 5　3 ─ 1, 2, 4, 5　4 ─ 1, 2, 3, 5　5 ─ 1, 2, 3, 4

2枚のカードの取り出し方は全部で20通り。

このうち，2けたの整数が偶数になる取り出し方は8通り。

よって，求める確率は，$\dfrac{8}{20}=\dfrac{2}{5}$

(2) 箱A，Bから1枚ずつカードを取り出すとき，取り出し方を樹形図に表すと，次のようになる。

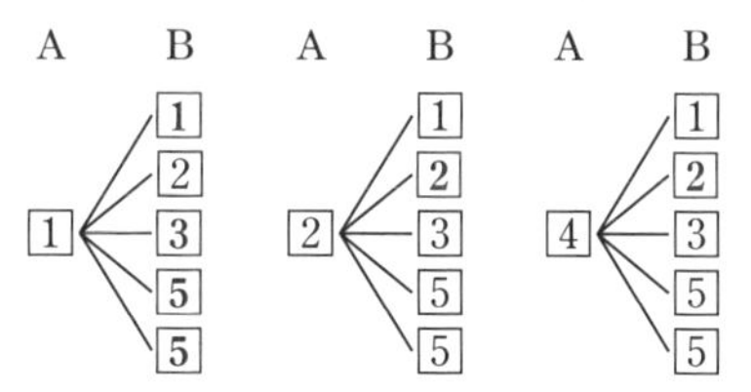

2枚のカードの取り出し方は全部で15通り。

2つの数の平均値が自然数となるのは，2つの数が奇数の場合と2つの数が偶数の場合である。

このような2枚のカードの取り出し方は6通り。

よって，求める確率は，$\dfrac{6}{15}=\dfrac{2}{5}$

(3) Aの箱の中の赤玉を❶，白玉を①，Bの箱の中の赤玉を❷，❸，白玉を②，Cの箱の中の赤玉を❹，白玉を③，④として，A，B，Cの箱から1個ずつ玉を取り出すとき，取り出し方を樹形図に表すと，次のようになる。

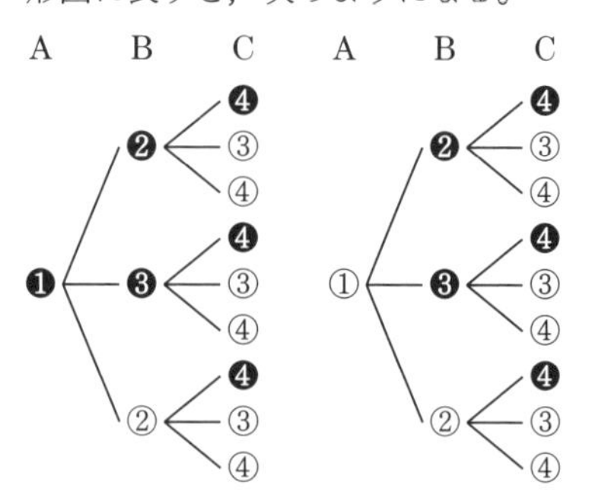

3個の玉の取り出し方は全部で18通り。

このうち，3個とも赤玉が出る取り出し方は2通り。

よって，3個とも赤玉が出る確率は，$\dfrac{2}{18}=\dfrac{1}{9}$

したがって，少なくとも1個は白玉が出る確率は，$1-\dfrac{1}{9}=\dfrac{8}{9}$

4 2つのさいころの目の出方は全部で，
$6\times6=36$(通り)

(1) 点Pが線分OB上にあるのは，点Pの座標が(1，1)，(2，2)，(3，3)，(4，4)，(5，5)，(6，6)の6通り。

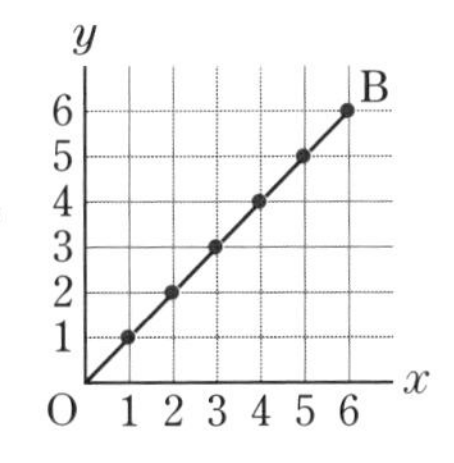

よって，求める確率は，

$\frac{6}{36}=\frac{1}{6}$

(2) △OAPが直角二等辺三角形になるのは，右の図のように，P(6，6)で，AO＝APとなる場合と，P(3，3)で，PO＝PAとなる場合の2通り。

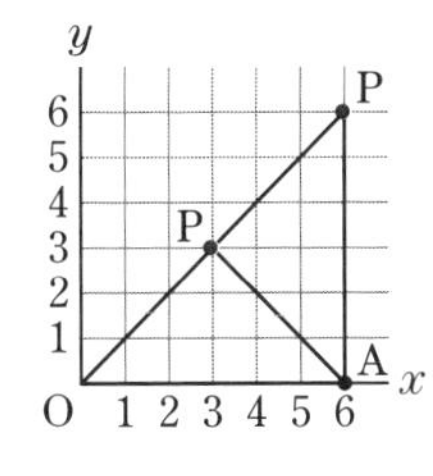

よって，求める確率は，$\frac{2}{36}=\frac{1}{18}$

(3) 線分OPの長さが4以下になるのは，右の図のように，点Pが半径が4，中心角が90°のおうぎ形の内部またはおうぎ形の弧の上にあるときである。

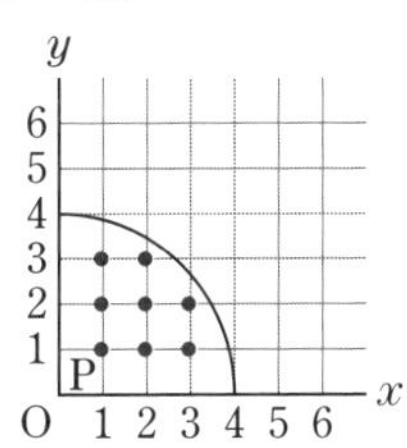

このような点Pの座標は，(1，1)，(1，2)，(1，3)，(2，1)，(2，2)，(2，3)，(3，1)，(3，2)の8通り。

よって，求める確率は，$\frac{8}{36}=\frac{2}{9}$

PART 25 データの活用と標本調査 p.106 - 107

1 (1) **ア 10　イ 13　ウ 0.24　エ 0.26**
(2) **22 m**
(3) **39人**
(4) **78 %**
(5) **右の図**

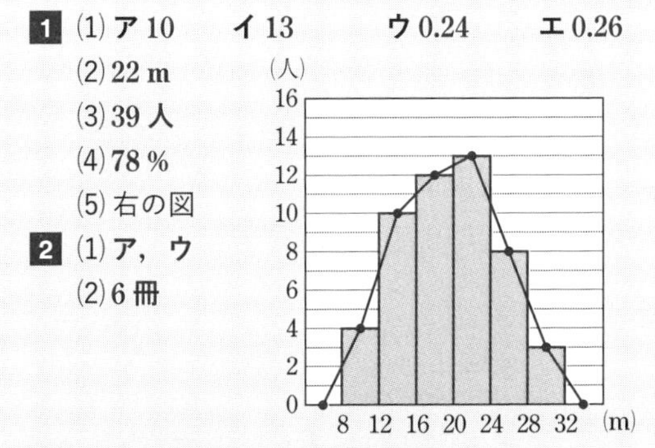

2 (1) **ア，ウ**
(2) **6冊**

3 **●選んだ選手がAさんの場合**
理由　Aさんの最頻値11.9秒は，Bさんの最頻値12.0秒よりも小さいので，Aさんのほうが次の1回でより速く走れそうな選手である。

●選んだ選手がBさんの場合
理由　Bさんの中央値12.0秒は，Aさんの中央値12.1秒よりも小さいので，Bさんのほうが次の1回でより速く走れそうな選手である。

4 (1) **数学のテストで，75点**
(2) **国語のテストで，30点**
(3) **英語**

5 **およそ750個**

解説

1 (1) 相対度数$=\frac{\text{その階級の度数}}{\text{度数の合計}}$より，

その階級の度数＝度数の合計×相対度数

ア…$50\times0.20=10$

ウ…$\frac{12}{50}=0.24$

イ…$50-(4+10+12+8+3)=13$

エ…$\frac{13}{50}=0.26$

(2) 度数が最も多い階級は，20 m以上24 m未満の階級。度数分布表での最頻値は，度数が最も多い階級の階級値だから，$\frac{20+24}{2}=22$(m)

(3) 各階級の累積度数は，右の表のようになる。

階級(m) 以上　未満	度数(人)	累積度数(人)
8～12	4	4
12～16	10	14
16～20	12	26
20～24	13	39
24～28	8	47
28～32	3	50
計	50	

よって，20 m以上24 m未満の階級の累積度数は39人。

(4) 記録が24 m未満の人数は，20 m以上24 m未満の階級の累積度数だから，39人。

よって，記録が24 m未満の人数の割合は

$39\div50\times100=78$(%)

別解 20 m以上24 m未満の階級の累積相対度数は，

$0.08+0.20+0.24+0.26=0.78$

よって，記録が24 m未満の人数の割合は，

$0.78\times100=78$(%)

(5)

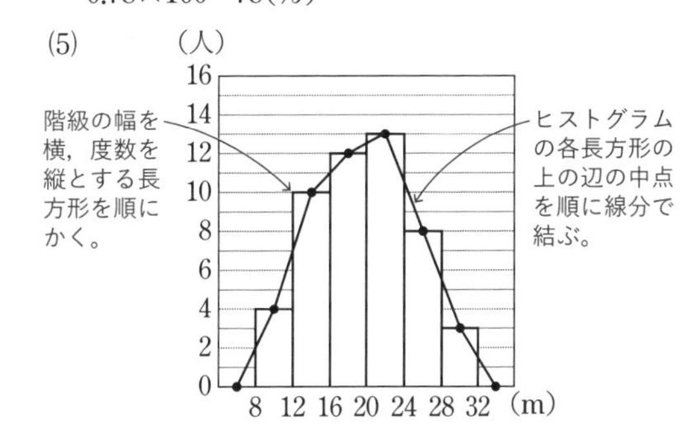

ミス対策 **度数折れ線は，8 m 以上 12 m 未満の階級の 1 つ手前の階級の度数を 0 として，折れ線をのばす。また，28 m 以上 32 m 未満の階級の 1 つ先の階級の度数を 0 として，折れ線をのばす。**

2 (1) **ア**…階級の幅は，4 月は 2 冊，5 月も 2 冊。

よって，正しい。

イ…最頻値は，4 月は 2 冊以上 4 冊未満の階級の階級値だから 3 冊，5 月は 6 冊以上 8 冊未満の階級の階級値だから 7 冊。

よって，5 月のほうが大きいから正しくない。

ウ…中央値は，4 月は 2 冊以上 4 冊未満の階級にあり，5 月は 6 冊以上 8 冊未満の階級にある。

よって，5月のほうが大きいから，正しい。

エ… 4 冊以上 6 冊未満の階級の相対度数は，

4 月は$\frac{8}{30}$，5 月は$\frac{7}{30}$

よって，4 月のほうが大きいから正しくない。

オ…借りた冊数が 6 冊未満の人数は，

4 月は，$6+11+8=25$(人)，

5 月は，$3+3+7=13$(人)

よって，人数は等しくないから正しくない。

(2) 5 月に借りた本の冊数のヒストグラムを度数分布表に表して，(階級値)×(度数)の合計を求めると，次のようになる。

階級(冊)	階級値(冊)	度数(人)	階級値×度数
以上　未満 0～ 2	1	3	3
2～ 4	3	3	9
4～ 6	5	7	35
6～ 8	7	10	70
8～10	9	7	63
計		30	180

平均値＝$\frac{\text{(階級値×度数)の合計}}{\text{度数の合計}}$より，

平均値は，$\frac{180}{30}=6$(冊)

3 Aさんの最頻値は 11.9 秒，Bさんの最頻値は 12.0 秒だから，最頻値で比べると，Aさんのほうが速く走れると考えられる。

Aさんの中央値は 12.1 秒，Bさんの中央値は 12.0 秒だから，中央値で比べると，Bさんのほうが速く走れると考えられる。

このように，どの代表値で比べるかによって，どちらの選手を選ぶかが変わってくる。

4 (1) **範囲＝最大値－最小値**

英語…最大値 95 点，最小値 25 点より，

範囲は，$95-25=70$(点)

数学…最大値 90 点，最小値 15 点より，

範囲は，$90-15=75$(点)

国語…最大値 85 点，最小値 30 点より，

範囲は，$85-30=55$(点)

(2) **四分位範囲＝第 3 四分位数－第 1 四分位数**

英語…第 1 四分位数 45 点，第 3 四分位数 70 点より，四分位範囲は，$70-45=25$(点)

数学…第 1 四分位数 40 点，第 3 四分位数 60 点より，四分位範囲は，$60-40=20$(点)

国語…第 1 四分位数 45 点，第 3 四分位数 75 点より，四分位範囲は，$75-45=30$(点)

(3) 中央値を境にして，中央値以上の得点の生徒は 50 人いると考えられる。

よって，中央値が 60 点より高いものを選ぶ。

5 取り出した 34 個の玉における黒玉と白玉の個数の比は，$4:(34-4)=4:30=2:15$

標本における黒玉と白玉の割合は，母集団における黒玉と白玉の割合に等しいと考えられる。

はじめに箱の中に入っていた白玉を x 個とすると，

$100:x=2:15$，$100\times15=x\times2$，

$x=\frac{100\times15}{2}=750$

よって，白玉の個数はおよそ 750 個。

1　数と式の性質の問題　p.108 - 111

1 (1) ア $4n$, イ $4n-3$

(2) **m 段目の最小の数は $4m-3$, n 段目の2番目に大きい数は $4n-1$ と表される。**
この2数の和は,
$$(4m-3)+(4n-1)=4m+4n-4$$
$$=4(m+n-1)$$
$m+n-1$ は整数だから, $4(m+n-1)$ は4の倍数である。
したがって, m 段目の最小の数と, n 段目の2番目に大きい数の和は4の倍数となる。

(3) **7組**

2 (1) **3**
(2) ア **12**, イ **7**, ウ n^2, エ n^2+2n, オ $2n+1$
(3) **19枚**
(4) **65**

3 (1) **13**
(2) **マスA…24, マスB…−16**
(3) $m=5$, **30**

4 (1) $x=1$　(2) $x=\frac{2}{3}$　(3) $-\frac{1024}{3}$

5 (1) **15個**　(2) **4個**　(3) **15個**

解説

1 (1) **ア**　各段の最大の数は, 1段目から順に, 4×1, 4×2, 4×3, …となるから, n 段目の最大の数は, $4\times n=4n$

イ　n 段目の最小の数は, n 段目の最大の数より3小さい数だから, $4n-3$

(3) 最小の数がB列にある段は, 4, 8, 12, 16段目だから, m の値は, $m=4$, 8, 12, 16
2番目に大きい数がB列にある段は, 2, 6, 10, 14, 18段目だから, n の値は,
$n=2$, 6, 10, 14, 18
(2)より, 2数の和は4の倍数だから, 2数の和が12の倍数になるためには, $m+n-1$ が3の倍数であればよい。
よって, $m+n-1$ が3の倍数になる m, n の値の組を求めると,
$(m, n)=(4, 6)$, $(4, 18)$, $(8, 2)$, $(8, 14)$, $(12, 10)$, $(16, 6)$, $(16, 18)$ の7組。

2 (1) $3<\sqrt{10}<4$ より, $\sqrt{10}=3+$(小数部分) と表せるから, $\sqrt{10}$ の整数部分は3

(2) **ア**　$12<\sqrt{150}<13$ より,
$\sqrt{150}=12+$(小数部分) と表せるから, $\sqrt{150}$ の整数部分は12

イ　裏の数が12となるカードの表の数を a とすると, $12\leqq\sqrt{a}\leqq\sqrt{150}$ より,
$12^2\leqq(\sqrt{a})^2\leqq(\sqrt{150})^2$, $144\leqq a\leqq150$
この不等式を満たす自然数 a の値は,
144, 145, 146, 147, 148, 149, 150の7個。

ウ, エ, オ　裏の数が n となるカードの表の数を b とすると, $n\leqq\sqrt{b}<n+1$
よって, $n^2\leqq(\sqrt{b})^2<(n+1)^2$, $n^2\leqq b<(n+1)^2$
$n^2\leqq b$ より, 最も小さい数は n^2
$b<(n+1)^2$ より, 最も大きい数は, $(n+1)^2$ より1小さい自然数だから,
$(n+1)^2-1=n^2+2n+1-1=n^2+2n$
これより, 裏の数が n であるカードの枚数は,
$(n^2+2n)-n^2+1=2n+1$

(3) (2)より, $2\times9+1=19$(枚)

(4) 裏の数が3の倍数になるとき, それらのカードの裏の数の積にふくまれる3の個数を求める。
裏の数が3であるカードの枚数は,
$2\times3+1=7$(枚)
この7枚のカードの裏の数の積にふくまれる3の積は 3^7
裏の数が6であるカードの枚数は,
$2\times6+1=13$(枚)
この13枚のカードの裏の数の積にふくまれる3の積は 3^{13}
裏の数が9であるカードの枚数は,
(3)より, 19枚。
$9=3\times3$ だから, この19枚のカードの裏の数の積にふくまれる3の積は 3^{38}
裏の数が12であるカードの枚数は, (2)より, 7枚。
この7枚のカードの裏の数の積にふくまれる3の積は 3^7
よって, P の中でかけ合わされている3の個数は, $7+13+38+7=65$ より, P にふくまれる3の積は 3^{65}
したがって, 求める m は65

3 (1) マスAに3，マスBに4を入力したとき，4段目までに表示される数字は右のようになる。

段					
1段目	3	4			
2段目	3	7	4		
3段目	3	10	11	4	
4段目	3	13	21	15	4

(2) マスAにa，マスBにbを入力したとき，3段目までに表示される数字は上のようになる。

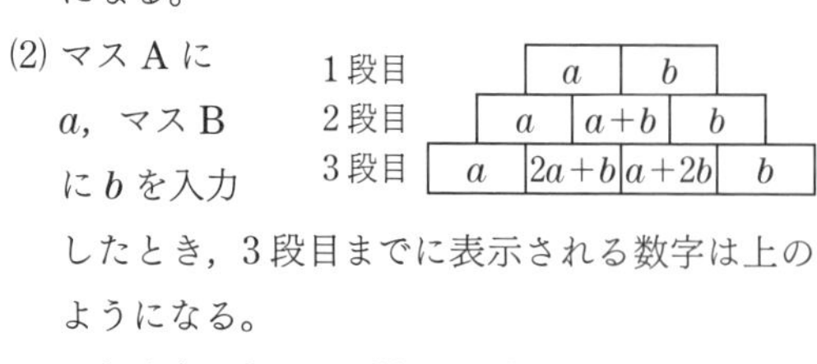

これより，$2a+b=32$，$a+2b=-8$

これを連立方程式として解くと，

$a=24$，$b=-16$

(3) (2)の図の続きで，5段目までに表示される数字は下のようになる。

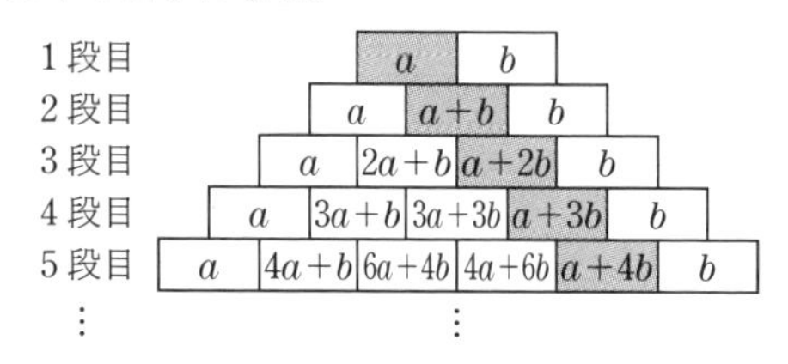

これより，m段目の左からm番目のマスの数は，$a+(m-1)b$と表される。

また，$2m$段目の左から2番目のマスの数は，$(2m-1)a+b$と表される。

マスAに22，マスBに-2を入力したとき，m段目の左からm番目のマスの数は，

$22+(m-1)\times(-2)=-2m+24$

$2m$段目の左から2番目のマスの数は，

$(2m-1)\times22+(-2)=44m-24$

よって，$(-2m+24)^2=44m-24$

これを解くと，$4m^2-96m+576=44m-24$，

$4m^2-140m+600=0$，$m^2-35m+150=0$，

$(m-5)(m-30)=0$，$m=5$，$m=30$

mは1以上の自然数だから，$m=5$，$m=30$は問題にあっている。

4 (1) 1回目の操作…$x=-2$

2回目の操作…$x=4$

3回目の操作…$4\times x+4=2\times4$，$4x+4=8$，

$4x=4$，$x=1$

(2) 1回目の操作…$3\times x+4=2\times3$，$3x+4=6$，

$3x=2$，$x=\frac{2}{3}$

2回目の操作…$\frac{2}{3}\times x+4=2\times\frac{2}{3}$，

$\frac{2}{3}x+4=\frac{4}{3}$，$\frac{2}{3}x=-\frac{8}{3}$，$x=-4$

3回目の操作…$-4\times x+4=2\times(-4)$，

$-4x+4=-8$，$-4x=-12$，$x=3$

よって，1回目の操作で得られた解をx_1，2回目の操作で得られた解をx_2，3回目の操作で得られた解をx_3，…とすると，$x_1=x_4=x_7=\cdots$，$x_2=x_5=x_8=\cdots$，$x_3=x_6=x_9=\cdots$となる。

$2020=3\times673+1$より，2020回目の操作で得られた解は，$x_1=x_4=x_7=\cdots$と同じになるから，

$x=\frac{2}{3}$

(3) 10個の解の積は，

$\left\{\frac{2}{3}\times(-4)\times3\right\}\times\left\{\frac{2}{3}\times(-4)\times3\right\}$

$\times\left\{\frac{2}{3}\times(-4)\times3\right\}\times\frac{2}{3}$

$=(-8)\times(-8)\times(-8)\times\frac{2}{3}=-\frac{1024}{3}$

5 (1) 正の約数が2個の自然数は素数だから，50以下の素数を求めると，

2，3，5，7，11，13，17，19，23，29，31，37，41，43，47の15個。

(2) kを素数とすると，k^2の正の約数は，1，k，k^2の3個である。つまり，正の約数が3個の自然数は素数の2乗だから，50以下で素数の2乗を求めると，$2^2=4$，$3^2=9$，$5^2=25$，$7^2=49$の4個。

(3) kを素数とすると，k^3の正の約数は，1，k，k^2，k^3の4個である。つまり，正の約数が4個の自然数は素数の3乗だから，50以下で素数の3乗を求めると，$2^3=8$，$3^3=27$の2個。

次に，m，nを素数とすると，mnの正の約数は，1，m，n，mnの4個である。つまり，正の約数が4個の自然数は2つの素数の積である。50以下で2つの素数の積を求めると，

$2\times3=6$，$2\times5=10$，$2\times7=14$，$2\times11=22$，

$2\times13=26$，$2\times17=34$，$2\times19=38$，$2\times23=46$，

$3\times5=15$，$3\times7=21$，$3\times11=33$，$3\times13=39$，

$5\times7=35$の13個。

よって，あわせて15個。

2 動く点や図形の問題 p.112 - 115

1 (1) **P 6秒後，Q 6秒後**　(2) $\boldsymbol{y=-3x+3}$

(3) $\frac{12}{5}$ **秒後**　(4) **D**$\left(6, \frac{1}{2}\right)$

2 (1) $\frac{2}{3}$　(2) **1：2：6**

(3) $\boldsymbol{a=9}$

3 $\left(\frac{1}{2},\ \frac{5}{2}\right)$

4 (1) $x=3,\ 9$

(2) ① $x=6$　② $y=-4x+24$

(3) $0\leqq x\leqq 10$ の範囲で，x と y の関係をグラフに表すと，右の図のようになる。

$0\leqq x\leqq 3$ のとき，$y=4x$

この式に $y=10$ を代入すると，

$10=4x,\ x=\frac{5}{2}$

$3\leqq x\leqq 6$ のとき，$y=-4x+24$

この式に $y=10$ を代入すると，

$10=-4x+24,\ x=\frac{7}{2}$

$6\leqq x\leqq 9$ のとき，$y=4x-24$

この式に $y=10$ を代入すると，

$10=4x-24,\ x=\frac{17}{2}$

$9\leqq x\leqq 10$ のとき，$y=-4x+48$

この式に $y=10$ を代入すると，

$10=-4x+48,\ x=\frac{19}{2}$

よって，$y\leqq 10$ となるのは，

$\left(\frac{5}{2}-0\right)+\left(\frac{17}{2}-\frac{7}{2}\right)+\left(10-\frac{19}{2}\right)=8$（秒間）

5 (1) $27\ \text{cm}^2$　(2) $\frac{9}{10}x^2\ \text{cm}^2$

(3) x 秒後にできる△APQ の面積は，(2)より，

$\frac{9}{10}x^2\ \text{cm}^2$

$(x+1)$ 秒後にできる△APQ の面積は，

$\frac{9}{10}(x+1)^2\ \text{cm}^2$

よって，$\frac{9}{10}x^2\times 3=\frac{9}{10}(x+1)^2$

これを解いて，$3x^2=(x+1)^2$，

$2x^2-2x-1=0$

$$x=\frac{-(-2)\pm\sqrt{(-2)^2-4\times 2\times(-1)}}{2\times 2}$$

$$=\frac{2\pm\sqrt{4+8}}{4}=\frac{2\pm 2\sqrt{3}}{4}=\frac{1\pm\sqrt{3}}{2}$$

$0<x\leqq 9$ だから，$x=\frac{1+\sqrt{3}}{2}$

6 (1) 8 秒

(2) △BCD の面積…$\sqrt{35}\ \text{cm}^2$

三角錐 ABCD の体積…$\frac{14\sqrt{5}}{3}\ \text{cm}^3$

(3) $\frac{48}{7}$ 秒後

7 (1) ① $y=9$

② ア 6，イ x^2，ウ $-4x+40$

グラフは右の図。

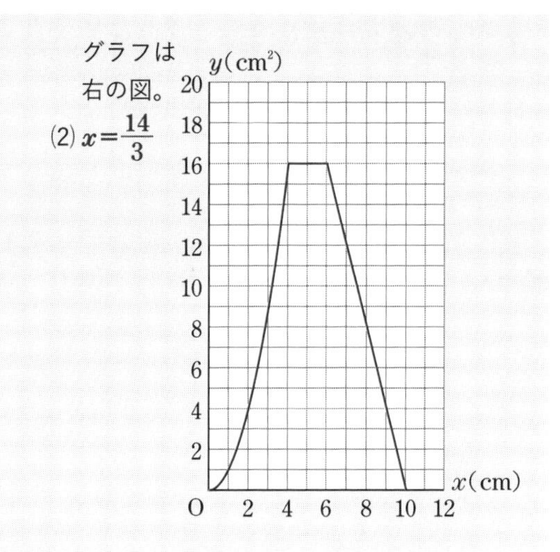

(2) $x=\frac{14}{3}$

解説

1 (1) P は，18 cm の長さを毎秒 3 cm の速さで動くから，かかる時間は，$18\div 3=6$（秒）

Q は，6 cm の長さを毎秒 1 cm の速さで動くから，かかる時間は，$6\div 1=6$（秒）

(2) P，Q が出発してから 1 秒後の P，Q の座標は，P(0，3)，Q(1，0)

直線 PQ の式は，$y=ax+3$ とおける。

この式に $x=1,\ y=0$ を代入して，

$0=a+3,\ a=-3$　よって，$y=-3x+3$

(3) PO＝PQ になるのは，P が辺 BC 上，Q が辺 OA 上にあるときである。P，Q が出発してから x 秒後に PO＝PQ になるとする。

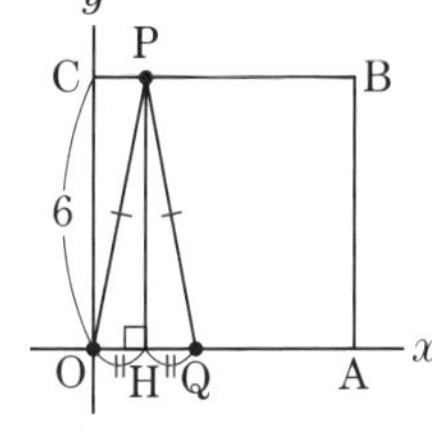

P の x 座標は $3x-6$

Q の x 座標は x

PO＝PQ のとき，P から OQ にひいた垂線 PH は，OQ を 2 等分するから，2OH＝OQ

よって，$2(3x-6)=x$

これを解いて，$6x-12=x,\ 5x=12,\ x=\frac{12}{5}$

(4) P，Q が出発してから 5 秒後の P，Q の座標は，P(6，3)，Q(5，0)

△OPQ＝△OPD のとき，OP∥QD だから，点 D は，Q を通り OP に平行な直線と線分 AP との交点になる。

直線 OP の傾きは，$\frac{3}{6}=\frac{1}{2}$ だから，直線 QD の式は，$y=\frac{1}{2}x+b$ とおける。

この式に $x=5,\ y=0$ を代入して，

$0=\frac{1}{2}\times5+b$, $b=-\frac{5}{2}$

よって，直線 QD の式は，$y=\frac{1}{2}x-\frac{5}{2}$

この式に $x=6$ を代入して，$y=\frac{1}{2}\times6-\frac{5}{2}=\frac{1}{2}$

したがって，$D\left(6,\ \frac{1}{2}\right)$

2 (1) 点 D の x 座標は，$a+2a=3a$，y 座標は $2a$ だから，直線 OD の傾きは，$\frac{2a}{3a}=\frac{2}{3}$

(2) (1)より，直線 OD の式は，$y=\frac{2}{3}x$

点 D の y 座標は，$2a$

$DC=2a$，$BC=DC$ だから，$BC=2a$

点 E の y 座標は，$\frac{2}{3}\times a=\frac{2}{3}a$

$EB=\frac{2}{3}a$，$GB=EB$ だから，$GB=\frac{2}{3}a$

$OG=OB-GB=a-\frac{2}{3}a=\frac{1}{3}a$

HG と EB とDC は平行だから，

OH：HE：ED

＝OG：GB：BC

$=\frac{1}{3}a:\frac{2}{3}a:2a$

＝1：2：6

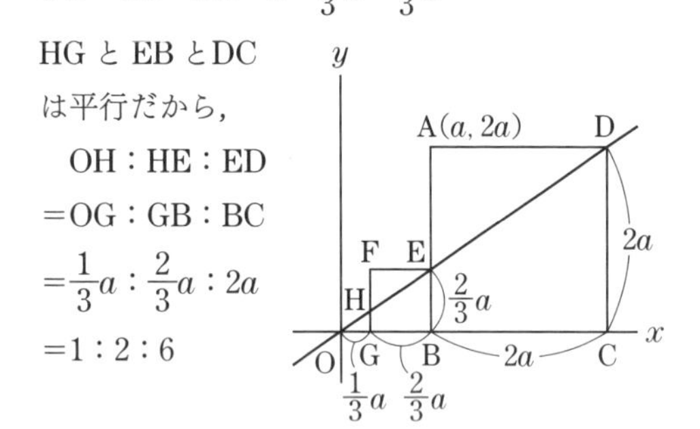

(3) 四角形 BCDE の面積を a を使って表すと，

$\frac{1}{2}\times\left(\frac{2}{3}a+2a\right)\times2a=\frac{8}{3}a^2$

よって，$\frac{8}{3}a^2=216$

これを解くと，$a^2=81$，$a=\pm9$

$a>0$ だから，$a=9$

3 座標平面上の 3 点 A，B，C は，下の図のようになる。

AB^2

$=\{1-(-1)\}^2+(2-1)^2$

$=4+1=5$

BC^2

$=(2-1)^2+(3-1)^2$

$=1+4=5$

$AC^2=\{2-(-1)\}^2+(3-2)^2=9+1=10$

これより，AB＝BC，$AB^2+BC^2=AC^2$ だから，△ABC は AB＝BC の直角二等辺三角形である。よって，3 点 A，B，C を通る円の中心は，斜辺 AC の中点になるから，その座標は，

$\left(\frac{-1+2}{2},\ \frac{2+3}{2}\right)=\left(\frac{1}{2},\ \frac{5}{2}\right)$

4 (1) まず，$\overset{\frown}{PQ}$ の長さが 12 cm のとき，線分 PQ は円 O の直径になるから，

$x+3x=12$，$4x=12$，$x=3$

次に，そこから点 P，Q の進んだ長さの和が 24 cm のとき，線分 PQ は再び円 O の直径になるから，$4x=12+24$，$4x=36$，$x=9$

(2) ①点 P，Q の進んだ長さの和が 24 cm のとき，点 P，Q ははじめて重なるから，$4x=24$，$x=6$

②$3\leqq x\leqq6$ のとき，x の値が 1 増加すると，y の値は 4 ずつ減少するから，y は x の 1 次関数で，$y=-4x+b$ とおける。

この式に $x=3$，$y=12$を代入すると，

$12=-4\times3+b$，$12=-12+b$，$b=24$

よって，$y=-4x+24$

(3) x と y の関係を表すグラフで，$y\leqq10$となる x の値の範囲は，

$0\leqq x\leqq\frac{5}{2}$,

$\frac{7}{2}\leqq x\leqq\frac{17}{2}$,

$\frac{19}{2}\leqq x\leqq10$

の 3 つの場合がある。

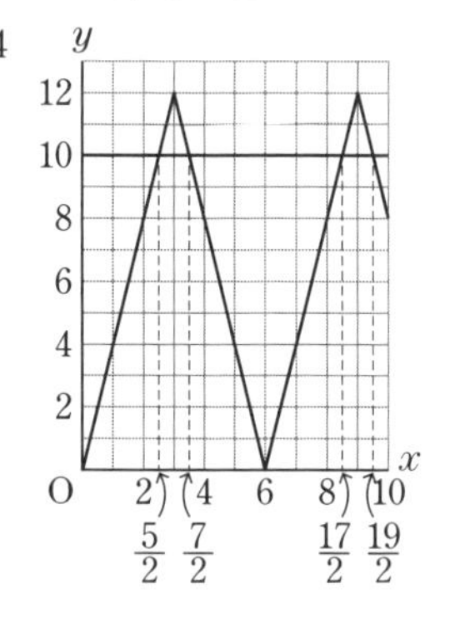

5 (1) 点 P が点 A を出発してから 3 秒後に点 Q は点 B から 2×3＝6（cm）のところにある。

△ABQ：△ABC＝BQ：BC＝6：20＝3：10

よって，△ABQ：90＝3：10,

△ABQ×10＝90×3, $△ABQ=\frac{90\times3}{10}=27(cm^2)$

(2) 点 P が 点 A を出発してから x 秒後に，

AP＝x cm,

BQ＝$2x$ cm になる。

△ABQ：△ABC＝BQ：BC＝$2x$：20

よって，△ABQ：90＝$2x$：20,

△ABQ×20＝90×$2x$，△ABQ＝$9x(cm^2)$

△APQ：△ABQ＝AP：AB＝x：10

よって，△APQ：$9x$＝x：10,

△APQ×10＝$9x\times x$，$△APQ=\frac{9}{10}x^2(cm^2)$

6 (1) 直角三角形 ABC で，

$AC^2=(2\sqrt{7})^2+6^2=28+36=64$

$AC>0$ だから，$AC=8$ cm
よって，かかる時間は，8 秒。

(2) 点 B から辺 CD に垂線 BH をひくと，$CH=1$ cm

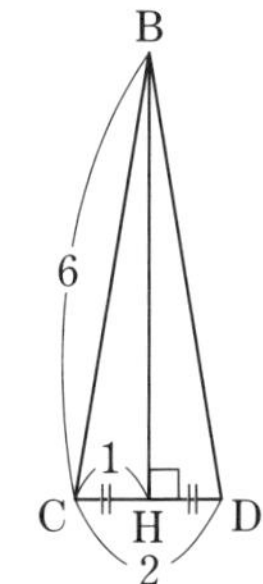

直角三角形 BCH で，
$BH^2=6^2-1^2=36-1=35$
$BH>0$ だから，$BH=\sqrt{35}$cm
よって，
$\triangle BCD=\dfrac{1}{2}\times2\times\sqrt{35}=\sqrt{35}(\text{cm}^2)$
三角錐 ABCD で，△BCD を底面とみると，高さは AB だから，三角錐 ABCD の体積は，
$\dfrac{1}{3}\times\sqrt{35}\times2\sqrt{7}=\dfrac{14\sqrt{5}}{3}$ (cm^3)

(3) 三角錐 AQPD と三角錐 ABCD で，それぞれ底面を △AQP，△ABC とみると，高さは等しいから，三角錐 AQPD と三角錐 ABCD の体積の比は底面積の比に等しい。
$AP=x$ cm とする。
右の図で，
△AQP∽△ABC より，
△AQP と △ABC の相似比は，

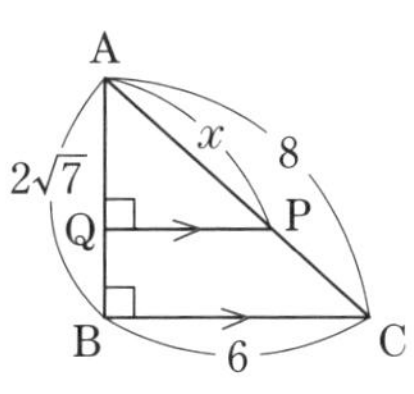

$AP : AC=x : 8$
よって，面積の比は，$x^2 : 8^2=x^2 : 64$
三角錐 AQPD と三角錐 ABCD の体積の比は，△AQP と △ABC の面積の比に等しいから，
$\dfrac{24\sqrt{5}}{7} : \dfrac{14\sqrt{5}}{3}=x^2 : 64$
これを解くと，$36 : 49=x^2 : 64$，
$36\times64=49\times x^2$，$x^2=\dfrac{36\times64}{49}$
$x>0$ だから，$x=\dfrac{6\times8}{7}=\dfrac{48}{7}$
したがって，$\dfrac{48}{7}$ 秒後。

7 正方形 ABCD と長方形 PQRS が重なっている部分を図形 T とする。

(1) ① $x=3$ のとき，図形 T は 1 辺が 3 cm の正方形になるから，$y=3\times3=9$

② $0\leqq x\leqq4$ のとき，
図形 T は，右の図のように，1 辺が x cm の正方形になる。
よって，$y=x^2$…イ

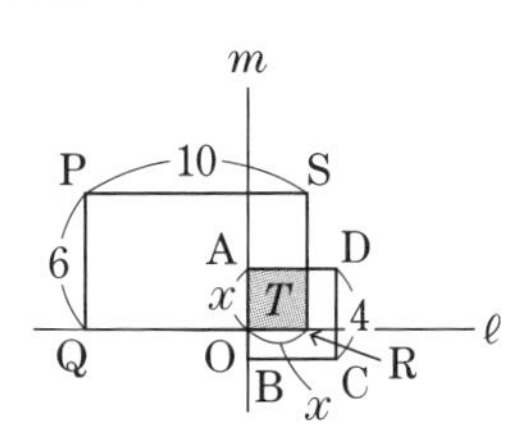

$4\leqq x\leqq6$…アのとき，
図形 T は，右の図のように，1 辺が 4 cm の正方形になる。
よって，$y=4\times4=16$

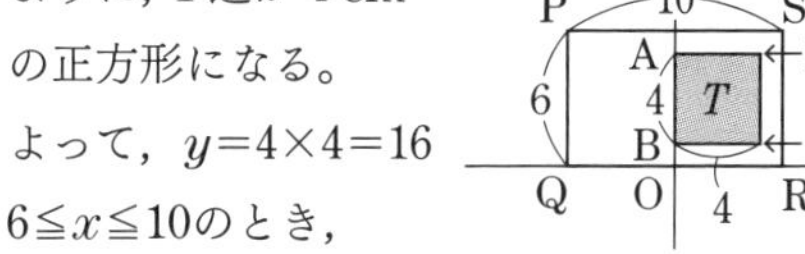

$6\leqq x\leqq10$のとき，
図形 T は，右の図のように，縦が
$4-(x-6)=10-x$(cm)，
横が 4 cm の長方形になる。

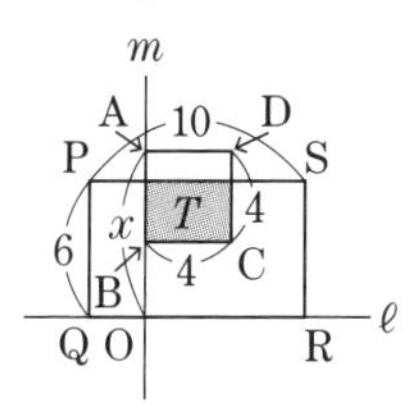

よって，$y=(10-x)\times4=-4x+40$…ウ

(2) △APQ で，底辺を PQ とみると，高さは PS－(点 R の動いた長さ)$=10-x$(cm)だから，
$\triangle APQ=\dfrac{1}{2}\times6\times(10-x)=-3x+30$
$0\leqq x\leqq4$ のとき，$x^2=-3x+30$，$x^2+3x-30=0$
$x=\dfrac{-3\pm\sqrt{3^2-4\times1\times(-30)}}{2\times1}=\dfrac{-3\pm\sqrt{9+120}}{2}$
$=\dfrac{-3\pm\sqrt{129}}{2}$
$11<\sqrt{129}<12$ より，$0\leqq x\leqq4$ だから，この解は条件にあわない。
$4\leqq x\leqq6$ のとき，$16=-3x+30$
これを解いて，$3x=14$，$x=\dfrac{14}{3}$
この解は条件にあっている。
$6\leqq x\leqq10$ のとき，$-4x+40=-3x+30$
これを解いて，$-x=-10$，$x=10$
$x=10$ のとき，直線 m と辺 PQ は重なるから考えないものとする。

3 確率とデータの活用の問題 p.116 - 119

1 (1) 2，3，5

(2) **大小 2 つのさいころの目の出方は全部で，**
$6\times6=36$(通り)
大小 2 つのさいころの目の出方を（大，小）と表すと，右端のカードの数字が奇数となるようなさいころの目の出方は，
(大，小)＝(1，6)，(3，6)，(5，6)，(6，1)，(6，3)，(6，5) の 6 通り。
よって，右端のカードの数字が奇数となる確率は，$\dfrac{6}{36}=\dfrac{1}{6}$
したがって，右端のカードの数字が偶数となる確率は，$1-\dfrac{1}{6}=\dfrac{5}{6}$

2 (1) $\dfrac{4}{9}$　(2) $\dfrac{1}{3}$

3 (1) $\frac{1}{4}$　(2) $\frac{1}{20}$　(3) $\frac{1}{5}$

4 (1) **4通り**　(2) **5通り**　(3) $\frac{1}{72}$　(4) $\frac{1}{24}$

(5) **6通り**

5 **(例) 最頻値を比べると，知也さんは6.5m，公太さんは5.5mであり，知也さんのほうが大きいから。**

6 **ア，ウ**

7 **2.1冊**

8 **① 1月…E**　**② 11月…D**

解説

1 (1) 取り除くカードが2枚になるのは，さいころの目の数の約数が2個のときである。約数が2個の自然数は素数だから，2，3，5

(2) (右端のカードの数字が偶数となる確率)
＝1－(右端のカードの数字が奇数となる確率)
右端のカードの数字が奇数となるのは，6の数字が書かれたカードと奇数の数字が書かれたカードを入れかえたときである。

2 大小2つのさいころの目の出方は全部で，
6×6＝36（通り）

(1) 三角形ができないのは，2つとも同じ目が出た場合と，2つのうちの1つが1の目が出た場合である。

2つとも同じ目が出るのは，右の図の■で，6通り。
2つのうちの1つが1の目が出るのは，右の図の■で，10通り。

よって，求める確率は，$\frac{16}{36}=\frac{4}{9}$

(2) 直角三角形ができるのは，できた三角形がAD，BE，CFのいずれかを辺にもつ場合である。

ADを辺にもつとき，目の出方は右の図の■で，8通り。
BEを辺にもつとき，目の出方は(2，5)，(5，2)の2通り。
CFを辺にもつとき，目の出方は(3，6)，(6，3)の2通り。

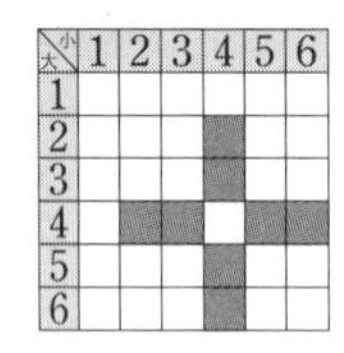

よって，求める確率は，$\frac{12}{36}=\frac{1}{3}$

3 2個の球の取り出し方を樹形図に表すと，右上のようになる。
球の取り出し方は全部で，
4×5＝20（通り）

(1) $ax+b=0$
より，
$x=-\frac{b}{a}$
$-\frac{b}{a}$ が整数になるとき，
a は b の約数になる。

1回目　2回目
① ─ ②，③，④，⑤
② ─ ①，③，④，⑤
③ ─ ①，②，④，⑤
④ ─ ①，②，③，⑤
⑤ ─ ①，②，③，④

このような a，b の値の組は，
$(a,\ b)=(1,\ 2)$，$(1,\ 3)$，$(1,\ 4)$，$(1,\ 5)$，$(2,\ 4)$ の5通り。
よって，求める確率は，$\frac{5}{20}=\frac{1}{4}$

(2) $a^2=4b$ となるような a，b の値の組は，
$(a,\ b)=(2,\ 1)$ の1通り。
よって，求める確率は，$\frac{1}{20}$

(3) $x^2+ax+b=0$ の解が整数となるような a，b の値の組は，
$(a,\ b)=(2,\ 1)$，$(3,\ 2)$，$(4,\ 3)$，$(5,\ 4)$
の4通り。
よって，求める確率は，$\frac{4}{20}=\frac{1}{5}$

4 (1) $y=ax+b$ が点$(-1,\ 2)$を通るから，
$2=a\times(-1)+b$，$b=a+2$
この式を満たす a，b の値の組は，
$(a,\ b)=(1,\ 3)$，$(2,\ 4)$，$(3,\ 5)$，$(4,\ 6)$
の4通り。

(2) $y=cx^2$ が $P(-2,\ 8)$を通るとき，
$8=c\times(-2)^2$，$c=2$
$y=cx^2$ が $Q(2,\ 16)$を通るとき，
$16=c\times2^2$，$c=4$
放物線 $y=cx^2(c>0)$ は c の値が大きくなるほど，グラフの開き方は小さくなるから，$c\geqq2$
よって，c の値は，$c=2$，3，4，5，6の5通り。

(3) さいころを3回投げたときの目の出方は全部で，6×6×6＝216(通り)
$y=ax+b$ が点$(2,\ 8)$を通るとき，$8=2a+b$
$y=cx^2$ が点$(2,\ 8)$を通るとき，$8=c\times2^2$，$c=2$
このような a，b，c の値の組は，
$(a,\ b,\ c)=(1,\ 6,\ 2)$，$(2,\ 4,\ 2)$，$(3,\ 2,\ 2)$
の3通り。
よって，求める確率は，$\frac{3}{216}=\frac{1}{72}$

(4) $x=2$ と $y=ax+b$ との交点の y 座標は，
$y=2a+b$

$x=2$ と $y=cx^2$ との交点の y 座標は，
$y=c\times2^2=4c$
この２つの y 座標は等しいから，$2a+b=4c$
この式を満たす a，b，c の値の組は，下の樹形図のようになるから，９通り。

c	a	b	c	a	b	c	a	b	c	a	b
1	1	2	2	1	6	3	3	6	4	5	6
				2	4		4	4		6	4
				3	2		5	2			

よって，求める確率は，$\dfrac{9}{216}=\dfrac{1}{24}$

(5) $y=ax+b$ と $y=x^2$ との交点の x 座標は，
$x^2=ax+b$ の解である。
この式を整理して，$x^2-ax-b=0$ ……①
①の方程式の２つの解がともに整数となるような a，b の値の組は，下の樹形図のようになるから，６通り。

a	b	a	b	a	b	a	b	a	b
1	2	2	3	3	4	4	5	5	6
	6								

5 平均値は，知也さんは５m，公太さんは５m で同じである。また，中央値は，知也さんも公太さんも５m 以上６m 未満の階級にふくまれる。
よって，平均値，中央値で比べても，知也さんのほうが公太さんより遠くに飛ばせると予想することはできない。

6 相対度数の分布の折れ線グラフから，A，B 中学校の度数分布表をつくると，下のようになる。

階級(m)	A中学校		B中学校	
	度数(人)	相対度数	度数(人)	相対度数
以上　未満				
0 ～ 5	1	0.01	0	0.00
5 ～ 10	2	0.02	6	0.04
10 ～ 15	9	0.09	18	0.12
15 ～ 20	21	0.21	33	0.22
20 ～ 25	24	0.24	36	0.24
25 ～ 30	26	0.26	27	0.18
30 ～ 35	15	0.15	24	0.16
35 ～ 40	2	0.02	6	0.04
計	100	1.00	150	1.00

ア…中央値をふくむ階級は，
A 中学校は 20 m 以上 25 m 未満の階級，
B 中学校は 20 m 以上 25 m 未満の階級
だから，同じである。
イ…記録が 20 m 未満の生徒の割合は，
A 中学校は，$0.01+0.02+0.09+0.21=0.33$
B 中学校は，$0.00+0.04+0.12+0.22=0.38$
だから，B 中学校のほうが大きい。
ウ…記録が 20 m 以上 25 m 未満の生徒の人数は，A 中学校は 24 人，B 中学校は 36 人。
だから，B 中学校のほうが多い。
エ…記録が 30 m 以上の生徒の人数は，
A 中学校は，$15+2=17$(人)，
B 中学校は，$24+6=30$(人)
記録が 25 m 以上 30 m 未満の生徒の人数は，A 中学校は 26 人，B 中学校は 27 人だから，B 中学校では，記録が 30 m 以上の生徒の人数より記録が 25 m 以上 30 m 未満の生徒の人数のほうが少ない。

7 右のように，**ア**～**オ**とおく。

冊数(冊)	度数(人)	相対度数
0	6	0.15
1	6	0.15
2	12	0.30
3	**ア**	0.25
4	**イ**	**ウ**
計	**エ**	**オ**

エ$\times0.15=6$
だから，
エ$=6\div0.15=40$
相対度数の合計だから，**オ**$=1.00$
ウ$=1.00-(0.15+0.15+0.30+0.25)=0.15$
ア$=40\times0.25=10$，**イ**$=40\times0.15=6$
よって，借りた本の冊数の平均値は，
$(0\times6+1\times6+2\times12+3\times10+4\times6)\div40$
$=(0+6+24+30+24)\div40=84\div40=2.1$(冊)

8 説明の条件を上から順に①～⑥とする。
③を調べるために，A～F の平均値を求めると，
A…$(5\times4+7\times7+9\times8+11\times9+13\times2+15\times1)\div31=281\div31=9.0\cdots$ (℃)
B…$(3\times3+5\times5+7\times14+9\times8+11\times1)\div31=215\div31=6.9\cdots$ (℃)
C…$(3\times6+5\times11+7\times8+9\times4+11\times1)\div30=176\div30=5.8\cdots$ (℃)
D…$(3\times4+5\times10+7\times7+9\times9)\div30=192\div30=6.4$ (℃)
E…$(3\times2+5\times2+7\times13+9\times8+11\times6)\div31=245\div31=7.9\cdots$ (℃)
F…$(3\times5+5\times7+7\times9+9\times7+11\times2)\div30=198\div30=6.6$ (℃)
平均値が２番目に大きいのは E より，１月は E
次に，条件④にあてはまるのは，A，B，D，E
条件⑥から，11月の最頻値は５℃
条件⑥を調べるために，A～F の最頻値を求めると，A…11℃，B…7℃，C…5℃，D…5℃，E…7℃，F…7℃
これより，条件⑥にあてはまるのは，C，D
よって，条件④と⑥から，11月は D

模擬学力検査問題

解答

第1回 p.120 - 123

1 (1) 7　(2) -4
(3) $-\sqrt{6}$　(4) -5
(5) $\frac{6a-7b}{20}$　(6) $x-2$

2 (1) $2xy(x-3y)^2$　(2) $x=6$
(3) $y=6$　(4) 25°

3 昨日売れたシュークリームを x 個，ショートケーキを y 個とする。
昨日売れた個数の関係から，
$x+y=200$ ……①
今日売れた個数の関係から，
$\left(1+\frac{20}{100}\right)x+\left(1-\frac{30}{100}\right)y=200$ ……②
②を整理すると，$12x+7y=2000$ ……③
①，③を連立方程式として解くと，
$x=120$，$y=80$
この解は問題にあっている。
よって，今日売れたシュークリームは，
$120\times\frac{120}{100}=144$(個)
ショートケーキは，$80\times\frac{70}{100}=56$(個)

4 (1) ア 0.20，イ 10，ウ 12，エ 0.30
(2) 34 人　(3) 70 %
(4)【選んだ組】1 組
【説明】1 組の最頻値 17.5 分は，2 組の最頻値 12.5 分よりも大きいので，1 組のほうが通学時間が長いと考えられる。
【選んだ組】2 組
【説明】1 組の中央値は，10 分以上 15 分未満の階級にふくまれていて，2 組の中央値は，15 分以上 20 分未満の階級にふくまれているから，2 組の中央値は，1 組の中央値よりも大きいので，2 組のほうが通学時間が長いと考えられる。

5 (1) C(0, 6)　(2) C$\left(0,\ \frac{13}{2}\right)$

6 (1)【証明】△ABD と △AEC において，
$\overset{\frown}{AB}$ に対する円周角だから，
∠ADB＝∠ACE ……①
半円の弧に対する円周角は 90° だから，
∠ABD＝90° ……②
AE⊥BC だから，∠AEC＝90° ……③
②，③より，∠ABD＝∠AEC ……④
①，④より，2 組の角がそれぞれ等しいから，
△ABD∽△AEC
(2) $\sqrt{2}$ cm　(3) 5π cm²
(4) 45°

7 (1) $32\sqrt{6}$ cm³　(2) 1：2
(3) $2\sqrt{21}$ cm　(4) $\frac{64\sqrt{6}}{3}$ cm³

解説

1 (1) $10+15\div(-5)=10+(-3)=10-3=7$
(2) $3\times(-2^2)-(-2)^3=3\times(-4)-(-8)$
$=-12+8=-4$
(3) $\sqrt{24}-\frac{18}{\sqrt{6}}=2\sqrt{6}-\frac{18\times\sqrt{6}}{\sqrt{6}\times\sqrt{6}}=2\sqrt{6}-\frac{18\sqrt{6}}{6}$
$=2\sqrt{6}-3\sqrt{6}=-\sqrt{6}$
(4) $(\sqrt{3}+4)(\sqrt{3}-2)-\sqrt{12}$
$=(\sqrt{3})^2+(4-2)\times\sqrt{3}+4\times(-2)-2\sqrt{3}$
$=3+2\sqrt{3}-8-2\sqrt{3}=-5$
(5) $\frac{2a+b}{4}-\frac{a+3b}{5}=\frac{5(2a+b)-4(a+3b)}{20}$
$=\frac{10a+5b-4a-12b}{20}=\frac{6a-7b}{20}$
(6) $(x-4)^2-(x-3)(x-6)$
$=x^2-8x+16-(x^2-9x+18)$
$=x^2-8x+16-x^2+9x-18=x-2$

2 (1) $2x^3y-12x^2y^2+18xy^3$
$=2xy\times x^2-2xy\times6xy+2xy\times9y^2$
$=2xy(x^2-6xy+9y^2)=2xy(x-3y)^2$
(2) $x:9=(x-2):6$，$x\times6=9\times(x-2)$，
$6x=9x-18$，$-3x=-18$，$x=6$
(3) y は x に反比例するから，$y=\frac{a}{x}$ とおける。
$x=2$ のとき $y=-9$ だから，$-9=\frac{a}{2}$，$a=-18$
よって，式は，$y=-\frac{18}{x}$
この式に $x=-3$ を代入すると，$y=-\frac{18}{-3}=6$
(4) 右の図で，ℓ // m で，
錯角は等しいから，
∠ADB＝40°
AB＝AC だから，
∠ACB＝(180°－50°)÷2＝65°
よって，△ACD で，∠x＝65°－40°＝25°

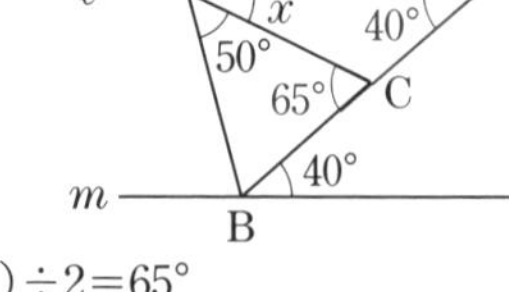

4 (1) ア…$\frac{8}{40}=0.20$
イ…$40\times0.25=10$
ウ…$40-(4+8+10+4+2)=40-28=12$

エ…$\frac{12}{40}=0.30$

(2) $4+8+10+12=34$(人)

(3) 2組の15分以上20分未満の階級の累積相対度数は，$0.00+0.10+0.35+0.25=0.70$

よって，$0.70\times100=70$(%)

5 (1) 点A，Bは$y=\frac{1}{4}x^2$のグラフ上の点だから，その座標は，A$(-4,\ 4)$，B$(6,\ 9)$

AC+CBが最小となるのは，ACとCBが一直線になるときだから，点Cは直線ABとy軸の交点になる。

直線ABの式を$y=ax+b$とおくと，

直線ABは点Aを通るから，$4=-4a+b$ …①

また，点Bを通るから，$9=6a+b$ ……②

①，②を連立方程式として解くと，

$a=\frac{1}{2}$，$b=6$

よって，直線ABの式は，$y=\frac{1}{2}x+6$

したがって，C$(0,\ 6)$

(2) 求める点Cの座標を$(0,\ c)$とする。

D$(0,\ 4)$だから，

△ACDをy軸を軸として1回転させてできる立体の体積は，

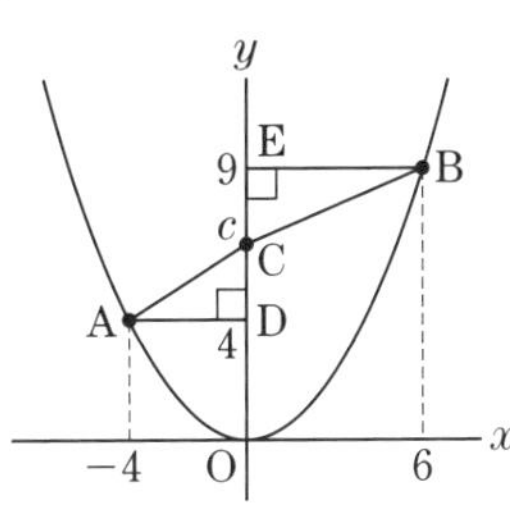

$\frac{1}{3}\pi\times4^2\times(c-4)=\frac{16\pi(c-4)}{3}$(cm^3)

E$(0,\ 9)$だから，△BCEをy軸を軸として1回転させてできる立体の体積は，

$\frac{1}{3}\pi\times6^2\times(9-c)=\frac{36\pi(9-c)}{3}$ (cm^3)

この2つの立体の体積の比が$4:9$だから，

$\frac{16\pi(c-4)}{3}:\frac{36\pi(9-c)}{3}=4:9$,

$4(c-4):9(9-c)=4:9$，$36(c-4)=36(9-c)$,

$c-4=9-c$，$2c=13$，$c=\frac{13}{2}$

よって，C$\left(0,\ \frac{13}{2}\right)$

6 (2) EC$=x$ cmとすると，BE$=(3\sqrt{2}-x)$cmと表せる。直角三角形ABEで,

AE^2=AB^2−BE^2$=4^2-(3\sqrt{2}-x)^2$

$=16-(18-6\sqrt{2}x+x^2)=-x^2+6\sqrt{2}x-2$

直角三角形AECで,

AE^2=AC^2−EC^2$=(\sqrt{10})^2-x^2=10-x^2$

よって，$-x^2+6\sqrt{2}x-2=10-x^2$,

$6\sqrt{2}x=12$，$x=\frac{12}{6\sqrt{2}}=\frac{2}{\sqrt{2}}=\frac{2\sqrt{2}}{2}=\sqrt{2}$

(3) 直角三角形AECで,

AE$^2=(\sqrt{10})^2-(\sqrt{2})^2=8$

AE>0だから，AE$=\sqrt{8}=2\sqrt{2}$(cm)

(1)より，△ABD∽△AECだから,

AB：AE＝AD：AC,

$4:2\sqrt{2}$＝AD：$\sqrt{10}$,

$4\sqrt{10}=2\sqrt{2}$AD,

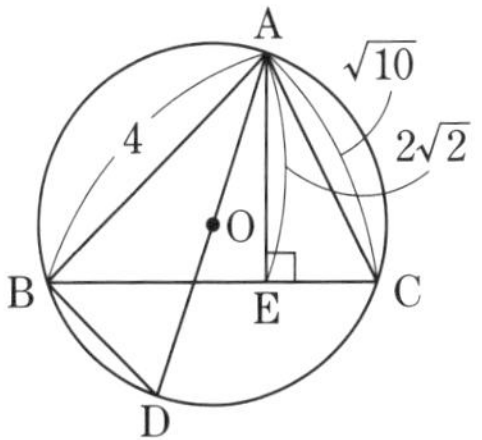

AD$=\frac{4\sqrt{10}}{2\sqrt{2}}$

$=2\sqrt{5}$(cm)

よって，AO$=2\sqrt{5}\div2=\sqrt{5}$(cm)

円Oの面積は，$\pi\times(\sqrt{5})^2=5\pi$(cm^2)

(4) 点OとCを結ぶ。

△AOCで,

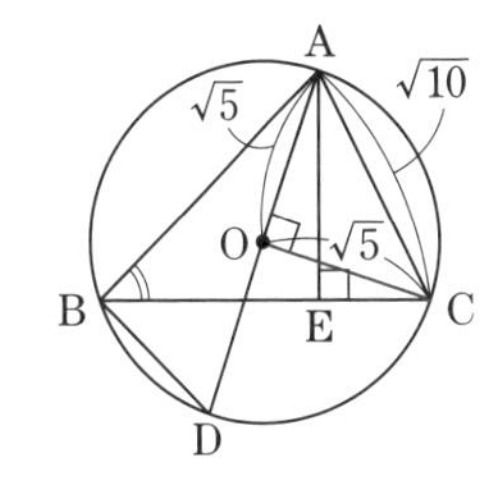

OA^2+OC^2

$=(\sqrt{5})^2+(\sqrt{5})^2$

$=10$

AC$^2=(\sqrt{10})^2=10$

よって，OA^2+OC^2=AC^2

三平方の定理の逆より，△AOCは∠AOC＝90°の直角三角形である。

よって，∠ABC$=\frac{1}{2}$∠AOC$=\frac{1}{2}\times90°=45°$

7 (1) 点Oから面ABCDへ垂線OHをひくと，点Hは正方形ABCDの対角線ACとBDの交点と一致する。

AC$=4\sqrt{3}\times\sqrt{2}=4\sqrt{6}$(cm)だから,

AH$=4\sqrt{6}\div2=2\sqrt{6}$(cm)

直角三角形OAHで,

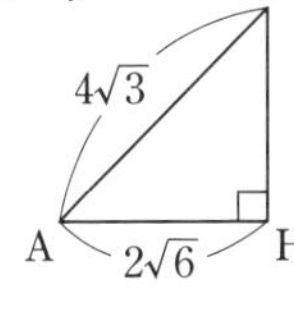

OH$^2=(4\sqrt{3})^2-(2\sqrt{6})^2$

$=48-24=24$

OH>0だから，OH$=\sqrt{24}=2\sqrt{6}$(cm)

よって，正四角錐OABCDの体積は,

$\frac{1}{3}\times(4\sqrt{3})^2\times2\sqrt{6}=\frac{1}{3}\times48\times2\sqrt{6}=32\sqrt{6}$(cm^3)

(2) 右の図のように，展開図上で，ひもは線分AQのようになる。

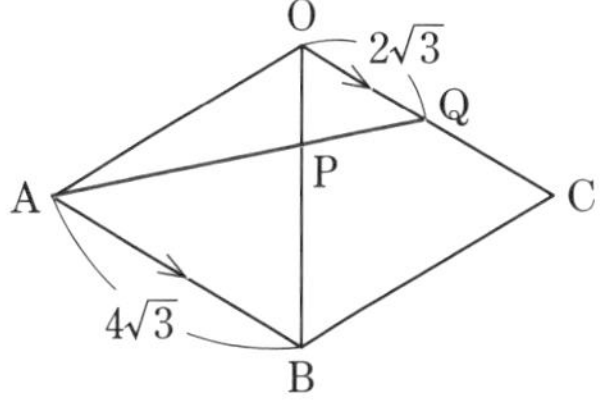

四角形OABCはひし形だから，OC∥AB

よって,

$OP:PB=OQ:AB=2\sqrt{3}:4\sqrt{3}=1:2$

(3) 右の図のように，展開図上で，点Qから AOの延長に垂線QEをひく。

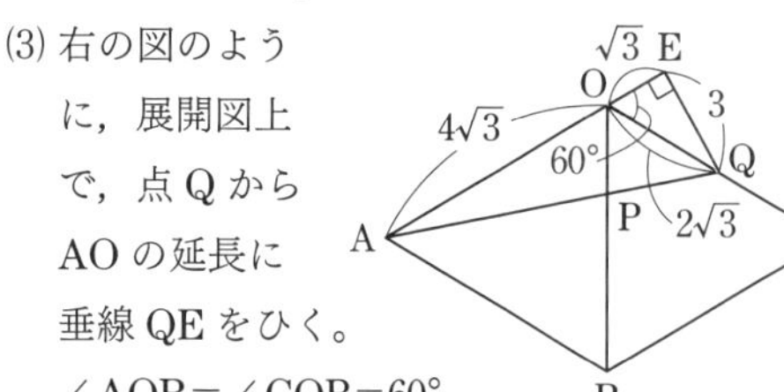

$\angle AOB=\angle COB=60°$

だから，$\angle QOE=180°-60°\times 2=60°$

$\triangle OQE$は，3つの角が30°，60°，90°の直角三角形だから，

$QO:OE:QE=2:1:\sqrt{3}$

よって，$OE=\sqrt{3}$cm，$QE=\sqrt{3}\times\sqrt{3}=3$(cm)

直角三角形AQEで，

$AQ^2=AE^2+QE^2=(4\sqrt{3}+\sqrt{3})^2+3^2$

$=75+9=84$

$AQ>0$だから，$AQ=\sqrt{84}=2\sqrt{21}$(cm)

(4) 正四角錐OABCDを，3点A，C，Pを通る平面で2つに分けたとき，点Dをふくまないほうの立体は三角錐PABCである。

点Pから△ABCへ垂線PKをひくと，右の図で，

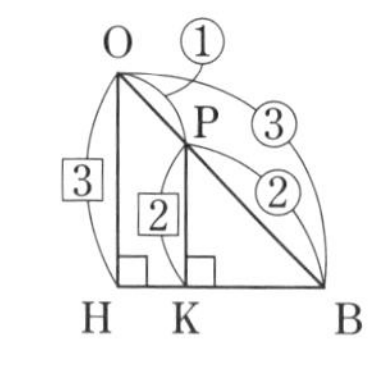

$OH /\!/ PK$だから，

$OH:PK=OB:PB=3:2$,

$2OH=3PK$，$PK=\frac{2}{3}OH$

また，$\triangle ABC=\frac{1}{2}\times$(正方形ABCDの面積)

よって，三角錐PABCの高さと底面積は，それぞれ正四角錐OABCDの高さの$\frac{2}{3}$，底面積の$\frac{1}{2}$

これより，三角錐PABCの体積は，正四角錐OABCDの体積の，$\frac{1}{2}\times\frac{2}{3}=\frac{1}{3}$

よって，点Dをふくむ立体の体積は，正四角錐OABCDの体積の$1-\frac{1}{3}=\frac{2}{3}$

したがって，求める立体の体積は，

$32\sqrt{6}\times\frac{2}{3}=\frac{64\sqrt{6}}{3}$(cm^3)

模擬学力検査問題

解答

第2回 p.124 - 127

1 (1) $\frac{5}{12}$ (2) -7
(3) $4\sqrt{2}$ (4) $14-8\sqrt{5}$
(5) $6a^2b$
(6) $x^2-2xy+y^2-x+y-6$

2 (1) 2 (2) $x=2$，$x=3$
(3) $a=-\frac{1}{2}$ (4) 75°

3 **連続する2つの奇数について，小さい奇数を$2n+1$とすると，大きい奇数を$2n+3$と表せる。大きい奇数の2乗から小さい奇数の2乗をひいた差は，**

$(2n+3)^2-(2n+1)^2$

$=4n^2+12n+9-(4n^2+4n+1)$

$=8n+8=8(n+1)$

$n+1$は整数だから，$8(n+1)$は8の倍数になる。よって，連続する2つの奇数について，大きい奇数の2乗から小さい奇数の2乗をひいた差は8の倍数となる。

4 (1) 2以上 (2) $\frac{1}{4}$ (3) $\frac{2}{3}$

5 (1) 3秒後…9 cm^2，6秒後…24 cm^2
(2) 10秒後…$2\sqrt{17}$ cm，13秒後…$3\sqrt{5}$ cm
(3) 7秒後，14秒後

6 (1) $6\sqrt{2}$ cm (2) 2：1

7 (1) 8π cm^2 (2) $18\sqrt{3}$ cm^2
(3) ① $2\sqrt{7}$ cm ② $\frac{3\sqrt{3}}{2}$ cm^2

解説

1 (1) $\frac{2}{3}+\frac{1}{6}\times\left(-\frac{3}{2}\right)=\frac{2}{3}-\left(\frac{1}{\cancel{6}_2}\times\frac{\cancel{3}^1}{2}\right)$

$=\frac{2}{3}-\frac{1}{4}=\frac{8}{12}-\frac{3}{12}=\frac{5}{12}$

(2) $(-3)^2-12\div\frac{3}{4}=9-\cancel{12}^4\times\frac{4}{\cancel{3}_1}=9-16=-7$

(3) $\sqrt{8}-\sqrt{18}+\sqrt{50}=2\sqrt{2}-3\sqrt{2}+5\sqrt{2}=4\sqrt{2}$

(4) $(\sqrt{5}-3)^2-\frac{10}{\sqrt{5}}$

$=(\sqrt{5})^2-2\times 3\times\sqrt{5}+3^2-\frac{10\times\sqrt{5}}{\sqrt{5}\times\sqrt{5}}$

$=5-6\sqrt{5}+9-\frac{10\sqrt{5}}{5}=14-6\sqrt{5}-2\sqrt{5}$

$=14-8\sqrt{5}$

(5) $(-2a)^3\div 4a^2b\times(-3ab^2)$

$=(-8a^3)\div 4a^2b\times(-3ab^2)=\dfrac{8a^3\times 3ab^2}{4a^2b}=6a^2b$

(6) $x-y=A$ とおくと，

$(x-y+2)(x-y-3)=(A+2)(A-3)$

$=A^2-A-6=(x-y)^2-(x-y)-6$

$=x^2-2xy+y^2-x+y-6$

2 (1) $2ab\times(3ab)^2\div 6a^2b=2ab\times 9a^2b^2\div 6a^2b$

$=\dfrac{2ab\times 9a^2b^2}{6a^2b}=3ab^2$

この式に $a=6$，$b=-\dfrac{1}{3}$ を代入して，

$3ab^2=3\times 6\times\left(-\dfrac{1}{3}\right)^2=3\times 6\times\dfrac{1}{9}=2$

(2) $x^2-2x=3(x-2)$，$x^2-2x=3x-6$，

$x^2-5x+6=0$，$(x-2)(x-3)=0$，$x=2$，$x=3$

(3) x の増加量は，$6-2=4$

y の増加量は，$a\times 6^2-a\times 2^2=36a-4a=32a$

よって，変化の割合は，$\dfrac{32a}{4}=8a$

これが -4 だから，$8a=-4$，$a=-\dfrac{1}{2}$

(4) 右の図で，OB＝OC だから，

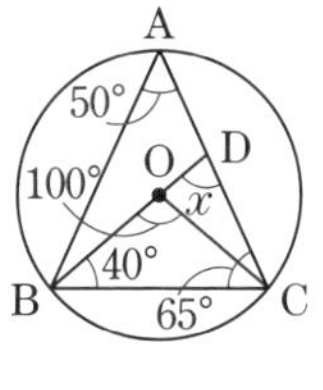

∠OCB＝40°

∠BOC＝180°－40°×2＝100°

円周角の定理より，

∠BAC＝$\dfrac{1}{2}$×100°＝50°

AB＝AC だから，

∠ACB＝(180°－50°)÷2＝65°

よって，∠x＝180°－(40°＋65°)＝75°

4 (1) $y=\dfrac{b}{a}x^2$ のグラフが点 A，B を通るとき，

$8=\dfrac{b}{a}\times(-2)^2$，$8=\dfrac{b}{a}\times 2^2$ より，$\dfrac{b}{a}=2$

$y=\dfrac{b}{a}x^2$ のグラフは，**比例定数が大きくなるほど，グラフの開き方は小さくなる。**

よって，$\dfrac{b}{a}\geqq 2$ のとき，$y=\dfrac{b}{a}x^2$ のグラフは線分 AB 上を通る。

(2) (1)より，$\dfrac{b}{a}\geqq 2$ となる確率を求める。

2 つのさいころの目の出方は全部で，

6×6＝36（通り）

このうち，$\dfrac{b}{a}\geqq 2$ となるのは，右の表の■の場合で，9 通り。

a＼b	1	2	3	4	5	6
1		■	■	■	■	■
2				■	■	■
3						■
4						
5						
6						

よって，$\dfrac{b}{a}\geqq 2$ になる確率は，

$\dfrac{9}{36}=\dfrac{1}{4}$

(3) $y=\dfrac{b}{a}x^2$ のグラフが点 C を通るとき，

$2=\dfrac{b}{a}\times 2^2$，$2=\dfrac{b}{a}\times 4$，$\dfrac{b}{a}=\dfrac{1}{2}$

よって，$\dfrac{1}{2}\leqq\dfrac{b}{a}\leqq 2$ のとき，$y=\dfrac{b}{a}x^2$ のグラフは線分 BC 上を通る。

$\dfrac{b}{a}<\dfrac{1}{2}$ となるのは，右の表の■の場合で，6 通り。

$\dfrac{b}{a}>2$ となるのは，右の表の■の場合で，6 通り。

a＼b	1	2	3	4	5	6
1			■	■	■	■
2					■	■
3	■					
4	■					
5	■	■				
6	■	■				

よって，$y=\dfrac{b}{a}x^2$ のグラフが線分 BC 上を通らない確率は，$\dfrac{6+6}{36}=\dfrac{12}{36}=\dfrac{1}{3}$

したがって，$y=\dfrac{b}{a}x^2$ のグラフが線分 BC 上を通る確率は，$1-\dfrac{1}{3}=\dfrac{2}{3}$

5 (1)点 P，点 Q が頂点 A を出発して 3 秒後に，

AP＝3 cm

点 Q は辺 AB 上にあり，AQ＝2×3＝6(cm)

よって，△APQ＝$\dfrac{1}{2}$×3×6＝9(cm^2)

点 P，点 Q が頂点 A を出発して 6 秒後に，

AP＝6 cm

点 Q は辺 BC 上にある。

よって，△APQ＝$\dfrac{1}{2}$×6×8＝24(cm^2)

(2) 点 P，点 Q が頂点 A を出発して 10 秒後に，

AP＝10 cm，BQ＝2×10－8＝12(cm)

右の図の直角三角形 PQH で，

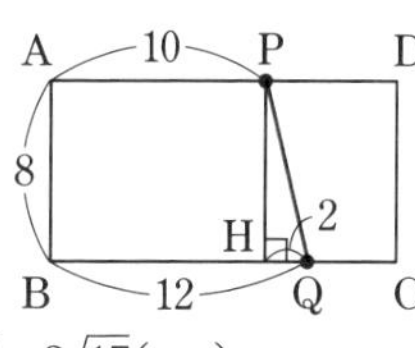

PQ^2＝8^2＋2^2＝64＋4

＝68

PQ＞0 だから，PQ＝$\sqrt{68}$＝2$\sqrt{17}$(cm)

点 P，点 Q が頂点 A を出発して 13 秒後に，

AP＝13 cm

CQ＝2×13－8－16＝2(cm)より，

DQ＝8－2＝6(cm)

右の図の直角三角形 PQD で，

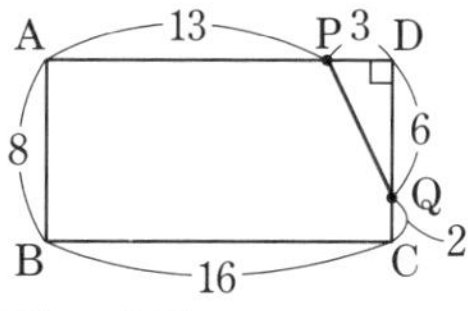

PQ^2＝3^2＋6^2＝45

PQ＞0 だから，PQ＝$\sqrt{45}$＝3$\sqrt{5}$(cm)

(3) 点 Q が辺 AB 上にあるとき（0≦x≦4 のとき），

△APQ の面積は最大で 16 cm^2 だから，28 cm^2

になることはない。

点Qが辺BC上にあるとき（$4 \leqq x \leqq 12$ のとき），

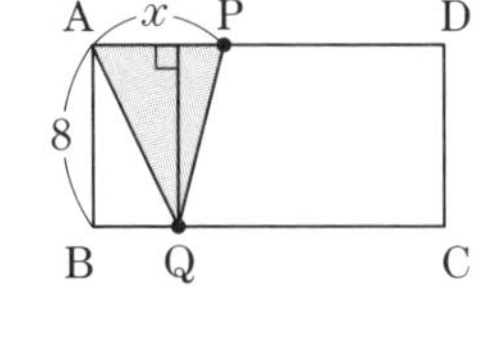

点P，点Qが頂点Aを出発して x 秒後に，

AP$=x$ cm

点Qは辺BC上にあるから，

$\triangle \mathrm{APQ}=\dfrac{1}{2}\times x\times 8=4x(\mathrm{cm}^2)$

よって，$4x=28$，$x=7$

点Qが辺CD上にあるとき（$12 \leqq x \leqq 16$ のとき），

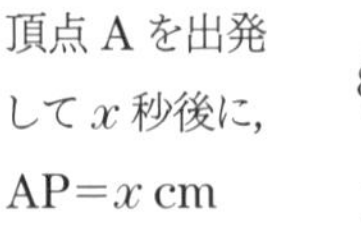
点P，点Qが頂点Aを出発して x 秒後に，

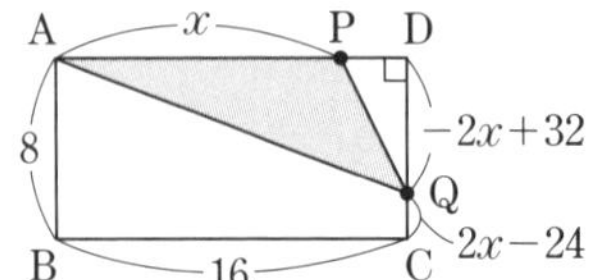

AP$=x$ cm

CQ$=2x-8-16=2x-24$(cm) より，

DQ$=8-(2x-24)=-2x+32$(cm)

$\triangle \mathrm{APQ}=\dfrac{1}{2}\times x\times(-2x+32)=-x^2+16x(\mathrm{cm}^2)$

よって，$-x^2+16x=28$

これを解いて，$x^2-16x+28=0$，

$(x-2)(x-14)=0$，$x=2$，$x=14$

$12 \leqq x \leqq 16$ だから，$x=14$

6 (1) 直角三角形OAHで，

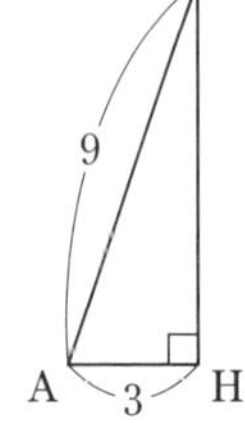

$\mathrm{OH}^2=9^2-3^2=81-9=72$

OH>0 だから，

OH$=\sqrt{72}=6\sqrt{2}$(cm)

(2) 円錐の体積は，

$\dfrac{1}{3}\pi\times 3^2\times 6\sqrt{2}=18\sqrt{2}\pi(\mathrm{cm}^3)$

次に，この円錐を，3点O，A，Bを通る平面で切ると，切り口は，下の図のような二等辺三角形になる。

球の中心をC，

半径を r cmとする。

$\triangle$OAH∽$\triangle$OCPだから，

OA：OC＝AH：CP，

$9:(6\sqrt{2}-r)=3:r$，

$9r=3(6\sqrt{2}-r)$，

$12r=18\sqrt{2}$，$r=\dfrac{3\sqrt{2}}{2}$

よって，球の体積は，

$\dfrac{4}{3}\pi\times\left(\dfrac{3\sqrt{2}}{2}\right)^3=\dfrac{4}{3}\pi\times\dfrac{54\sqrt{2}}{8}=9\sqrt{2}\pi$ (cm^3)

したがって，円錐の体積と球の体積の比は，

$18\sqrt{2}\pi:9\sqrt{2}\pi=2:1$

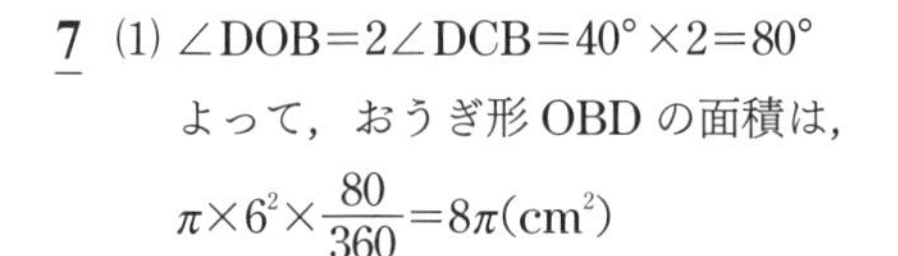
7 (1) $\angle\mathrm{DOB}=2\angle\mathrm{DCB}=40^\circ\times 2=80^\circ$

よって，おうぎ形OBDの面積は，

$\pi\times 6^2\times\dfrac{80}{360}=8\pi(\mathrm{cm}^2)$

(2) 点Cと点O，点Dと点Bをそれぞれ結ぶ。

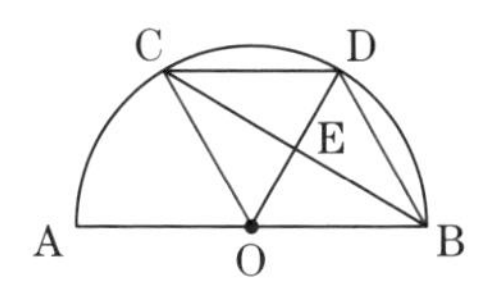

CD＝OC＝ODより，

$\triangle$CODは1辺が6 cmの正三角形になる。

よって，$\triangle\mathrm{COD}=\dfrac{1}{2}\times 6\times 3\sqrt{3}=9\sqrt{3}(\mathrm{cm}^2)$

四角形COBDはひし形だから，その面積は，

$2\triangle\mathrm{COD}=2\times 9\sqrt{3}=18\sqrt{3}(\mathrm{cm}^2)$

(3) ① 点Fと点Oを結ぶ。点Fは辺ADの中点，点Oは辺ABの中点だから，中点連結定理より，

FO//DB，FO$=\dfrac{1}{2}$DB

よって，FE：EB＝FO：DB＝1：2

次に，$\triangle$DOBは正三角形だから，

DB＝6 cm，$\angle$DOB$=60^\circ$

また，$\angle\mathrm{DAB}=\dfrac{1}{2}\times 60^\circ=30^\circ$，$\angle\mathrm{ADB}=90^\circ$

これより，$\triangle$ABDは，3つの角が 30°，60°，90° の直角三角形だから，

AB：BD：AD

$=2:1:\sqrt{3}$

よって，

AD$=6\times\sqrt{3}$

$=6\sqrt{3}$(cm)

FD$=6\sqrt{3}\div 2$

$=3\sqrt{3}$(cm)

直角三角形FBDで，

$\mathrm{FB}^2=(3\sqrt{3})^2+6^2=27+36=63$

FB>0 だから，FB$=\sqrt{63}=3\sqrt{7}$(cm)

よって，BE$=3\sqrt{7}\times\dfrac{2}{3}=2\sqrt{7}$(cm)

② $\triangle\mathrm{FBD}=\dfrac{1}{2}\times 3\sqrt{3}\times 6=9\sqrt{3}(\mathrm{cm}^2)$

$\triangle$FBD：$\triangle$FED＝FB：FE＝3：1より，

$\triangle\mathrm{FBD}=3\triangle\mathrm{FED}$

$\triangle\mathrm{FED}=\dfrac{1}{3}\triangle\mathrm{FBD}=\dfrac{1}{3}\times 9\sqrt{3}=3\sqrt{3}(\mathrm{cm}^2)$

$\triangle$FED：$\triangle$FOE＝DE：EO＝DB：FO＝2：1

より，$\triangle\mathrm{FED}=2\triangle\mathrm{FOE}$

$\triangle\mathrm{FOE}=\dfrac{1}{2}\triangle\mathrm{FED}=\dfrac{1}{2}\times 3\sqrt{3}=\dfrac{3\sqrt{3}}{2}$ (cm^2)